建设工程防水堵漏技术及经典案例

陈宏喜　邹常进　邓泽高　主编

中国建材工业出版社

图书在版编目(CIP)数据

建设工程防水堵漏技术及经典案例/陈宏喜，邹常进，邓泽高主编. --北京：中国建材工业出版社，2023.7

ISBN 978-7-5160-3757-7

Ⅰ.①建… Ⅱ.①陈… ②邹… ③邓… Ⅲ.①建筑防水—建筑施工—案例 Ⅳ.①TU761.1

中国国家版本馆 CIP 数据核字（2023）第 092833 号

内容简介

近年来建设工程防水堵漏施工技术发生重大变革，作者为总结多年来行业的经验与教训，特编写了《建设工程防水堵漏技术及经典案例》一书。全书共有 8 章内容与 3 个附录，主要阐述我国建设工程防水材料的发展历程、施工工艺及工法的进步、渗漏原因剖析与精准根治的方法，以及实现“双碳”目标的路径，引导行业走上绿色环保之路。

本书可供建设工程防水堵漏与保温防腐工程从业人员参考，也可作为职业培训辅导教材。

建设工程防水堵漏技术及经典案例
JIANSHE GONGCHENG FANGSHUI DULOU JISHU JI JINGDIAN ANLI
陈宏喜　邹常进　邓泽高　主编

出版发行：中国建材工业出版社
地　　址：北京市海淀区三里河路 11 号
邮　　编：100831
经　　销：全国各地新华书店
印　　刷：北京印刷集团有限责任公司
开　　本：787mm×1092mm　1/16
印　　张：15
字　　数：360 千字
版　　次：2023 年 7 月第 1 版
印　　次：2023 年 7 月第 1 次
定　　价：128.00 元

本社网址：www.jccbs.com，微信公众号：zgjcgycbs

本书编委会

主 编 单 位： 湖南省建筑防水协会
上海先科桥梁隧道检测加固工程技术有限公司
湖南禹匠精修建筑科技有限公司

主　　编： 陈宏喜　邹常进　邓泽高

副主编单位： 衡阳市盛唐高科防水工程有限公司
广东最安建筑工程有限公司
中科信达建工集团砼泰无漏（河南）特种工程有限公司
上海麓谷建设发展有限公司
广西普士高防水工程技术有限公司
广州天捷建设发展有限公司
广东隽隆新型建材科技有限公司
四川童燊防水工程有限公司
长沙大禹建材科技有限公司
湖南欣博建筑工程有限公司
桂林市和鑫防水装饰材料有限公司
湖南荆湘化学灌浆有限公司

副 主 编： 唐东生　易启洪　丁　杰　沈最安　赵文涛　张　翔
崔大华　刘国球　黄志强　成协均　易　乐　曹迈宇
王　琳

特约总顾问： 沈春林（教授）

专项特约顾问： 张道真（教授）　赵灿辉（博士）
叶林宏（教授）　陈森森（教授级高级工程师）
田正宏（博士）　孙　啸（博士）
叶天洪（注浆堵漏防水专家）

编　　委： 李培任　秦　肯　郭晓钧　饶　露　朱华中　艾九红
张庆华　曾小娜　王　蕾　陈修荣　李　康　孙宇航
孙晨让　顾生丰　王　军　丁　力　周　攀　蔡　菱
刘　宇　叶　强　刘　欢　王国湘　唐　灿　廖石泉
刘青松　唐　倩　肖凌云　耿晓滨　杨宪伟　聶　虎

参编单位与友好支持单位：

广西象州天华科技防水材料有限公司
广西神宇新材料有限公司
湖南贵和防水工程有限公司
湖南雨果建筑科技公司
株洲飞鹿高新材料技术股份有限公司
深圳大学建筑设计研究院有限公司
中山市三乡悟空防水补强工程有限公司
河海大学水利水电学院
北京辉腾科创防水技术有限公司
广州永科新材料科技有限公司
南京康泰建筑灌浆科技有限公司
江苏汉普顿新材料科技有限公司
湖南瑜金环保科技有限公司
湖南弘厚建筑工程有限公司
湖南美汇巢防水集团有限公司

序言

《建设工程防水堵漏技术及经典案例》是一部新颖的防水著作，内容涉及地上、地下各类建（构）筑物防水堵漏、保温防腐的设计、选材、施工、管理及运营中的维护和修缮。

不同地区、不同工程所处的环境有异，水文地质状况与气候特征不同，不管是新建工程还是修缮工程，均应采取个性化设计与施工，这样才能收到成效。

本书编者不辞辛劳，挖掘全国行业中的科研人员、工程技术人员与企业家的成果，汲取精华，图文并茂地汇聚成册，将他们的汗水与智慧奉献给行业，值得点赞。我们应踔厉奋进，不断有所发现、有所发明，把各项建设工程的防水堵漏工作做好做精，为人类的发展进步、节能减排、绿色环保事业添砖加瓦。

本书包含8章内容与3个附录，介绍了各类工程案例。案例是工程实践的智慧结晶，启迪人们朝节能减排、绿色环保方向奋力迈进。本书可供行业企业在实践过程中参考，也可作为职业培训辅导教材。

向本书的技术顾问、编者及以不同方式支持本书出版的同仁致谢、致敬！

沈春林

2023年1月

前　言

建设工程包括各类房屋的建（构）筑物、农田水利、人防工事、市政工程、交通隧道桥梁、军事设施等。这些工程有地上工程、地下工程与水中工程，均须做好防渗堵漏、隔热保温、防腐防护，这样才能充分保证各自的功能。

建设工程防水堵漏方法在我国虽有悠久历史，但材料质量、耐用寿命还有待提高。随着经济发展与技术进步，我国建设工程防水堵漏施工技术有了长足的进步，“专”“精”“新”“特”（专业化、精细化、新颖化、特色化）材料、工艺工法、工装设备如雨后春笋般涌现，新理念、新产品、新工艺日新月异。

为了总结与推广行业创新技术成果，我们邀请行业部分专家学者与技术人员编写了《建设工程防水堵漏技术及经典案例》一书。全书包含8章内容与3个附录，主要阐述我国建设工程防水材料的发展历程、施工工艺及工法的进步、渗漏原因剖析与精准根治的方法，以及实现“双碳”目标的路径，引导行业走上绿色环保之路。本书可供建设工程堵漏与保温防腐工程从业人员参考，也可作为职业培训辅导教材。

在编写过程中，我们引用了相关现行规范、规程和标准，参考并引用了叶林标、叶林昌、叶林宏、沈春林、鞠建英、刘尚乐、秦道川及其他学者、科技人员的著作，在此致以诚挚的谢意。

因编者水平有限，书中难免存在不足之处，敬请读者赐教。

本书编委会
2023年1月

主编简介

追梦近50年的防水老兵

——防水专家陈宏喜

陈宏喜，男，汉族，1938年5月出生于湖南省衡阳市祁东县，中共党员，高级化学建材工程师；1957年湖南第一师范毕业后曾在湘潭市第五中学教书6年；1985年当选为湘潭市新型建材厂厂长。1983—1992年，出任全国新型防水材料情报网负责人，组织全国10届防水技术交流会。1991年借调到湖南省建筑科学研究院，组建湖南建筑防水联合集团公司，出任副董事长兼常务副总经理；2006年被湖南神舟防水公司聘为总工程师，2013年退休回湘潭，潜心主编了8部建筑防水专著。他在防水行业追梦近50年，是个敢于担当、勇于创新的防水老兵。

1. 主要业绩

(1) 1975年，与他人合作发明防水防腐“塑料油膏”，1978—1979年获全国科学大会、湖南省科学大会与建材部奖励。

(2) 1979—1983年，与湖南大学、河南建材研究院、北京建筑科学研究院合作开发了冷用沥青胶粉油膏、彩色聚氨酯密封膏、水性丙烯酸密封胶、氯化聚乙烯卷材及人造花岗岩板材。

(3) 1979—1985年，为成都塑料化工厂、九江福利化工厂、新疆八一兵团七一焦化厂、四川南充防水材料厂、河北临城焦化厂、湖北仙桃防水材料厂进行技术服务，协助其生产塑料油膏、冷用PVC涂料、SEP卷材、SBS改性沥青卷材、多功能胶黏剂与EVA彩色防水涂料。

(4) 1987年，与湖南省建材局合作，参考中华（香港）制漆公司喷塑涂料与内外墙乳胶漆，开发新型防水装饰涂料。

(5) 编写标书500多项，指导施工300多项，主编与参编部级、省级产品标准7项，撰写防水保温防腐专业著作8部。

2. 面对困难敢于担责

20世纪80年代，我国防水材料品类不多，施工技术比较落后，出现不少问题，如珠海变电站水池严重渗漏、北京某高层商住楼漏水影响居民生活、萍乡安源纪念馆屋面渗漏威胁历史文物、湖北宜昌07总统房漏水、武昌洪山礼堂（省军区会场）渗漏等。陈宏喜受邀处理上述老大难问题，通过现场勘察，根据当时国内现有防漏材料与施工工法的实况，亲历现场，组织工人匠心作业，均逐一较好地攻克了渗漏难题，获得多方赞扬。

证 书
陳宏喜 同志被评为一九八五年以来全国建筑材料工业情报信息工作先进工作者。
国家建筑材料工业局
一九八八年七月

依据《中共中央、国务院关于有突出贡献中青年专家选拔管理办法》和《中组部关于中央直接掌握联系高级专家信息及补充人选的通知》有关规定，按照国家专家资格考核标准，经鉴定合格。
特发此证
中国专家工作联合会
注册编号：008607330708
姓名：陈宏喜 性别：男 民族：汉
籍贯：湖南 出生年月：1939-07
签发日期：2006-07-28
身份证号码：

奖状
为表扬在我省科学技术工作中作出重大贡献者，特颁发此奖状，以资鼓励。
先进个人：陈宏喜
湖南省科学大会
一九七八年

奖状
1978
奖状
为表扬在我国科学技术工作中作出重大贡献者，特颁发此奖状，以资鼓励。
全国科学大会
一九七八年

在神州铁道桥隧工程中踏浪前行的科技干部

——高级工程师邹常进

邹常进，男，1966年8月出生，1987年毕业于湖南高速铁路职业技术学院，现任上海先科桥梁隧道检测加固工程技术有限公司总经理，高级工程师。

主要经历和业绩如下：

30多年来一直专注于铁道桥隧检测加固的技术工作。

1987年1月至2000年7月，在南昌铁路局向塘桥隧段任技术员、助理工程师、工程师，兼工程队队长、副段长。

2000年8月至2004年12月，在南昌铁路局道口办任主任，先后负责铁路桥、隧、涵、边坡等加固维修改造，换梁80余孔，各种钢桥加固20余孔，钢梁喷涂30余孔。安全、优质、按时完成了全部桥梁大修施工任务。在全局多年的事故统计基础上，建立道口安全管理数学模型，大力推进道口平交改立交建设，并在2004年实现建局以来第一次全年无道口责任事故。

2005年会同中铁上海设计院集团有限公司、铁道部第五勘察设计院、中铁十五局集团有限公司、南昌科宁实业有限公司、日本株式会社TESS公司等中外企业组建三资企业上海先科桥梁隧道检测加固工程技术有限公司，担任总经理一职。

在浙赣铁路线、京九铁路线改造施工中采用自主研发的“运用成套顶升技术解决既有铁路上跨桥梁净空不足的施工技术”解决既有线净空不足难题。该成果荣获上海铁路局科技进步奖一等奖，铁道部科技成果三等奖。采用“无间隙液压驱动跟随支撑系统”等公司研发的新技术，成功将湖南衡阳市衡州大道系杆拱桥拖拉定位。该施工项目获鲁班奖。采用新技术，组织并完成斜腿钢构桥梁顶升。

公司先后完成隧道、地铁、涵洞等加固维修和防水堵漏项目31个，完成各种桥梁房屋等检测、加固项目百余个。主要成果与业绩见下表。

主要科研成果（含论文、著作、奖励）

序号	成果名称	刊物、鉴定或出版单位	学术级别	时间	邹常进的排序
1	关于纵扣横抬法线路架空施工的探讨	《铁道工务》第2期	部级	1993年	1
2	漫水桶砂软土地质的圆涵顶进	《铁道工务》第4期	部级	1994年	1
3	关于纵扣横抬法线路架空施工的探讨	《江西铁道》第2期	省级	2003年	1
4	道口安全可靠性数学模型研究与应用	《江西铁道》第4期	省级	2004年	1
5	运用成套顶升技术解决既有铁路上跨桥梁净空不足的施工技术	入选中国高速铁路桥梁技术国际交流会论文集	国家级	2008年	1

续表

序号	成果名称	刊物、鉴定或出版单位	学术级别	时间	邹常进的排序
6	铁路桥梁大修桥梁墩、台控制爆破技术研究（该成果荣获铁道部QC成果一等奖）	铁道部	部级	1997年	1
7	连续梁顶升精度控制（该成果获铁道部QC成果一等奖，全国质量管理优秀奖）	铁道部、国家质量管理协会	部级、国家级	2000年	1
8	道口安全可靠性数学模型研究与应用（该成果入选江西省青年科学家和优秀论文集，作者应邀参加省青年科学家年会）	江西省科学技术协会	省级	2002年	1
9	运用成套顶升技术解决既有铁路上跨桥梁净空不足的施工技术（该成果荣获上海铁路局科技进步奖一等奖，铁道部科技成果三等奖）	上海局、铁道部科学技术协会	部级	2008年	3
10	大跨度、大吨位的桥梁检测加固作业平台研发	国家专利局	国家级	2008年	1
11	施工便梁姿态监控研究	上海铁路局	局级	2010年	1
12	长联特大桥顶升安全控制研究	上海市政设计院	局级	2010年	2
13	无间隙液压驱动跟随支撑系统研究	国家专利局	国家级	2011年	1

近10年来，邹常进重视人才培养，加强技术培训，常常亲临课堂与现场传道授业解惑，为培养行业高素质人才奉献智慧。

砥砺拼搏30年　引领企业高效行

——防水专家邓泽高

邓泽高，男，1965年出生于湖南湘潭市，1987年毕业于湘潭建筑学校，从事建筑施工管理。1994年步入建筑防水行业，2012年入选“中国专业人才库”建筑防水专家，后晋升为高级工程师、高级防水设计师。2015年当选为中国建筑学会建筑防水学术委员会委员、湖南省建筑防水协会专家委员会专家。2017年起担任全国建筑防水堵漏保温考评中心湖南分中心主任。2017年湘潭市建筑防水防腐保温协会成立时，被推选为协会执行会长，并被聘为湘潭市建筑防水防腐保温协会专家委员会主任。

邓泽高于1994年自筹资金创办“湘潭防水材料总汇”，2006年创办湘潭市大禹高新防水工程有限公司，2015年创办江西大禹新材料科技有限公司，2017年创办湖南禹林防水工程有限公司，2018年创办大禹九鼎湘潭营销中心。

29年来，邓泽高率领团队砥砺拼搏，打造了数百项精品防水工程，深受广大客户信赖。

目 录

1

近70年建设工程防水堵漏施工技术发展历程简述

随着世界产业革命的深入发展与人类技术的进步，人类遮风挡雨的方式、材料及工艺也发生了重大变革。1915年上海开林油漆颜料厂诞生，拉开了中国近代涂料工业发展的大幕。1947年上海成立油毡厂，引进油毡生产与施工技术，开辟了中国卷材防水的新纪元。中华人民共和国成立以前，技术进步步履艰难。1949年后，在党和国家的领导下，建筑防水行业（含建筑保温、建筑防腐）得到新生，尤其在改革开放后发展迅猛，新材料、新工艺、新技术如雨后春笋般成长。目前，我国能生产五大类近百种千余个防水材料品类，全国有12000多家防水施工公司，部分产品与施工工法走在世界前列，已成为世界名副其实的防水产品大国。

1.1 沥青防水卷材的发展

中华人民共和国成立以后，在国民经济恢复时期与第一个五年经济发展时期，老一辈防水人努力探索发展防水材料与施工技术，到二十世纪六七十年代，我国先后成立了十大油毡厂，生产石油沥青油毡与煤沥青油毡，有些企业还生产配套材料原纸。上海油毡厂、北京油毡厂、武汉油毡厂等头部企业开发了冷底子油、沥青玛琋脂，配套完善油毡施工技术。上海油毡厂还研发了鱼油改性沥青油膏。北京油毡厂开发了“老太太”油膏（蓖麻油为基料的嵌缝材料）。

二十世纪七八十年代，国外防水新材料、新技术逐步流入中国。北京油毡厂、武汉油毡厂、上海油毡厂、天津油毡厂、沈阳兰天防水公司等企业，先后从欧洲引进改性沥青防水卷材的技术与工装设备。在此基础上，北京成立了中国长城防水材料公司，统一防水材料进出口贸易，引进国外防水技术。

二十世纪八九十年代受国外影响，热熔改性沥青卷材在我国大江南北如雨后春笋般发展起来，弹性体（SBS）改性沥青卷材，塑性体（APP、APAO）改性沥青卷材与其他聚合物（氯丁橡胶、丁苯橡胶、丁基橡胶、再生胶粉等）改性沥青卷材迅速普及，成为我国防水材料的主体。

在此基础上，深圳卓宝科技发展公司引进国外先进技术，研发了自粘改性沥青卷材，并倡导“滴水不漏”，如发生渗漏则进行赔偿，有力地推动了自粘改性沥青卷材的发展。

此后，为了满足工程环境的特殊需要，山东宏源防水公司、广东科顺防水公司等企业带头开发了防盐分腐蚀改性沥青卷材，天津某公司开发了耐植物根刺防水卷材。

改性沥青防水卷材的宽度一般为 1m。近几年湖南耐渗科技公司、四川宏源防水公司等单位，研发了 1.4～2.5m 宽幅卷材。

改性沥青卷材原本绝大多数都是用丙烷、汽油做燃料，热熔铺贴卷材，存在一些环境污染缺陷，也发生过人员烫伤事故。住房城乡建设部 2018 年发文限用此工法在密闭地下空间施工。青岛地区带头将热熔工法改革为热风焊接或自粘工法。

改性沥青卷材的发展与技术的进步，山东寿光走在前面，引领行业踏浪前行。

1.2 高分子防水卷材的发展

在经济发达国家的影响下，二十世纪八十年代，北京建筑工程科研所叶林标等人，与北京第七橡胶厂、保定第一橡胶厂协作研发了三元乙丙（EPDM）橡胶卷材、氯化聚乙烯（CPE）卷材、橡塑共混卷材，开启了我国发展高分子防水卷材的先河。几乎同一时期，湖南大学张传镁、陈文奇老师，研发了焦油聚氯乙烯（PVC）卷材、浅色高强聚氯乙烯卷材。由于 PVC 卷材原料来源广泛，相对而言价格低廉，湖南多家工厂都曾生产。在此基础上，湖南张国民工程师研发了焦油 PVC-CPE 共混并以玻纤布增强的卷材，因它不但防水而且有较好的防腐功能，湖南多家工厂都曾生产，并应用于新疆罗泊湖化工厂与“两湖两广”及江西等地。

此阶段核工业部研发出增强型氯丁橡胶防水卷材，人们称为 603 防水胶布。

湖南醴陵“水中王”防水材料厂积极生产三元乙丙橡胶卷材、氯丁橡胶卷材等高分子防水卷材。因生产工艺落后，产品价格偏高，管理方式陈旧，兴旺几年以后逐步转型或自然淘汰。

二十世纪九十年代以后，江浙、两广、山东、京津等地的一些有识之士从国外引进片材生产工装与技术，掀起了新一轮开发高分子卷材的热潮。在这方面山东济南鲁鑫鲁达公司走在前面，从国外引进生产线与技术，生产多种高分子卷材与配套材料。

近 10 年来，PVC 卷材、TPO 卷材誉享神州大地，苏州走在前列，尤以凯伦起了标杆作用。

高分子卷材早年多数采用胶粘与热风焊接。在此基础上，我国科技人员参考国外有益经验，研发出在片材上植筋（热粘化学纤维），现场用素水泥浆或改性水泥胶冷粘贴卷材，如丙纶/涤纶聚乙烯复合防水卷材，这方面北京圣洁防水公司生产的材料与施工工法起了标杆作用。另有一些科技人员研发了在片材上复合一层自粘胶，现场施工时揭除离型膜，便可黏附于基体，于是高分子自粘胶膜应运而生。广西金雨伞创新地在片材上复合具有反应活性的自粘胶层，与基层形成物理铆榫加化学键合形成强大的粘结力。广西象州天华科技防水材料公司创新开发了反辐射层压聚乙烯自粘卷材，得到用户青睐。

高分子卷材一般不含沥青、焦油、低沸点溶剂，对环境与人体无毒副作用。加之拉伸强度大、延伸性好、质轻膜薄、耐老化、冷施工方便，很受用户青睐，有替代改性沥青卷材之势。

1.3 防水涂料的发展

我国防水防腐传统产品有着悠久的历史与光辉的业绩，但现代涂料产品与施工技术在某些方面还是落后于经济发达国家。

涂料的品种繁多，建筑涂料按其基本成膜物质可分为植物油基涂料、沥青基涂料、再生胶涂料、聚氨酯涂料、丙烯酸涂料、环氧树脂涂料、非固化橡胶沥青涂料、聚脲涂料、喷涂速递橡胶沥青涂料等。

二十世纪七八十年代，蒙炳权、张志英先生深入研究了氯丁胶改性沥青涂料，中国建筑材料科学研究总院研发了JG-1、JG-2再生胶改性沥青涂料，上海建筑科学研究所陈艾青女士、四川建筑材料研究所冯际斌先生研究了水性再生胶涂料，河南建筑材料研究院张敏女士深入研究了水乳型再生胶沥青涂料，陕西建筑科学研究所系统研究了乳化沥青……他们是我国开发现代建筑防水涂料的第一代科技工作者，引领我国防水涂料向现代化发展。

这一时期，上海南汇防水涂料厂从开发苯乙烯溶剂型涂料开始，就与上海建筑科学研究所合作，走企业与科研相结合的道路，陆续开发水乳型再生胶改性沥青防水涂料及以聚乙烯醇为基料的内墙装饰涂料。在企业家张永定的率领下，追波逐浪开发出一系列化学建材，成立上海汇丽集团公司，率先引进日本关西公司涂装技术，部分产品销往苏联。其后又研发水包油内墙涂料。可以说上海汇丽集团是我国化学建材的开路先锋与早期标杆。

同一时期，冶金系统水性丙烯酸防水涂料厂成立，生产经营多种防水涂料与乳胶漆。

1983年湖南湘潭新型建材厂与湖南省建材局合作成立湖南省涂料厂，在邹运秋、陈宏喜先生的领导下，通过香港中华制漆公司引进美国威廉氏公司喷塑涂料技术与日本、德国部分涂料生产设施和施工机具，开辟了我国水性喷塑涂料新市场。

二十世纪七十年代，上海隧道公司朱祖熹先生开始研发与应用聚氨酯防水涂料。北京市建筑工程研究院系统研发了焦油型聚氨酯双组分防水涂料。

二十一世纪前十多年，京津地区及宁波引进喷涂速凝橡胶沥青防水涂料。北京森聚柯公司带头开发了聚脲涂料。北京东方雨虹科技公司用聚脲涂料完成了京津城际铁路、京沪高铁道床防水防护任务。北京辉腾科创防水技术公司赵灿辉博士引进韩国非固化橡胶沥青涂料。广州胡小龙博士研发了冷用非固化橡胶沥青涂料。东方雨虹公司、山东宏源公司、广州科顺公司等企业及广西象州天华公司，研发了非焦油非沥青白色、浅色聚氨酯涂料，这标志着我国防水涂料已跨进世界先进行列。

中南材业科技大学在廖有为博士的领导下，对喷涂聚脲系统的产品与施工技术进行了深入研究，获得用户赞扬。从二十一世纪初起，廖博士开始潜心研究“冷涂锌”技术，不但获得此产品三项技术发明专利，著有《冷涂锌涂料》专著，而且创办了湖南金磐新材料科技公司，已生产应用1000万m^2以上的钢结构防腐防锈涂装。目前正在为打造“冷涂锌全球第一品牌”而砥砺前行。

株洲飞鹿集团在交通轨道、桥隧方面，研发的防水防腐及地坪涂料独具特色，受到国内外的欢迎。2022年以4.48亿元中标2.4km地下“锦屏国家地下物理科学实验室”（30万m^3空间）的防水堵漏与防护的艰巨任务。

1.4 建筑密封材料的发展

二十世纪六十年代为解决装配式工业厂房预制屋面板接缝防渗问题，冶金工业部建筑研究总院姚国芳教授等人研发了聚氯乙烯（PVC）胶泥嵌缝材料，热熔浇筑。

1974年湘潭新型建材厂为解决援越工程——湘潭电化厂屋面1.5m×6m槽形预制板拼缝防漏，在买不到嵌缝材料的情况下，与湘钢、江南机器厂合作，利用聚氯乙烯废旧凉鞋与化肥袋改性煤焦油制成塑料油膏，圆满地解决了援越工程的屋面防水问题。

以上两种材料粘结力强、延伸性好、耐高低温、老化缓慢（嵌缝使用寿命达40年左右），原材料来源广，土法生产简易，在国内影响深远。两三年后全国各地冒出上千家大小工厂，湖南醴陵几乎“村村办厂、户户冒烟”生产营销塑料油膏，成千上万的农民走出乡村，也富裕了无数防水人。

二十世纪七八十年代，北京建筑工程研究所、上海隧道公司研发了焦油聚氨酯双组分密封膏（胶）。上海建筑科学研究所陈艾青等人系统研究了丙烯酸密封胶。湖南大学黄佰瑜教授与湘潭新材厂合作，研究消气孔、低收缩丙烯酸密封胶，并在武汉、桂林等新材示范工程中应用。

同一时期，河南建材研究设计所李谷云、邓超团队，在深化研究再生胶粉改性沥青油膏的同时，接受国家建材局科研任务——研究彩色聚氨酯密封膏。这两个产品都是在湘潭新材厂建线小试，并在广东韶关电厂与武汉新材料示范工程中试用。

无锡硕特防水材料厂秦道川教授团队，系统深化研究了聚氨酯堵漏注浆液、聚氨酯防水涂料与聚氨酯密封胶，对行业做出了有益贡献。

湖北荆州防水材料厂黄万东等人，在美籍华人黄保罗博士指导下，研发沥青聚氨酯密封膏，取得可喜进展。其后黄万东高工在研发聚氨酯涂料、密封胶及注浆材料方面，做了大量有益工作，为我国防水行业聚氨酯材料的发展锦上添花。

进入二十一世纪后，广东东莞、江门积极开发了硅酮密封胶、单组分聚氨酯密封胶。北京市建筑工程研究院、江门普赛达公司及湖南科盛公司研发了改性硅酮密封胶（MS），不但满足国内装配式工程的需要，而且出口援外。

1.5 注浆堵漏材料的发展

注浆材料又称灌浆材料，是将一定的无机材料或有机高分子材料配制成具有特定性能要求的浆液，采用泵送设备将其灌入缝隙或孔洞中，使其扩散、胶凝或固化，达到防渗、堵漏与加固目的的一类材料。这类材料品种较多，常用品种如图1-1所示。

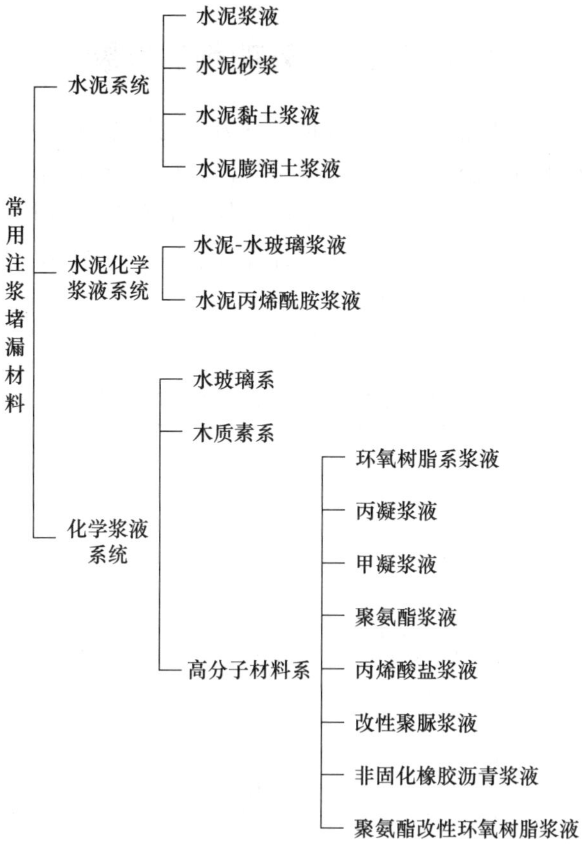

图 1-1 常用注浆堵漏材料

聚氨酯注浆材料包括水溶性聚氨酯注浆堵漏液、油溶性聚氨酯注浆堵漏液与纯聚氨酯注浆液。这类材料系上海隧道公司率先开发与工程应用，其后无锡硕放等单位的科技人员进行深化研究，升华了产品性能，改善了施工工艺工法。最大的进步是将双组分改进为单组分，给施工带来很大方便。

环氧树脂注浆材料是中国科学院广州分院的一项重要科研课题，叶作舟、叶林宏、邱小佩等老一辈教授为之呕心沥血研究了几十年。张维欣、刘宇、叶强等人在前人的基础上攀登新高峰，开发了环保型可湿面施工的新型注浆材料。长江科学院、华东水利电力科研设计院，从不同角度改善材料，创新施工工法，为后人留下一笔可贵的财富。

水泥及水泥砂浆是一种价廉的堵漏加固材料，黄河治理委员会及湖南水利电力研究院在这些方面有系统深层研究，取得丰硕成果。

近十年来，广东隽隆新型建材科技公司在研发改性聚脲注浆材料方面取得可喜成绩；湖南五彩石防水防腐工程技术公司开发的“锢水环保止漏胶”，水性、单组分、多功能、环保无毒，粘结强度达 1.4MPa，断裂延伸率超 590%。赵灿辉博士团队创新发展了改性非固化橡胶沥青注浆堵漏材料，助推了我国化学灌浆跃入新阶段。

长江科学院蒋硕教授倡导绿色灌浆，主张少灌浆、灌好浆，能用水泥类材料的工程尽量灌注水泥，少灌化学浆材，为发展绿色灌浆技术指明了方向。

1.6 混凝土外加剂的发展

目前，全世界混凝土外加剂达400多种，分为无机外加剂、有机外加剂及复合外加剂3类。我国开发外加剂，始于二十世纪五十年代，从零起步，但发展很快，二十世纪八九十年代达到鼎盛时期。目前，我国能生产的外加剂有200多个品牌。全国各地都有大小不同的工厂生产，经历几十年的努力，外加剂品种不断增多，质量不断提升，应用范围日益普及，成为混凝土的第5组分。

混凝土主要外加剂的组成材料如表1-1所示。

表1-1 混凝土主要外加剂的组成材料

外加剂名称	材　　料
普通减水剂	1. 木质素磺酸盐类（木钙、木镁、木钠）； 2. 腐殖酸类； 3. 烤胶类
高效减水剂	1. 多环芳香族磺酸盐类（萘系磺化物与甲醛综合的盐类）； 2. 水溶性树脂磺酸盐类（磺化三聚氰胺树脂、磺化古马隆树脂）； 3. 聚羧酸减水剂
早强剂及早强减水剂	1. 氯盐类（氯化钙、氯化钠）； 2. 硫酸盐类（硫酸钠、硫代硫酸钠）； 3. 有机胺类（三乙醇胺、三异丙酸胺）
缓凝剂及缓凝减水剂	1. 糖类（糖钙）； 2. 木质素磺酸盐类（木钙、木镁、木钠）； 3. 羟基羧酸及其盐类（柠檬酸、酒石酸钾钠）； 4. 无机盐类（锌盐、硼酸盐、磷酸盐）
引气剂及引气减水剂	1. 松香树脂类（松香热聚物、松香皂）； 2. 烷基苯磺酸盐类（烷基苯磺酸盐、烷基苯酚聚氧乙烯醚）； 3. 脂肪醇磺酸盐类（脂肪醇聚氧乙烯醚、脂肪醇聚氧乙烯磺酸钠）
膨胀剂	1. 硫铝酸钙类（明矾石、CSA膨胀剂）； 2. 氧化钙类（石灰膨胀剂）； 3. 氧化镁类（氧化镁）； 4. 金属类（铁屑）； 5. 复合类（氧化钙、硫铝酸钙）

近二三十年在我国建筑界影响较大的主要品种、品牌简介如下：

1. UEA膨胀剂（简称U型膨胀剂）：是中国建材院团队研发成功的膨胀剂。在配制低配筋混凝土中掺水泥量的8%～12%，在配制高配筋的混凝土中，掺水泥量的10%～14%，则可产生微膨胀自应力混凝土，从而提升混凝土的密实度、抗渗性及减小开裂概率。

2. 聚羧酸减水剂：近几年研究单位多，生产单位多，应用日趋普遍。

1.7 建筑防水新工艺新工法

1. 涂卷复合防水：利用底层涂料密实密封基层并胶结粘贴上层卷材，使多相材料紧密黏合为一体，形成可靠的抗渗防水屏障。此工法现已成为普遍认同的可行工法，破解了许多新建、改扩建与维修工程的老大难问题。

2. 防水层直接做在结构体表面，形成名副其实的“皮肤式”阻水抗渗屏障。一般混凝土外墙、顶板与预制板屋面，无须做水泥砂浆找平层，适当打磨平整后，直接粘贴卷材或涂敷涂料。凹凸不平的地下工程底板或陡坡屋面，用防水砂浆适当找平后，可直接铺贴卷材或涂敷涂料。这种工法省工省料，又使防渗可靠。

3. 嵌涂防水：预制屋面板、墙板，接缝处预留槽口嵌填弹性密封膏（胶），板面涂敷 3mm 厚高分子防水涂料。这种做法一旦发生局部破损，维修非常方便。

4. 砌体外墙、混凝土池坑，外防水加内防水，是解决渗漏、结露与防霉菌的好工法。

5. 屋顶利用吊顶空间填充绝热纤维制品（玻璃棉或矿棉等），是夏热冬冷与夏热冬暖及寒冷地区保温隔热的可行方式。

6. 适用于高层建筑与超高层建筑的外墙，综合经济、社会效益，内保温优于外保温。内保温施工与使用安全度高，而且维修方便。

7. 机器人在材料搬运、堆码与场地清理和金属焊接中优于人力。

8. 屋顶花园、屋顶菜园、光伏屋面在乡村振兴中作用重大，应大力普及。

9. 混凝土结构自防水是根治建设工程渗漏的基础，应完善普及。

10. 涂料喷涂工法省工节料，应立规并大力推广。

1.8 建筑防水保温防腐一体化

以往，建筑防水、建筑保温、建筑防腐各子项单打独斗，有好处也存在弊端。二十世纪八十年代起，一些有心人就在探索防水、保温、防腐一体化的工艺工法，也出现了一些专利。目前三者一体化的做法有以下几种构造形式。

1. 以预制普通混凝土屋面板为载体，在载体中掺混适量轻质保温材料，干硬后对表面喷（刷）一定厚度的防水涂料，养护到期后运至工程现场安装。此工艺存在运送中出现局部破损与运费较高的缺陷。应分区域就近建厂供货。

2. 工程现场开设了预制混凝土场所，制作工程所需的装配式墙板、屋面板或综合管廊厢体。预制构件用轻质槽钢做承重骨架，在板面嵌 20～30mm 厚保温板，对板面喷（刷）一定厚度的高分子防水涂料，形成承重、保温、防水三合一的预制构件，养护期满后采用专用运送车运至工程处安装。

3. 工厂量身定制 C30 混凝土屋面板（墙板），预制混凝土中掺混适量轻质保温颗粒或纤维，对板的迎水面喷（刷）一定厚度的高分子防水涂料，形成承重、防水、保温一体化构件，养护期满后运至现场安装。这类板的规格可大可小，如屋面一室可采用一板或二板，根据现场吊装能力确定。

【特别注意】

（1）建设工程腐蚀对建（构）筑物的安全使用与耐久性及人们的工作与生活带来重大损失。如金属腐蚀，我国 2017 年腐蚀成本约为 21278.2 亿元，约占当年 GDP 的 3.34%，每个公民当年承担的腐蚀成本为 1555 元。

（2）防腐根据腐蚀介质特性与构件材质选用，分别喷（刷）防盐、防酸、防碱、防微生物破损的涂料。金属构件建议选用“冷涂锌”为良策。

（3）重视预制构件的接缝密封。

预制屋面板、墙板或综合管廊厢体安装时，其接缝一般选用聚氨酯密封胶、聚硫密封胶、锢水止漏胶或 MS 密封胶。

接缝密封是建筑防水、保温、防腐、一体化施工的重中之重，是确保一体化优质、高效与长久耐用的关键。

2 建设工程渗漏原因剖析

工程局部渗漏、工程严重渗漏，影响其正常运营与人们的工作和生活。工程渗漏的原因是什么呢？有其内因与外因，现以混凝土基体为例，剖析这个问题。

2.1 混凝土基体渗漏的内因

混凝土基体渗漏的内因是混凝土硬固后存在微孔小洞与裂纹裂隙。因混凝土配比中水泥、砂石与水未合理匹配，制作浇捣粗放及养护不到位，导致混凝土硬化后内部存在微孔小洞、裂纹裂隙。据有关资料，普通混凝土的孔隙率达23%～40%，不同程度的裂纹缝隙普遍客观存在。这些孔洞缝隙虽小，但多数能透过水分子，当基体遇到外界雨水时，便造成工程局部渗漏。

2.2 混凝土基体渗漏的外因

混凝土基体渗漏的外因是附设的防水屏障设计欠合理、选材不恰当、施工不精细及质量管理不到位。

2.2.1 设计欠合理

防水材料生产厂家按设计要求与规定，组织工人“依葫芦画瓢”。正置式或倒置式混凝土屋面防水层置于“空中楼阁”状态，防水层以下受到多向风雨及室内热空气上升冷凝水的侵蚀，自然形成渗漏。又如穿屋面、穿墙体管道孔洞，不预埋套管，安装管道后用水泥砂浆或混凝土回填，此做法能透过水分子。如果穿屋面或穿墙管道在找坡保温上先抹砂浆，铺贴一层卷材附加层，掩盖了回填层不密实与裂缝、裂隙存在的缺陷，卷材层以下因窜水频繁导致的管道十有九漏。上述不合理的设计是造成屋面渗漏的一个重要原因。

2.2.2 选材不恰当

抗渗防水能力与材料质量和厚薄有极大关系。市售非标产品至今未绝于市场，必须把控达标产品用于工程。材料的厚度与耐用年限成正比，有不少工程设计两遍聚氨酯防水涂料，施工刷涂两遍涂料后，肉眼可见大量孔洞不见涂料痕迹，遇到雨水自然渗漏。涂膜防水必须讲究厚度，不应追求遍数。

2.2.3 施工不精细

只有匠心施工才能做好优质、高效的工程。精心施工的要求：第一步要搞好基体密实密封，用渗透性好的涂料修整微孔小洞与裂纹、裂隙；第二步用韧性砂浆与弹性涂料密实或密封节点细部；第三步做好大面积防水层。

对国内几次重大调查数据分析，均认为渗漏因素中施工因素占37%～47%。美国有关调查也认为，工程渗漏原因57%是施工问题，材料不良引起渗漏只占19%。

2.2.4 质量管理不到位

工程质量管理包括材料品质验收；施工过程监控，严格执行“自检、互检、专检”相结合的三检制度；工程使用中的维护与修缮，也是保证工程质量不可忽视的环节，但不少工程交付使用后无人问津，遇到重大渗漏才派人看看。

2.3 不良行为影响

有些人（有些单位）为一己私利（本单位私利），恶意压低工程造价，采取低价恶性竞争。如某单位明目张胆扣除20%的工程造价进行招标，某单位规定高信誉金招标，某单位规定验收后付款30%～40%，某单位规定留取工程款20%做质保金，某些人借故为难正常施工，捞点烟酒钱……这些不良行为是导致工程渗漏的重要原因。

2.4 基础不牢固导致混凝土垫层脱空

有些工程是在回填池（坑）上浇筑混凝土垫层，而回填物松散，夯实不到位；有些工程是在软弱砂层上浇筑混凝土垫层，砂层孔隙多，外界水分经常侵蚀混凝土垫层。不少工程是在泥水中浇筑混凝土垫层或底板，导致垫层与底板不密实，存在水分通道。随着时间推移，不牢固的基础导致垫层与底板脱空、开裂渗漏。

2.5 建筑宽大地下空间底板分格缝密度太大

有些分格缝跟随格柱进行划分，有些格柱为8～12m，若分格缝8～12m，显然密度太大，容易造成变形应力无法释放，导致应力破损，底板出现裂缝渗水。

有些宽大地下空间，侧墙墙根未设边缝，导致侧墙平立面连接处渗水。

有些底板多处渗水时，便在底板上随意加捣一层60～100mm厚素混凝土或钢筋混凝土覆盖层，界面窜水引起覆盖层缺陷处浸水于表面。地下室底板必须通过分格缝把水引至排水沟，加上覆盖层地下室的分格缝的深度未到界面层，界面窜水横流，必然导致面层渗水。

2.6 冷凝水掉落地面

地下空间与室外环境客观地存在温差，当通风透气不良时，空间热空气遇到冷端空气便形成冷凝水，因重力作用掉落地面。

2.7 其他部位或建（构）筑物存在渗水的具体原因

1. 敞开的出入斜道因“截堵排”措施不力，天然雨水流入斜道，侵入地下空间。

2. 电梯井、集水坑、埋入地下的消防水池未做内防水层或内外防水层，局部遭受破坏，导致内面井壁池壁与底板渗水。

3. 地上建筑物外墙迎水面局部开裂或存在孔洞，下雨时天然雨水侵入墙体，导致外墙渗漏。

4. 屋顶防水措施不力或细部节点不密实，外界雨水通过缺陷部位侵入屋顶。

5. 变形缝、施工缝、后浇带、装配式构件拼接缝，未按规范、规程要求处理，导致缝隙渗水。

6. 中大型水库防水层局部破损，造成裂缝裂隙渗水。

7. 地下隧洞变形缝未设导水板，造成浸水。

8. 地上交通桥梁振动频繁与温度常变，未采用合格的专用防水材料防渗抗裂，导致防水防护层短期失效，造成渗水与金属腐蚀。武汉长江三桥 10 年内修缮 24 次。

9. 天沟、檐沟落水口高出平面，水分无法正常排走；卫浴、厨房的地漏高出地面，导致积水渗漏。

10. 穿屋面管道、穿墙管（洞）浇捣混凝土时未预埋套管，凿洞安装管道，其后用细石混凝土或水泥砂浆回填，因回填不密实与干缩造成渗水通道。

3 精准根治建设工程的渗漏

3.1 做好治漏前期准备工作

1. 现场勘察：了解工程所处环境，邻近工程 300m 范围的水文地质状况；工程地点气候特征；工程渗漏表观现象。

2. 查阅原设计文件与施工图，查阅施工记录与验收资料；走访原施工管理人员与质监人员，咨询原施工实况。

3. 听取业主对工程修缮的设想。

4. 冷静、精确分析工程渗漏原因。

5. 起草工程渗漏修缮方案，包括选材、施工工艺工法及质控措施和安全文明施工举措，并提交修缮工程概算。

6. 重大工程要求业主主持召开“方案论证会”，会后修改原方案，并编制“施工组织设计”交业主审批。

7. 编制修缮材料、人力、机具与设备设施计划，绘制施工进度图表，成立领导小组，确定各岗位人员，明确岗位职责，制定监管条例规定等。要求部分材料、机具设施提前 3～5d 进场，做好开工的一切准备。主要材料按产品标准规定提前见证随机抽样送国家授权单位进行复验。

8. 召开动员会，对施工人员进行交底，项目经理对工程质量、安全文明施工、工程进度提出明确要求；技术负责人详细介绍工程特点、技术方案、难点重点。使职工树立质量意识、安全意识、进度意识，明确各人的责权利，同心协力做好修缮工程。

3.2 渗漏修缮的原则与方式

防水设计与施工应“防、排、截、堵”相结合，遵循刚柔相济、因地制宜、综合治理的原则，并应根据工况实际确定局部维修还是全面翻新的方式，维修采用开挖还是“免砸砖”的工艺，这些都应商议清楚。原则与方式确定后，根据耐用年限与材料特性，面向全行业优选质量可靠绿色环保的材料。

3.3 整体现浇混凝土屋面渗漏不开挖微创大修要点

3.3.1 纵横开槽

槽宽 30～40mm，槽深至屋面结构板表面，槽距宜为 3～6m。将槽内物质挖出临时堆放离槽 200mm 板面，将槽内彻底清理干净。其作用有 3 个：①释放变形应力；②排除找坡层、保温层的积水；③晾干或晒干找坡与保温层。

3.3.2 檐沟清理及安装排气管

檐沟清理干净并在檐口屋面板表面牢固安装 25cm 长 ϕ3cm 的硬塑排气管，管距 3m 左右，做长期排气排水之用。屋顶檐边排水排气示意如图 3-1 所示。

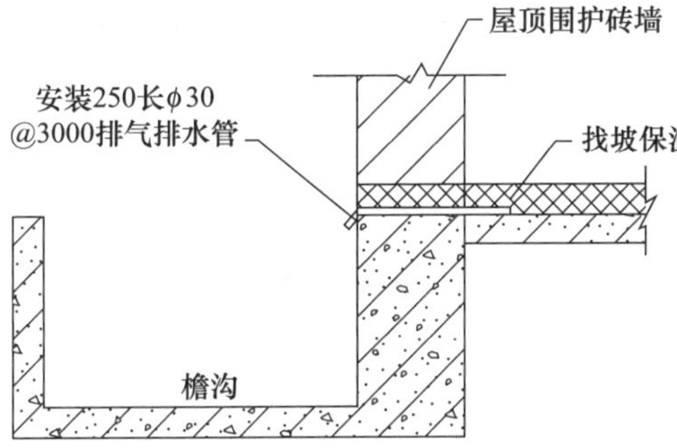

图 3-1 屋顶檐边排水排气示意图（单位：mm）

3.3.3 穿屋面管（筒）根部渗漏修补

开挖凹槽并清理屋面管（筒）干净后，涂刷 3mm 厚渗透型弹性涂料（如聚氨酯涂料、非固化橡胶沥青涂料），密实密封管（筒）根部的微孔、小洞、裂缝、裂隙，并粘贴一层与防水层相容的 3mm 厚自粘改性沥青卷材或 1.5mm 厚高分子自粘卷材。然后回填复原再做面层防水层，如图 3-2 所示。

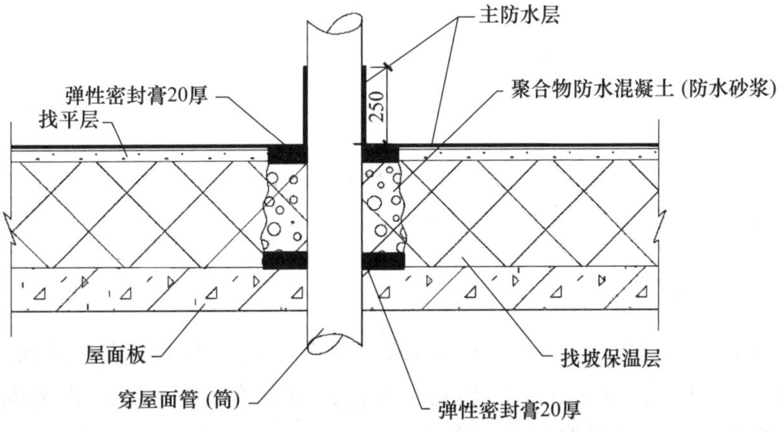

图 3-2 穿屋面管（筒）根部渗漏修缮示意图（单位：mm）

如果根部原回填混凝土（砂浆）牢实，不必开槽，对孔洞、裂缝、裂隙灌注非固化涂料即可。

实践证明，穿屋面管（筒）如果预埋套管，安装管道时，用密封胶密实外露管间缝隙，则98%以上的管（筒）根不会发生渗漏，如图3-3所示。

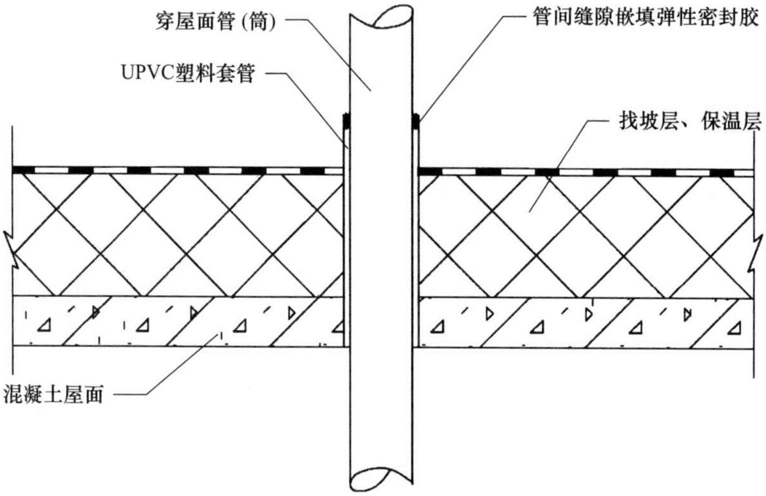

图3-3　管间缝隙嵌填密封胶示意图

3.3.4　修缮天沟

在干净的基础上，处理好天沟防水。①注意排水口附近50cm范围内必须向落水口放坡5%，管口必须低于基面3～5mm，刷刮弹性涂料2mm厚以上，并延伸至管口以内5cm；②若为预制板天沟，安装后横向接缝与纵向接缝，用弹性密封膏嵌填缝口2cm深以上，确保接缝不渗不漏；③天沟干净、干燥后，满刮与原防水层相容的弹性涂料3mm厚。

3.3.5　边沟

屋面周边若有围护墙或山墙，应沿墙根开设3cm宽、4～5cm深的边沟，边沟三面涂刷3mm厚弹性涂料。边沟的作用有3个：①导水引流；②释放变形应力；③规避日后屋面板顶推墙体而引起的开裂。

3.3.6　屋面局部

屋面局部渗漏严重区域，钻孔（深至结构板面）后压灌油溶性聚氨酯/锢水止漏胶注浆液，孔距1～1.5m，形成整块防渗屏障。

3.3.7　排水排气槽

凿开的纵向排水排气槽，用水泥珍珠岩（蛭石）嵌填饱满密实。横向的排水排气槽，埋设ϕ50mm钻孔（ϕ4mm@100mm）花管，硬塑管用150g/m^{2}聚酯无纺布包裹，用于长期排气排水，以释放日后变形应力。

3.3.8 主防水层

①全面彻底清理表层原防水层，保留未老化、未腐烂部分，并适当整理修补；②全面涂刷与原防水层相容的基层处理剂一道，自然风干；③从檐边开始，逐区段自下而上做与原防水层相容的新防水层，其厚度应比原防水层大 20%～30%，要求耐用年限不小于 20 年。横槽构造如图 3-4 所示。

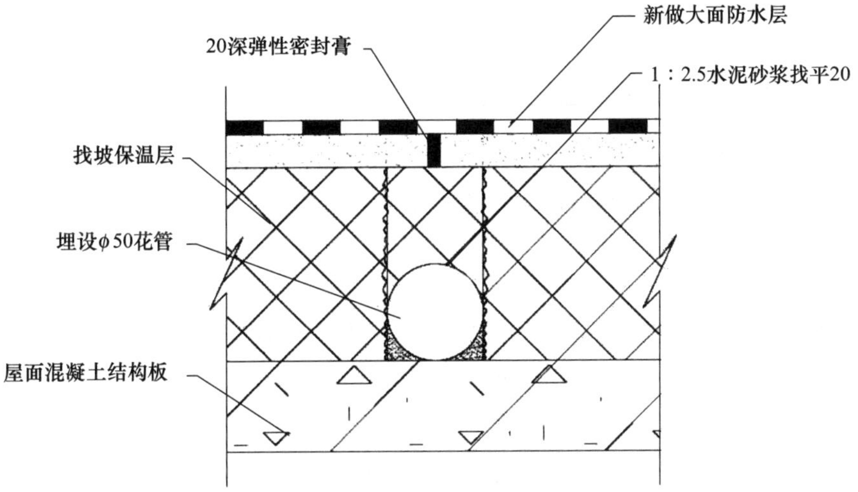

图 3-4 横槽构造示意图（单位：mm）

3.3.9 回访

竣工后一年内，防水商每月应主动回访一次，观察现场变化，并听取业主意见。

3.4 地下工程渗漏维修工艺工法要点

详细内容见本书第 5 章。

3.5 中小型病险水库防渗处理模式

据不完全统计，我国已建成各类水库 9.8 万座以上，其中，中小型水库占总数的 90%，存在不同病害的水库约占 30%。

70 多年来，我国水利水电方面的工程技术人员在水库设计、治理材料、施工技术与机具设施方面进行了大量的科研与科学实践，取得了重大成就，积累了宝贵的经验，某些方面达到或超越了国际水平。

中小型水库坝体经历过“土坝→块材砌筑→碾压混凝土→框架钢筋混凝土”几个发展历程。因当时的技术条件与经济条件的约束，不同发展阶段所建水库的质量不同，随着社会的发展，水库质量相应逐步提升。水库防渗堵漏与加固应根据工程地质、坝体质量状况、当时技术条件与经济条件个性化决策。笔者拜读了水利电力部门多家技术期刊与专著，研读了湖南宏禹水利水电岩土工程有限公司彭春雷教授主编的《地基基础处理技术研究与实践》、鞠建英教授主编的《实用地下工程防水手册》与土木工程（中国）科学研究会2014年6月在长沙召开的“全国工程灌浆、防渗加固新技术新材料交底研讨会”收集的论文集，聆听了黄河勘测规划有限公司马国彦教授的专题演讲，参考长江科学院、华东水电设计研究院、中南电力长沙设计研究院等单位专家学者发表的技术论文，结合我们团队的施工实践的经验教训，对中小型水库病害治理提出如下建议。

3.5.1 中小型水库渗漏原因及危害

1）坝基存在缺陷

（1）建坝初期底部软弱覆盖层未挖除，未清理干净；

（2）建坝时对基岩上部风化层、断层破碎带、节理裂隙带、溶蚀带等软弱岩体未挖凿清理；

（3）建坝时对地基未进行防渗加固处理，导致基础不坚实、不牢固，抗渗能力差，一旦坝基出现渗漏管涌，就会危及大坝安全甚至造成溃决。

2）坝身渗漏

（1）土坝建造时质量较差，阻水能力较低，抗渗难以达标；

（2）混凝土坝建造时，多种原因造成坝体不密实与裂缝，能透过水分子；

（3）混凝土坝身未做帷幕防渗处理，未形成有效防渗帷幕。

3）穿坝涵管周围及涵管本身渗漏。

4）坝肩与两岸接触界面不坚实，出现渗漏。

5）溢流槽部位存在微孔、小洞与裂纹。

6）水库周边不密实或存在裂隙。

涉及2）～6）的渗漏不但浪费水资源，而且长期遭水侵蚀，尤其是腐蚀性水侵蚀，会导致库体弱化，影响使用寿命，也可能造成水库干涸。

3.5.2 中小型水库病害治理的措施

对症下药，从工况实际出发，选用合适工艺与适用材料进行治理。如能用土工合成材料、防水混凝土、聚合物防水砂浆进行充填密封与加固能解决问题的，就不用灌浆方法；能用水泥类材料灌浆处理病害的，就不用化学灌浆材料，本着少灌浆、灌好浆的绿色方法最为理想。目前常用的治理措施如下：

1. 对病险水库进行清理，对迎水面表层清除杂物、泥浆（肉眼能见的裂缝、孔洞与裂隙，用钢针挑出内部杂物、泥浆），并用压力水冲刷干净，做好记录与标志。干净后，用改性水泥浆、聚合物防水砂浆或防水细石混凝土批刮嵌填孔洞与缝隙，减少表层渗漏点线，增强表层抗渗功能。此法无效的情况下，再考虑灌浆、增设防渗墙的方案。

2. 中小型病险水库土石坝防渗处理，遵循龚高武先生起草的《中小型病险水库土石坝防渗处理工程施工导则》的理念与工艺工法治理，采用灌浆与浇筑防渗墙等措施根治病害。

3. 碾压混凝土大坝防渗处理：采用“充填＋灌浆＋增设防渗墙”等工艺综合治理，根治病害。

3.6 常用治漏防水材料简介

灌浆、注浆是治理建设工程渗漏的有效手段，选材是治漏的基础，常用治漏材料简介如下。

3.6.1 堵漏王

它是由水泥、石英粉、石膏与化学助剂配制而成的单组分粉剂无机材料，施工时加适量清洁水搅拌成胶浆使用，有速凝型与缓凝型两类产品。前者使用后 2～3min 凝固，常用于明水封堵；后者施工后 15～20min 凝固，常用于无明水渗漏封堵。产品执行《无机防水堵漏材料》（GB 23440—2009）国家标准。

3.6.2 聚合物防水砂浆

在 1∶2 水泥砂浆中掺混胶凝材料 25％～30％的高分子乳液（如 EVA 乳液、丙烯酸乳液、氯丁胶乳、环氧树脂等），或 3％左右的可再分散胶粉（如 EVA 干粉），现场掺适量清洁水搅拌成均匀砂浆，涂抹后形成密实抗裂的韧性砂浆。可独立做防水层，一般厚 6～12mm，也可做自防水混凝土的保护层，一般厚 10～20mm。产品执行《聚合物水泥防水砂浆》（JC/T 984—2011）专业标准。

3.6.3 环氧树脂系列防水材料

环氧系列材料明显的特点：粘结力大、渗透性好、防腐能力强。

环氧系列防水材料，包括环氧胶黏剂、环氧胶泥、环氧砂浆、环氧涂料、环氧注浆料。

中国科学院广州分院有关科技人员对环氧树脂防水防腐系统地研究了 60 年左右。长江科学院、华东水电设计研究院、湖南科盛新材料公司等单位，在环氧材料对建设工程的防水防腐加固方面做了深入研究，取得了可喜的进展。

环氧系列材料原有两种缺陷：①性脆；②只能在干燥基面施工。经过科技人员几十年的改性研究，提升了产品质量与施工性能。现在的环氧系列产品具有一定的韧性，可在潮湿基面施工，扩大了应用范围，在建设工程中起防渗防护与加固作用。

3.6.4 聚氨酯系列产品

聚氨酯系列产品如图 3-5 所示。

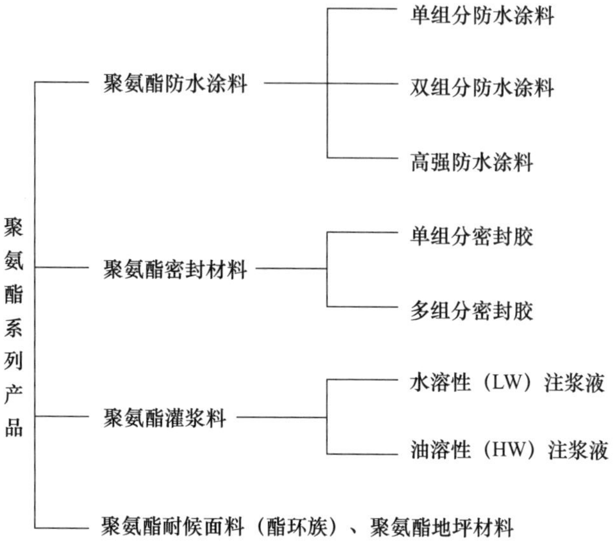

图 3-5　聚氨酯系列产品

3.6.5　水泥类灌浆材料

水泥类灌浆材料如图 3-6 所示。

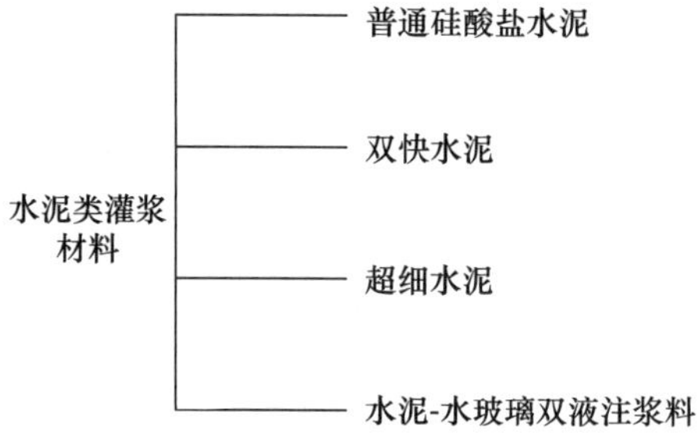

图 3-6　水泥类灌浆材料

3.6.6　丙烯酸盐注浆材料

长江水利科学院、华东水利电力设计研究院、中铁第四设计研究院有关技术人员对这类材料进行系统的研究，并成功解决了水电大坝、隧洞堵漏一些老大难问题。

上海东大化学有限公司开发的丙烯酸盐注浆材料是一种以丙烯酸单体为主剂，以水为稀释剂，在一定的引发剂与促进剂的作用下形成的一种高分子弹性体，不含有毒、有害成分，属环保型注浆材料。该材料黏度低、渗透力强，凝胶体具有很好的抗渗性、黏弹性及耐老化性能，可广泛应用于大坝水库帷幕注浆，固结疏松土壤，也可用于隧洞及地下工程防渗堵漏。

丙烯酸盐注浆材料可单液灌注或双液灌注，灌注压力可采用 0.2～0.6MPa，固化时间可在 30s～10min 之间调节。

北京郎巍时代科技公司与上海隧道盾构工程公司研发了 AC-VE 化学灌浆材料。它是一种基于丙烯酸衍生物的双组分注浆材料。A 组分包括丙烯酸盐溶液、促进剂等，B 组分包括引发剂、调节剂等。双组分浆液比例为 1∶1，黏度小，像水一样，可灌性好，渗透力强，因此凝胶后形成不溶于水的柔弹体。AC-VE 注浆材料的主要性能指标如表 3-1 所示。

表 3-1　AC-VE 注浆材料的主要性能指标

序号	项目		性能指标	实测标准
1	浆液	外观	微黄色透明液体	目测
2		密度（g/cm^3）	约 1.4	GB/T 4472
3		黏度（MPa·s）	<45	GB/T 10247
4		pH 值	8～9	SL/T 352
5		凝胶时间	可调控	可调控
6	固化物	断裂伸长率（%）	<400	GB/T 2567
7		渗透系数（cm/s）	（3.01±1）$\times10^{-9}$	GB/T 50123
8		遇水膨胀率（%）	约 150	GB/T 18173.3
9	施工温度（℃）		5～40	—

南方某商场地下车库底板 600 多条裂缝渗漏水，长度约 1500m，采用 GASF 丙烯酸盐柔弹性凝胶体修缮。该材料的技术性能指标如表 3-2 所示。

表 3-2　GASF 丙烯酸盐的技术性能指标

项目	数值	参照标准
催化剂 TE300		
浓度	约 85%	DNC
引发剂 SP200		
密度	约 1.9kg/dm^3	ASTM　D-1638
水中溶解度	约 79%	DNC
缓凝剂 KF500		
浓度	约 10%	DNC
稀释液	清洁的自来水	—
树脂凝胶固结后（在固含量为 22%的情况下）		
断裂延伸率	300%	AS TM D1638
遇水膨胀率	约 150%	DNC

丙烯酸盐是双组分注浆材料，适用于水利电力工程、隧洞工程和混凝土建（构）筑物的变形缝、施工缝、微细裂缝、裂隙、蜂窝缺陷的灌浆处理，能形成一种橡胶状、高延伸、不透水且遇水膨胀的水合凝胶，止水堵漏效果良好。

3.6.7　锢水环保止漏胶

锢水止漏胶是一种改性聚脲高分子化合物，是近几年研发成功的一种优良注浆材料。主要特点如下：

1. 固含量接近100%，不含有机溶剂，与水产生交联反应，形成弹性橡塑体，既环保无毒，又极少收缩。

2. 在潮湿面或水中固化，与混凝土粘结强度大于1.0MPa，并能与金属、玻璃、砖石、陶瓷多种基材粘结牢固。

3. 抗拉强度达2.0～6.0MPa，拉伸延伸率达400%左右。

4. 耐高低温，可在－35～100℃的环境中使用。

5. 固结体耐水、耐酸碱盐，耐候、耐老化。

6. 单液灌注，操作方便。

产品执行《锢水环保止漏胶》（Q/HNWCS 01—2009），可使用于地上、地面、地下各类工程变形缝、施工缝、拼接缝与孔洞嵌填灌浆止水防渗防腐。

3.6.8 CPM节点密封膏

CPM节点密封膏是一种水性橡胶改性乳化沥青类的密封材料，广西“金雨伞”公司、广西象州防水材料公司于二十一世纪初带头研发生产的弹性密封膏，可湿面冷面嵌填，在地上地下防水工程中应用广泛。

3.7 注浆工艺工法的新突破

1. 井筒注浆向更深层发展。

2. 帷幕注浆创新工法多种多样。

3. 预注浆在新建工程与维修工程中新模式不断涌现。

4. 后注浆在工程维修中的应用日趋普遍，尤其是壁后注浆成为盾构隧道工程堵水、加固的有效手段。

3.8 波瓦屋面的进步

我国二十世纪六十年代至九十年代主要使用石棉波瓦与水泥波瓦，它们有一定的挡风、排水功能，但隔热保温性能较差，运输贮存易破损，只能做临时设施防水使用。后来波瓦被小型水泥彩瓦或烧结黏土水泥瓦替代。

二十世纪九十年代开始，我国引进了波形彩钢板的生产与施工技术，主要应用于中小厂房、仓库、菜场等屋面，但隔热保温性能不理想，而且大风大雨天气易产生噪声扰民，搭接与锚固点易发生渗漏，有些彩钢板抗锈蚀性能差，使用三五年便锈迹斑斑，失去防雨功能。

其后我国开发了玻纤树脂波瓦，综合性能优于彩钢板。

我国科技人员在总结以往波瓦屋面的经验与教训的基础上，研发出集防水、保温、装修于一体的预制板。这种产品的规格多种多样，一般宽1～2m，高9～12cm，长3～8m；底板是金属平板，面板是金属梯形波板，空腔内填充挤塑聚苯泡沫板。三合一板拼装后，用弹性密封胶将拼缝嵌填密实。这种形式的金属瓦技术的社会效益、经济效益较好，耐用年限在20年以上。

4 努力实现“双碳”目标

确保2030年实现碳达峰，2060年实现碳中和，是我国现阶段高质量发展的目标之一。

4.1 “双碳”目标的含义

气候变化是全人类共同面临的问题，主要是指温室气体排放猛增，引起环境温度上升，对生命系统形成威胁。所谓“温室气体”，是指大气层中自然存在的和由于人类活动产生的能够吸收和散发至地球表面、大气层和云层所产生的波长在红外光谱内的辐射气态成分。

温室气体包括二氧化碳（CO_2）、甲烷（CH_4）、氧化亚氮（N_2O）、氢氟碳化物（HFC_S）、全氟碳化物（PFC_S）、六氟化硫（SF_6）与三氟化氮（NF_3）等，常规的主要是二氧化碳和甲烷，又以二氧化碳为主要温室气体。

“碳达峰”是指人类活动空间（地球表面、大气层、云层）内二氧化碳的排放不再增长，达到峰值（约106亿t）。“碳中和”是指企业、团体或个人测算一定时间内，直接或间接产生的温室气体排放总量，通过植树造林节能减排等方式，抵消自身产生的二氧化碳排放量，实现二氧化碳的“零排放”。

我国提出了应对气候变化新的自主贡献目标和长期愿景，碳排放力争于2030年前达到峰值，努力争取2060年前实现碳中和。要实现“双碳”目标，需全国人民艰苦卓绝的努力，实现“双碳”目标是对人类的卓越贡献。

4.2 建设工程所需生产方式应加快绿色转型

1. 生产所需原材料与助剂，应选用少污染、无污染的产品，切断污染源。

2. 生产装备不断更新，安装完善的环保设施，少产生废水、废气、废渣，减轻对环境的污染。

3. 生产高质量产品，不但物理力学性能优良，而且要求耐久性、耐腐蚀性好，合理使用寿命达30年以上。

4. 积极开发节能减排的新材料、新产品，如太钢已研发出0.015mm折叠式不锈钢，应尽快转化到防水、防腐、隔热等方面的应用。

4.3 防水保温防腐施工方式应进行绿色转型

1. 匠心作业应尽快智能化：精心施工是确保工程质量的关键，只有匠心作业才能铸造高品质工程。我国已有机器人堆码材料、机具与金属焊接成功先例。机器人探测、无人机灌溉（灭菌除害）也有不少同行正在探索。施工过程红外摄像与隐蔽工程质量监控也正在研发。数字化经济逐步引入防水行业。

2. 基层处理剂与涂料施工进行喷涂作业，比人工涂刷快四五倍，而且减少了材料的浪费，应大力普及喷涂作业。

3. 针对卷材铺贴，我国也开发了一些摊铺机械，工效与质量大为提高。

4. 我国自主研发了许多灌浆机械款式，正在向轻型、高效方向发展。

5. 机场、地坪分厢缝，采用机器自动嵌填密封胶，高效省材，应总结经验教训，普及大中型工程。

6. 防水、保温、防腐应普及冷施工、冷作业。

4.4 大力助推建筑绿化与园林绿化

实践证明，平屋面（小坡屋面）及外墙、阳台均可栽花种草、培植灌木或小乔木，称之为建筑绿化。利用空地栽种花草植物，称之为园林绿化。利用沙漠、荒山栽种树木，称之为森林绿化。三类绿化都蕴藏大量绿色植物，饱藏叶绿素。植物在可见光的照射下，吸收二氧化碳，释放氧气的过程是光合作用。这种固碳释氧的光合作用，有利于调节大气中碳-氧平衡，缓解“热岛效应”与“冷桥作用”。

对光合作用的研究得知：花园式屋顶对 CO_2 的吸收量为 12.20kg/（a·m^2）、O_2 的释放量为 8.85kg/（a·m^2）；简单式屋顶绿化的 CO_2 吸收量为 2.06kg/（a·m^2），O_2 的释放量为 1.31kg/（a·m^2）。这是大自然对人类的恩赐，我们应大力助推绿化事业的发展，普及种植屋面（含地下工程顶板）。

4.5 大力推进光伏屋面的发展

光伏屋面是指在屋顶安装光伏组件，利用太阳能发电，将太阳能转化为电能，为工农业生产、国防事业与人们生活提供清洁能源。

光伏组件可安装在屋面、外墙，也可在工厂预铺于卷材载体（光伏卷材）。目前以光伏组件安装于屋面的工程为最多。

屋面防水质量是未来 BIPV（光伏建筑一体化）需要克服的难点与痛点之一，光伏漏水是世界性难题，而屋面防水工程质量是整个光伏系统使用寿命的保障。

目前市售 BIPV 产品多数采取拼接或搭接加自攻螺钉点式固定的方式安装，节点多、漏水风险大。

根据光伏屋面的特点，我们应选用高质量防水产品与先进施工工艺，确保节点细部水密、气密、风密，确保防水层经久耐用。

10多年来我国防水龙头企业紧跟光伏屋面的发展，开发了一些耐候性、耐老化性良好的新产品，如丁基胶、改性硅酮胶、TPO卷材、PVC卷材、超耐候IIR-PVDF氟碳膜与“冷涂锌”防水防腐材料等。与此同时，通过培训与实践培养了一批施工队伍与操作人员，为光伏屋面的发展起保驾护航作用。

光伏分为集中式大型并网光伏电站与分布式电站，前者与建筑防水解决方案关联度不大，后者的防水、防腐是重要因素。

分布式光伏电站根据与建筑结合的关系，分为BAPV（光伏与建筑结合）和BIPV两种。防水方案主要涉及这两种电站，特别是BAPV。BIPV中的光伏采光顶、光伏瓦、光伏幕墙、光伏雨棚等本身就是建筑的一部分，因此仅需进行节点密封或使用涂料产品实现密封防水防护目标。

BIPV包括光伏采光顶（含框式光伏采光顶、肋点式光伏采光顶、点支式光伏采光顶）、光伏幕墙（含双层光伏幕墙、点支式光伏幕墙、单元式光伏幕墙、非透明光伏幕墙）、光伏雨棚（点支架光伏雨棚、框式光伏雨棚）、光伏栏杆（含点支式光伏栏杆、框式光伏栏杆）、光伏天桥、光伏车棚。

BAPV包括混凝土平屋面光伏构件、混凝土坡屋面光伏构件、金属屋面光伏构件、墙面光伏构件、光伏遮阳板（点架式光伏遮阳板、点支式光伏遮阳板、竖向百叶光伏遮阳板）。

BAPV可分为混凝土平屋面光伏、混凝土坡屋面光伏、金属屋面光伏。其中，混凝土平屋面和坡屋面光伏构件系统使用基座、预埋件、光伏支架连接，如图4-1所示。金属屋面光伏构件通过夹具、龙骨、机械固定等措施进行固定，如图4-2所示。防水节点密封增强是防水处理的重点。

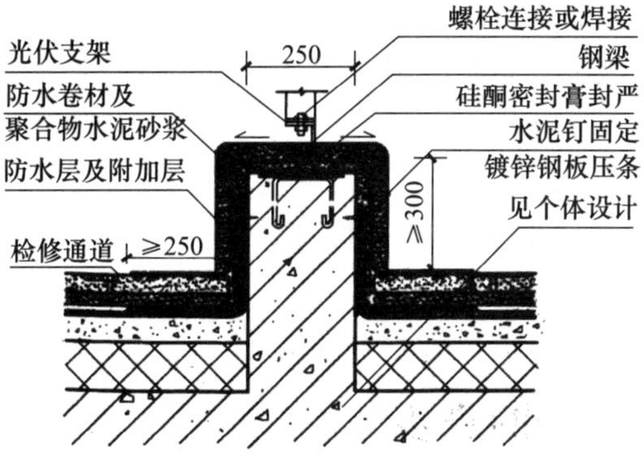

图4-1　混凝土光伏屋面基座防水构造示意图（单位：mm）

BAPV光伏屋面首先应做好基础防水（节点密封与大面防水），一般采用TPO卷材、PVC卷材或耐候性涂膜做大面基础防水层，安装光伏装置时，避免破损防水层。安装光伏装置后，应采用耐候性优的密封胶密实密封节点，并对金属配件进行防水、防腐蚀处理。

深圳大学张道真教授团队研发了“太阳能与坡屋面一体化构造方案”。优尔金属制品（苏州）公司王文超团队研发了“TPO/PVC 单层柔性卷材屋面太阳能系统解决方案”，为行业提供了有益的参考。

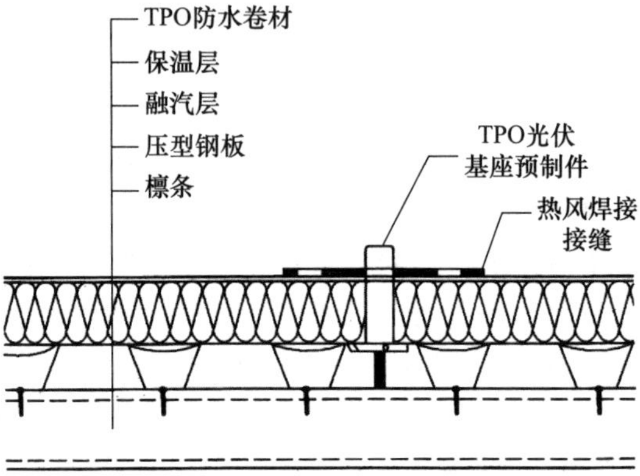

图 4-2　金属光伏屋面防水构造示意图

4.6　“双碳”目标的实现具有良好的社会效益和经济效益

“双碳”目标的实现具有重大而深远的社会效益与经济效益。在人们生活与工作的环境，如果二氧化碳、氮氧化合物及硫化物超标，则造成地球变暖、海平面上升，导致环境恶化，各种各样的自然灾害频发、疫情增加、经济衰减，生物受到生存威胁，甚至人们的生命安全也无法得到良好的保证。全人类应高度重视城市更新总目标，建设宜居城市、绿色城市、智慧城市、人文城市。

我国既有建筑面积约 900 亿 m^2，平屋面面积约 90 亿 m^2，如果有 30%～50%的平屋面进行绿化种植，夏季最热时段按 100d 计算节能量，则可减少碳排放 7035 万 t/a。有研究表明，北京截至 2020 年已完成屋顶绿化面积超过 200 万 m^2，每年减碳量约为 3778t。

植物固碳按国际标准“碳税法”计算，约为 170 美元/t，约合人民币 1190 元/t，北京市每年可减少 450 万元的排碳费用；按“造林成本法”计算，北京市每年可节省 449.58 万元固碳的投入。

5 地下工程治漏工法简述

5.1 通用规则

1. 做好现场勘察，了解与掌握原防水设计、施工及验收资料，了解工程周围近100m范围内的地质水文状况，掌握当地的气候特征。

2. 做好地下工程的降水排水工作，然后全面清理干净，让缺陷显露，并做好湿点、漏点标记。

3. 治理流程：按照先顶（拱）后墙面再底板的顺序进行，宜少破坏原有结构和防水层。

4. 选用无毒、低污染的材料与工法进行微创作业。

5. 地下空间应通风排气、照明适度。

6. 拱顶、墙面施工应搭设牢固、可移动的脚手架。

7. 渗漏治理应通过多方行业专家论证，统一共识，形成文字方案。

8. 挑选有经验的施工专业队伍承担施工任务。

9. 安全文明生产，作业人员应穿工作服、平底防滑鞋上岗，高危作业应佩戴安全带。

10. 做好施工原始记录，隐蔽工程与关键部位应拍照、摄像一并存档。

5.2 地下室与地下隧道大面积渗漏治理工法

5.2.1 轻微渗漏面和漏水点

周边扩大100～150mm范围，清铲干净后，先刮抹速凝“堵漏王”止水，再做聚合物防水砂浆抹面6mm厚，表面刮涂2mm厚环氧树脂防水涂料做增强处理。

5.2.2 施工缝或深长裂缝渗水

缝端分别延伸150mm，剔U形槽，宽20～30mm深至基体厚1/3～1/2，先刮压“堵漏王”止水，再嵌填20mm厚湿面可施工的橡胶改性沥青CPM弹性密封膏堵漏，然后回填聚合物防水砂浆压实，最后在缝口刷涂250mm宽、1.5mm厚环氧树脂防水涂料夹贴一层聚酯无纺布（50g/m^2）做附加增强处理。施工缝渗水修缮示意如图5-1所示。

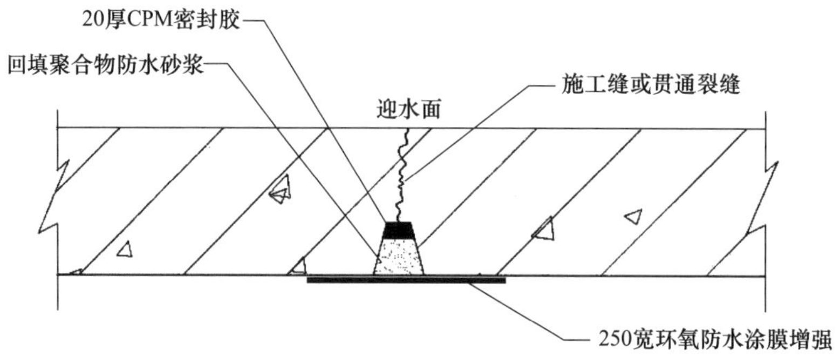

图 5-1　施工缝渗水修缮示意图（单位：mm）

5.2.3　涌水或喷水孔洞与裂缝修补措施

1. 骑孔剔 U 形凹槽，宽 50mm，深 80～100mm，用“堵漏王”锚固 ϕ30mmPVC 导水管，用 1/2 速凝“堵漏王”＋1/2 聚合物防水砂浆混合物嵌填导水管外空隙，硬固后对管内锤压 100～150mm 长钢钎或木楔止水。最后在槽口骑孔刮涂 4 遍环氧防水涂料夹贴一层无纺布，ϕ300mm 宽附加增强层。

2. 如果喷水孔洞是贯通基体者，先用钢钎疏通孔内杂物泥浆，让水流出一段时间，当水压降低后，安装注浆嘴与注浆管，低压（0.3MPa）灌注水中难分散的水泥砂浆进行壁后注浆。1h 后复灌 1～2 次油溶性聚氨酯堵漏注浆液或锢水止漏胶，直至无水渗出为止。然后拔掉注浆嘴与注浆管，并用聚合物防水砂浆填充空腔。在背水面剔 U 形槽，宽 50mm，空 20mm，干净后嵌填 CPM 节点密封膏，再用环氧防水涂料增强孔口。壁后注浆示意如图 5-2 所示。

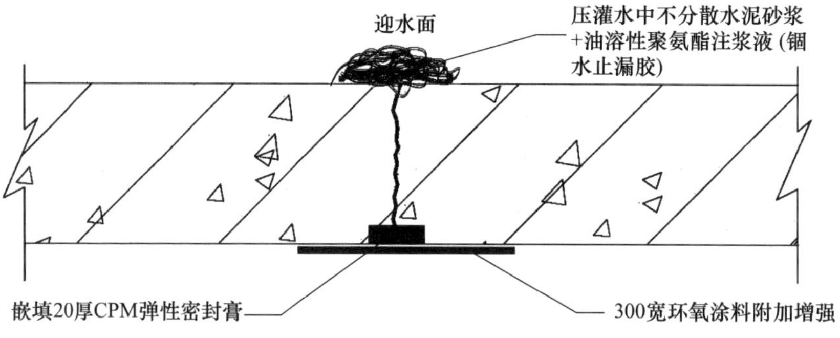

图 5-2　壁后注浆示意图（单位：mm）

5.2.4　侧墙模板拉筋渗水修补方法

拉筋松动且能抽出的拔掉，筋孔填充聚合物防水砂浆堵水；筋头生锈的，清理干净后刷涂 3 遍转锈防腐涂料。固定模板用螺栓的防水堵漏示意如图 5-3 所示。

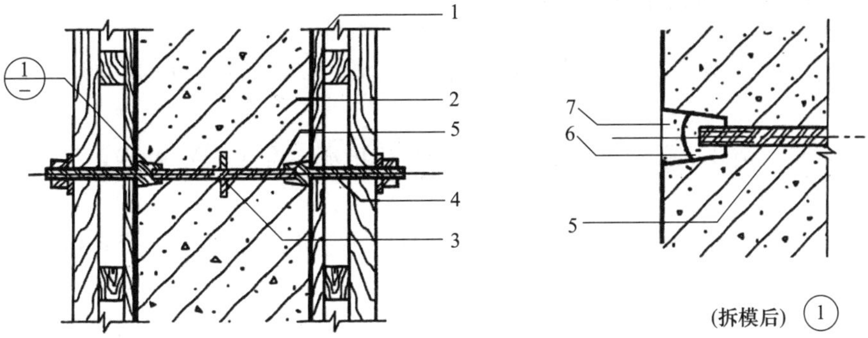

图 5-3 固定模板用螺栓的防水堵漏示意图

1—模板；2—结构混凝土；3—止水环；4—工具式螺栓；
5—固定模板用螺栓；6—密封材料；7—聚合物水泥砂浆

5.2.5 柱根渗漏修补做法

1. 沿柱根四周剔槽 50mm 深、30mm 宽，彻底清理干净，低压慢灌锢水止漏胶。

2. 对槽口三面刮涂速凝 CCCW 胶浆两遍。

3. 嵌填可湿面施工的聚氨酯密封膏 20mm 厚。

4. 对槽口嵌填 30mm 厚聚合物防水砂浆压实刮平。柱根渗漏修缮示意如图 5-4 所示。

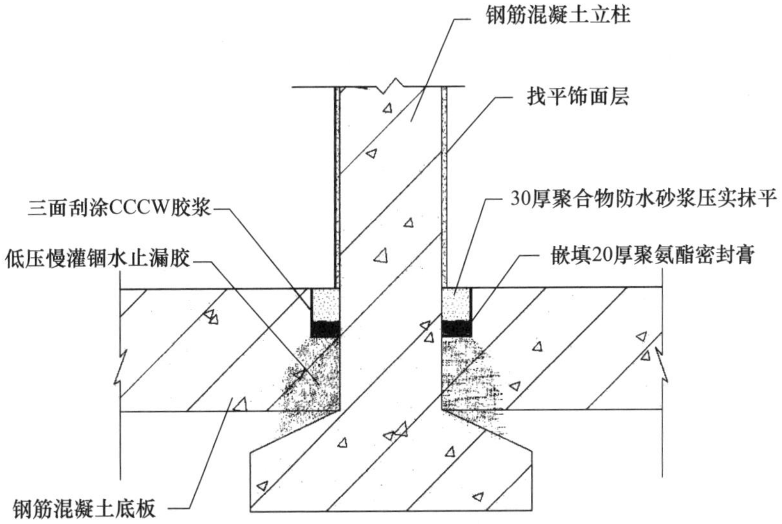

图 5-4 柱根渗漏修缮示意图（单位：mm）

5.2.6 环向变形缝渗漏修补做法

1. 在背水面挖凿变形缝内填充物，深至中埋止水带，将缝内杂物垃圾初步清理干净。

2. 从背水面钻 2 个孔穿过止水带，先注 LW 止水，再注 HW 增强，在缝口内外再造防水层。

3. 将中埋止水带中间部位背水面清理干净，并将止水带整理，接着粘贴一层双面粘丁基胶带，再嵌 20mm 厚非下垂聚氨酯密封膏。

4. 逐段安装_/_形镀锌盖缝板，并用@300mm 钢钉锚固，逐段喷注聚氨酯硬泡体，直至背水面缝口。

环向变形缝浸渗修缮示意如图 5-5 所示。

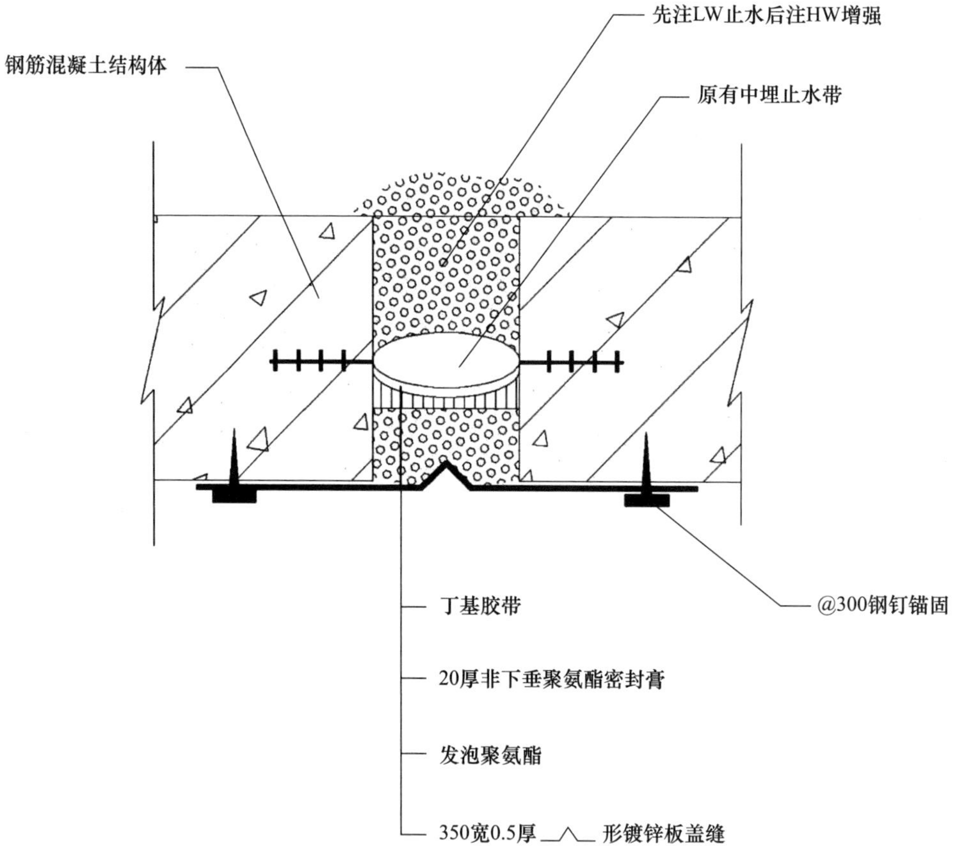

图 5-5 环向变形缝浸渗修缮示意图（单位：mm）

5.2.7 地下空间侧墙平立面转折处渗漏修补做法

地下室空间侧墙平立面转折处渗漏修补工法如图 5-6 所示。

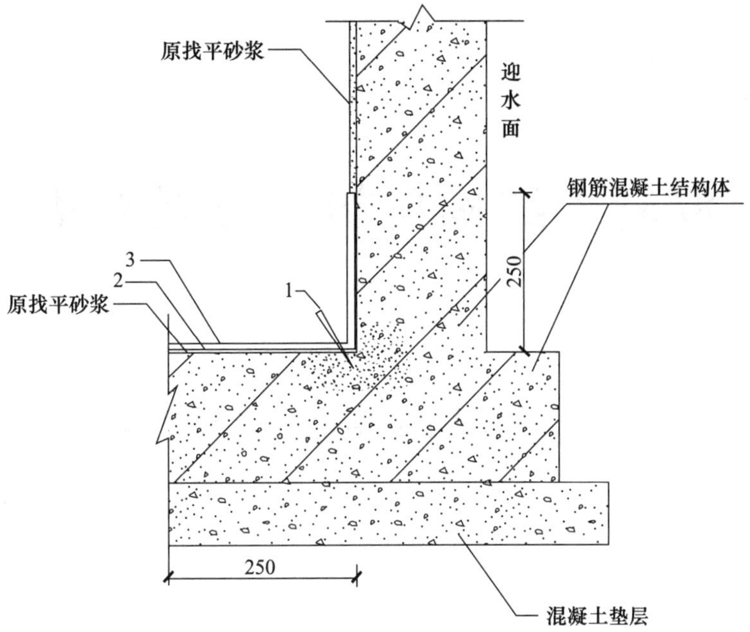

图 5-6 墙根渗漏修缮示意图

1—压注锢水止漏胶；2—刷（喷）M1500 或 DPS 永凝液；3—刮涂 1.5 厚环氧涂料

5.3 施工注意事项

1. 地下工程施工首先必须将底板积水排至室（洞）外市政排水网络，直至室（洞）内渗漏修缮竣工为止。

2. 施工期间，间歇开启通风设施，使室内（洞道内部）通风透气良好，照明适度，为操作工人创造良好的工作环境。

3. 隐蔽工程、关键部位施工的全过程，质检员、安全员应旁站监控。

4. 治理过程每道工序应严格操作，上道工序未经验收合格，不得进行下道工序施工。整个施工过程中必须严格执行“自检—互检—专检”相结合的“三检”制度，发现缺陷应及时采取纠正措施。

5. 化学灌浆应坚持低压慢灌，使浆料缓慢扩散、充填微孔小洞及裂纹裂缝，密实基体，提升抗渗加固补强功能。灌浆过程中应高度关注压力的变化，压力过高可能引起基体抬升破损，压力太低影响浆料扩散难以到位，应根据浆料黏度调节好压力，使浆料稳定地进入基体。

6. 渗漏治理除应做好防水措施外，尚应采取排水措施，排堵结合，方能做好高质量工程。

7. 地下工程与城市给、排水管道的水平距离宜大于 2.5m，当不能满足时，地下工程应采取相应有效的防水举措。

所有节点细部精细修缮无渗漏后，大面积是否全面做防水面层，与业主商定。若需大面积做防水层，建议顶板与侧墙表面满喷（刷）1.5～2mm 厚环氧防水涂料，底板也可做耐磨砂浆地坪。

6 混凝土结构自防水方兴未艾

6.1 混凝土结构自防水发展历程

混凝土结构自防水是人们长久以来追求的梦想，不同时期不同人员依据不同的理念，采用不同措施使混凝土密实并提高抗裂性能。

6.1.1 二十世纪六七十年代

冶金建铝设计研究院针对当时工业厂房混凝土预制板拼装屋顶较多的情况，有不少工程技术人员研究如何提高预制板的密实性与抗裂功能。经反复研究与试验，形成的共识是：在工厂生产混凝土构件时，一方面合理设计混凝土配合比与配筋率，另一方面混凝土强度不小于 70％时张拉钢筋，对板体施加预应力，于是出现预应力大型屋面板，有槽型（F 型），一般有 1.5m×6m、1.5m×9m 的大型屋面板，板厚 3cm。有些地区生产宽 1.5～3m、厚 9～12cm、长 3.6～6.0m 的预应力多孔板。

预应力屋面板有较多优越性，但搬运吊装中常出现缺棱掉角损伤，使用 2～3 年后出现局部温差变形裂缝，局部露骨露筋。

6.1.2 二十世纪八十年代

中国建筑材料科学研究总院吴教授团队研发出 U 型（UEA）膨胀剂，是以硫酸铝、氧化铝、硫酸铝钾、硅酸钙等无机化合物配制而成的防裂型混凝土粉末外加剂。它不含有害物质，不污染环境。在普通混凝土中加入水泥量 8％～12％U 型膨胀剂，形成微膨胀混凝土，使混凝土凝固时产生的收缩应力得到补偿。U 型膨胀剂掺入混凝土中后，与水拌和后生成大量膨胀性结晶水化硫铝酸钙（钙矾石），在养护期间使混凝土产生适当膨胀，同时产生 0.2～0.7MPa 预压应力（自应力），拉伸强度得到增大，足以抵消混凝土凝固时产生的收缩应力，从而减少或防止裂缝的出现，使混凝土基面外观美观，具有防止钢筋氧化锈蚀，减少修补工作量等优点。U 型膨胀剂还可降低水化热，补偿混凝土的温差收缩，与缓凝减水剂复合应用，可解决大体积混凝土的开裂问题。

加入 U 型膨胀剂的钢筋混凝土，由于 U 型膨胀剂化学膨胀力而引起钢筋张拉，其反力使混凝土受到压缩应力，取得和预应力方法相同的机械张拉钢筋的效果。

掺入 U 型膨胀剂的混凝土或砂浆受到外部约束时，U 型膨胀剂化学膨胀力便在内部起作用，钙矾石结晶不断填充到混凝土或砂浆微孔中，可以得到非常细微密实的无收缩高强混凝土或砂浆，其化学应力发挥了和机械应力协同的效果。

掺入U型膨胀剂的混凝土在水化过程中形成的大量膨胀钙矾石结晶体，具有填充、切断毛细孔缝的作用，使大孔减小，总孔率下降，从而增强混凝土防水能力。

U型膨胀剂混凝土凝固后，在潮湿或有水的条件下，仍存在一定的微膨胀和内应力，对小于0.25mm的结构裂缝，由于U型膨胀剂形成的膨胀结晶水化物具有强烈的生长能力，可以自行将微缝愈合，防止产生微缝渗漏现象。

二十世纪八十年代，地下工程不断增多，湖南省第六工程有限公司总工程师选择长沙某超高层大厦的地下室进行自防水试点，做法如下：基础素土夯实→干铺30cm厚砾石（掺小量粗砂）疏水→浇捣混凝土垫层→浇筑钢筋混凝土筏板→逐层建造大楼。竣工后，清理底板时发现部分细部节点渗水，底板局部裂缝处渗水，底板部分孔洞渗水，然后采取修补措施。

长沙芦浮别墅小区，地下室大多数是负二层，也有一些是负一层，地下空间平面投影面积约7万m^2。开工时土建公司多次研究地下室的防渗漏方案，意见一时难以统一。有人提议："过去花了钱按设计方案进行防水处理，竣工后还是要反复修补才能验收……这一次干脆不做柔性防水层，如果渗漏再修补处理……"这个提议得到多数管理干部认可。其后土建竣工时对地下室进行全面清理，发现地下室渗漏比较严重，其后多花了1倍的防水工程款才修好并完成验收。

6.1.3 防水混凝土的兴起

1. 通过精选砂石、水泥原材料，合理调整配合比，掺入适量的防水剂、减水剂、膨胀剂等外加助剂，可配制比普通混凝土更加密实的构（部）件，提升了抗渗与抗裂功能，人们称之为防水混凝土，现场在防水混凝土的基面上再铺贴卷材或喷（刷）防水涂料，在迎水面构筑了防水屏障。

2. 在防水混凝土理念的基础上，广西王新民先生的团队在混凝土拌和料中掺入复合外加剂，进一步提升混凝土的密实性、阻裂性，人们称之为混凝土结构自防水。

结构自防水的优越性很多：①可缩短工期与降低工程造价30%～50%；②微膨胀，减少混凝土裂缝；③大体积混凝土，可降低水化热的温度峰值30%左右；④可提高混凝土早期强度和28d的强度；⑤耐久性强，防水与主体结构同寿命等。

结构自防水的应用范围：可广泛应用于地上、地下与水中的一切混凝土建（构）筑物，尤其适用于长期潮湿与水源丰富的地下工程。

3. 武汉工程大学喻幼卿教授团队在20年前系统研究了WHDF抗裂减渗剂，并获得国家发明专利。武汉天衣新材料有限公司生产。在混凝土中掺入胶材2%左右，优化水化产物，抑制铝酸三钙早期快速水化，降低早期水化热，使体系凝胶增多，孔隙下降，骨料界面与早期水化热得以改善，显著提高混凝土抗裂、抗渗及其耐久性，提高结构体自防水性能，做到防水寿命与建筑物同龄，已在军工、核电、水工、交通、市政及民建等领域数百项工程中应用，效果良好。

科洛结构自防水技术（深圳）公司在杨飞先生的率领下，采用混凝土内掺"无机纳米抗裂减渗剂＋外刷或外喷DPS永凝液密实面层"，形成可靠自防水屏障，已在国内10

多个省（区、市）的工程中应用，受到客户赞扬，将我国混凝土结构自防水技术提升到一个新的发展高度。

6.2 混凝土结构自防水目前常见的构造形式

混凝土结构自防水目前常见的构造形式如表 6-1 所示。

表 6-1 目前混凝土结构自防水的形式

序号	防水构造形式	备注
1	内掺复合外加剂＋节点细部柔性处理	1 级防水：侧墙另在迎水面做 20mm 厚防水砂浆；顶板、底板背水面做 20mm 厚防水砂浆
2	内掺渗透型永凝液＋节点细部柔性处理	侧墙迎水面做柔性防水层，顶板、底板在背水面做防水砂浆
3	内掺 CCCW 渗透粉剂＋节点细部柔性处理	侧墙迎水面做聚合物防水砂浆，顶板、底板在背水面抹聚合物防水砂浆
4	内掺纳米抗裂减渗剂＋细部节点柔性处理＋面层喷涂渗透剂	内密实＋面层增强

6.3 混凝土结构自防水发展前景

普通混凝土、防水混凝土、结构自防水混凝土的使用寿命多长，有待调查与时间考验，其性价比有待精细分析。从既有建（构）筑物来看，结构自防水性价比优于普通混凝土与防水混凝土，尤其是地下工程的维修配合注浆工艺能攻克一切难题，有着广阔的发展前景。

2023 年 4 月 1 日起，我国防水行业有了“宪法”——《建筑与市政工程防水通用规范》(GB 55030—2022) 全面实施，其中，4.2.1 条明文规定现浇混凝土结构地下工程应采用混凝土结构自防水。这是地下工程优质高效防水的基础。我国现在地下工程防水量已略超地上工程防水量。随着经济的不断增长，地下工程不断增加，混凝土结构自防水的发展前景越来越广阔。

7 桥梁建设的防水防护

7.1 概　　述

7.1.1 简要回顾

我国传统桥梁建设有着几千年的悠久历史，小跨度木桥→竹桥→石砌平桥→石砌拱桥→钢筋混凝土拱桥，积累了丰富经验。其中 50m 长的赵州石砌拱桥，是当时世界的奇迹之一。

二十世纪五十年代末至六十年代末，武汉长江大桥、南京长江大桥、九江长江大桥、黄河大桥与南宁邕江大桥的成功建设，标志着我国桥梁建设进入新的发展阶段。其后香港穿海大桥、澳门跨海大桥、青岛跨海大桥的成功建成标志着我国桥梁建设步入世界前列。二十一世纪初 55km 长的粤港澳跨海大桥的建成，助推我国桥梁建设技术进入智能化新时代。

7.1.2 现代桥梁建设的防水防护

大型桥梁一般由钢筋混凝土桥墩、厢式桥身及混凝土桥面、金属桥面构成一个整体，其防水防护情况如下：

1. 混凝土桥墩一般是高强防水混凝土，内掺有效减水剂、防水剂、微膨胀剂、活性化合物催化剂等，降低水化峰温，提高密实度与抗裂功能，并在表层喷涂或抹压渗透结晶型材料，增强密实与抗裂性能，提升桥墩抗渗防水防护功能。

2. 厢式桥身多系金属梁柱或钢混结构，对表面做防渗防腐处理。

3. 桥面有现浇混凝土、预制混凝土及金属板多种形式。混凝土桥面铺设防水卷材，辅以密封胶、防水涂料密实密封细部节点。金属桥面在防腐处理的基础上铺装 AAS 聚酯防渗防护涂层。廖有为博士研发的“冷涂锌”是金属防腐防护的世界首创。

桥梁防腐非常重要，中国铁建上海先科桥梁隧道检测加固工程技术有限公司邹常进先生及其团队，在桥梁防渗防护方面有着深入的研究与践行经验。

7.2 混凝土桥梁结构防腐体系的设计与施工技术

7.2.1 混凝土涂装的必要性

（1）桥梁耐久性的需要：

① 误区：混凝土腐蚀造成的危害逐渐被人们认识，过去认为钢筋混凝土“大包大揽”，不易损坏；

② 腐蚀环境的恶化对混凝土结构的影响越来越大；

③ 混凝土表面涂层是一种简便有效的防腐措施。

（2）桥梁美观的需要（图 7-1）：

① 桥梁作为城市标志物，和谐的整体形象要求是必需的；

② 混凝土表面外观、细节和局部的景观要求是必需的。

图 7-1 混凝土涂装满足桥梁的美观需要

（3）在 1991 年第二届混凝土耐久性国际会议上，Metha 教授指出：“当今世界混凝土耐久性问题，按重要递减顺序排列为钢筋锈蚀、寒冷地区的冻融破坏以及侵蚀环境下的物理化学作用。”

7.2.2 混凝土耐久性问题

混凝土结构腐蚀类型如图 7-2 所示。

1. 中性化

（1）钢筋混凝土结构呈碱性，pH 值可达 12.5～13.5，此时钢筋保持钝化状态。

（2）大气中的 CO_2 结合水与混凝土中的 $Ca(OH)_2$ 起化学反应，生成中性的 $CaCO_3$，造成混凝土 pH 值降低。

（3）使钢筋保持钝化的最低 pH 值为 11.5，中性化可使 pH 值低于 9，此时钢筋表面的钝化层被破坏，钢筋易腐蚀。

（4）碳化反应过程为体积膨胀，混凝土表面易产生微裂纹。碳化每天都在持续，久而久之形成贯穿裂缝。

$$Ca(OH)_2+CO_2 = CaCO_3+H_2O \tag{7-1}$$

$$CaCO_3 + H_2CO_3 \xlongequal{\quad} Ca(HCO_3)_2 \tag{7-2}$$

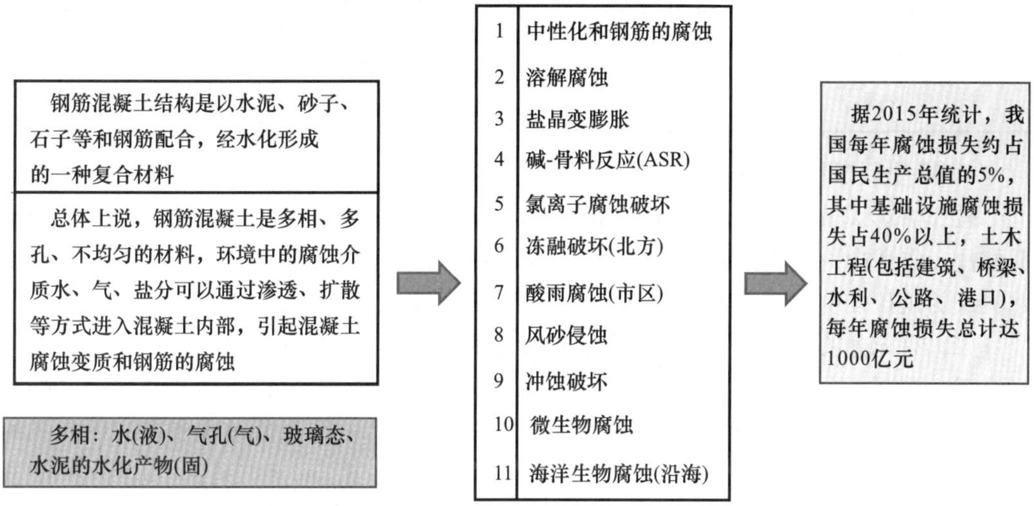

图 7-2 混凝土结构腐蚀类型

（5）当水和氧气充足，尤其是环境温度较高时，钢筋的电化学腐蚀速度相当快，而且生成含水率高、结构疏松的 $Fe(OH)_3$ 红色锈层，体积膨胀 2～6 倍，不仅降低混凝土对钢筋的“握裹力”，也使混凝土膨胀开裂，出现结构性破坏。混凝土表面碳化示意如图 7-3 所示。

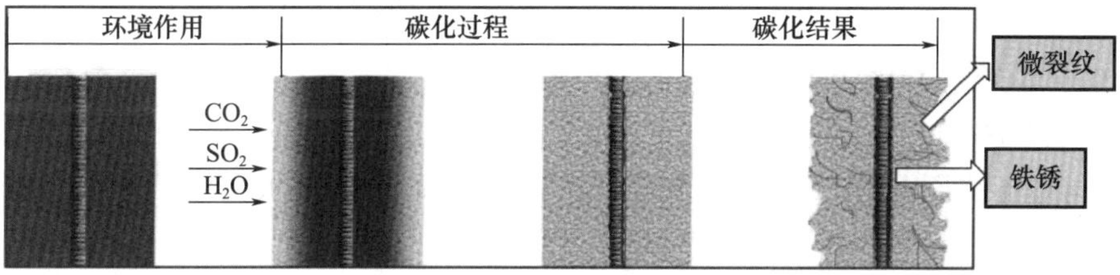

图 7-3 混凝土表面碳化示意图

2. 溶解腐蚀、盐晶变

1）溶解腐蚀

（1）混凝土结构具有高粗糙度、多孔性、亲水性和高碱性特点，长期与环境侵蚀性介质（例如地下水、河水或湖水）接触，可溶性成分（例如氢氧化钙）就会逐渐溶解。

（2）水环境中另一种溶解腐蚀是来自水中溶解的一些离子通过置换形成的，例如水中溶解的铵盐、镁盐可置换氢氧化钙中的钙，形成可溶性或软体物。

$$2NH_4Cl + Ca(OH)_2 \xlongequal{\quad} CaCl_2 + 2NH_3\uparrow + 2H_2O \tag{7-3}$$

$$MgCl_2 + Ca(OH)_2 \xlongequal{\quad} Mg(OH)_2 + CaCl_2 \tag{7-4}$$

2）盐晶变膨胀

可溶性盐随水分渗入混凝土内部的毛细孔和微孔内，当水分蒸发时，盐就会结晶出来。盐结晶生长过程发生体积膨胀，导致混凝土破坏。盐的晶变温度与体积膨胀率如表 7-1所示。

表 7-1 盐的晶变温度与体积膨胀率

盐	晶变温度（℃）	晶变后形式	体积膨胀率（%）
NaCl	0.15	$NaCl \cdot 2H_2O$	130
Na_2SO_4	32.3	$Na_2SO_4 \cdot 10H_2O$	331

3. 碱-骨料反应（ASR）

碱-骨料反应是混凝土中的碱（NaOH、KOH）可与基料中的某些成分（二氧化硅、硅酸盐、碳酸盐）反应，形成的生成物（碱硅胶）容易吸水膨胀。当膨胀压力超过硬化水泥浆的抗拉强度时，就会引起混凝土开裂破坏。碱-骨料反应需要 3 个条件：

（1）有充分的水（包括混凝土中本身含有水和外部渗入的水）；

（2）混凝土中含碱量高（主要是 NaOH、KOH，结构本身含有的和外部渗入的），前期 Na^+、K^+ 主要来自水泥，后期来自自然环境（海水）以及除冰盐中含有的大量的 Na^+、K^+。

（3）混凝土中含有反应性 SiO_2。虽然碱-骨料反应缓慢，持续时间长，一旦发生很难补救，被称为混凝土的“癌症”，应对方法如图 7-4 所示。

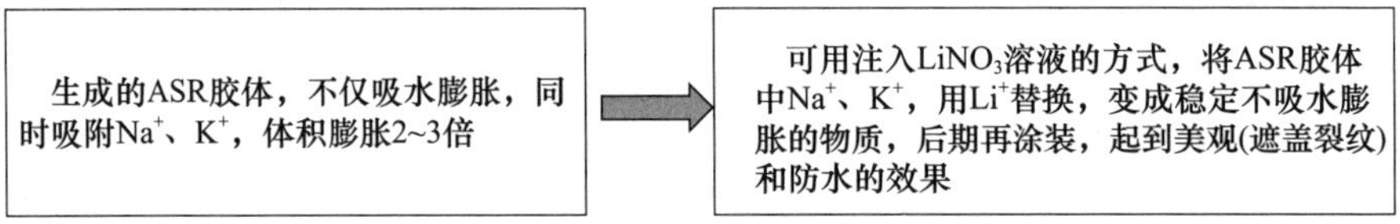

图 7-4 $LiNO_3$ 溶液可去除 ASR 胶体中引发混凝土开裂的离子

4. Cl^- 与冻融破坏

（1）Cl^- 破坏来源

① 混凝土的原材料（例如含有 Cl^- 的水、冬季施工加入的含有 Cl^- 的防冻剂、海砂）；

② 结构外部的 Cl^-（例如海洋环境、工业环境、土壤环境、北方冬季使用的“融雪盐”等）。

（2）Cl^- 破坏作用

Cl^- 渗透进入钢筋混凝土结构后，迁移到钢筋表面，破坏钢筋表面的钝化层，使钢筋局部发生电化学腐蚀，如图 7-5 所示。

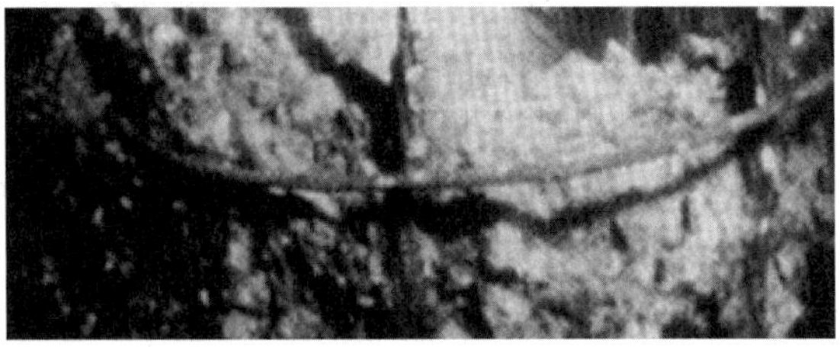

图 7-5 钢筋局部发生电化学腐蚀

5. 冻融破坏

混凝土结构中存在大量的孔隙和裂缝，水可通过毛细作用进入其中。当温度降到冰点时，水会结冰膨胀（体积增大约10%），使孔壁受压变形；环境温度升高，冰融化成水，体积缩小，使孔壁受到拉应力。

反复的冻融过程会使混凝土结构浅表面出现裂纹，并逐渐酥松、脱落，逐步侵蚀整个结构，其过程如图 7-6 所示。

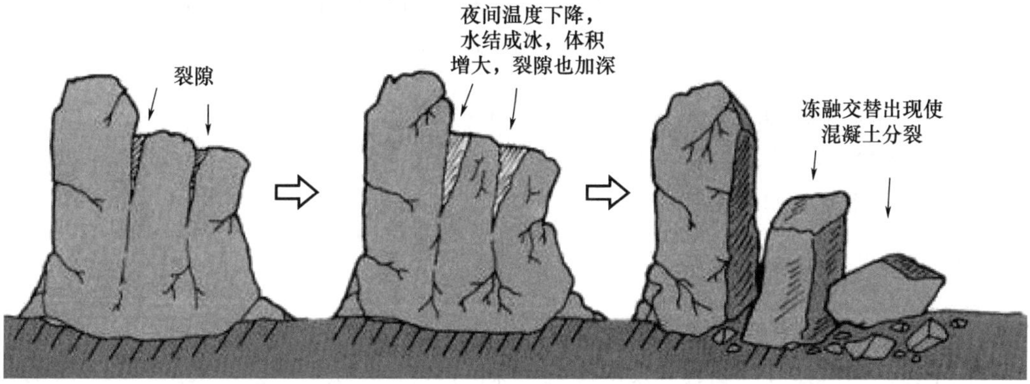

图 7-6 冻融过程示意图

6. 酸雨及风沙侵蚀

（1）酸雨

① 工业大气对混凝土的中心化作用远远大于碳化作用，尤其是在污染严重的工业区。

② 工业大气中含有大量的 SO_2、NO_2、H_2S 及 HCl 等酸性气体，这些气体在较低的相对湿度下就容易凝露，加上雨水的作用，与混凝土结构中的水泥水化物（C-S-H 凝胶、钙矾石）及 $Ca(OH)_2$ 发生反应。

$$NO_2+H_2O+Ca(OH)_2 = Ca(NO_3)_2+H_2O \tag{7-5}$$

$$Ca(OH)_2+H_2SO_3(\text{或 } H_2S、HCl) = CaSO_3(\text{或 } CaS、CaCl_2)+H_2O \tag{7-6}$$

$$CaO+SiO_2+H_2SO_3+H_2O = CaSO_3+Si(OH)_4+H_2O \tag{7-7}$$

（2）风沙侵蚀

风沙侵蚀主要发生在我国北方西部沙漠及沙尘暴覆盖地区。风沙侵蚀主要是一种物理磨蚀性风化破坏。

7. 冲蚀破坏

冲蚀是指水的冲刷、波动以及水中夹带的砂石等异物对混凝土表面的反复摩擦，会使混凝土保护层厚度逐渐减薄。冲蚀作用与流速的大小和砂石的大小、密度、硬度有关。

8. 微生物、海洋生物腐蚀

（1）微生物腐蚀

由微生物活性（微生物分泌酸、碱等物质）引起的腐蚀称为微生物腐蚀（microbiologically influenced corrosion，MIC），如图 7-7 所示。

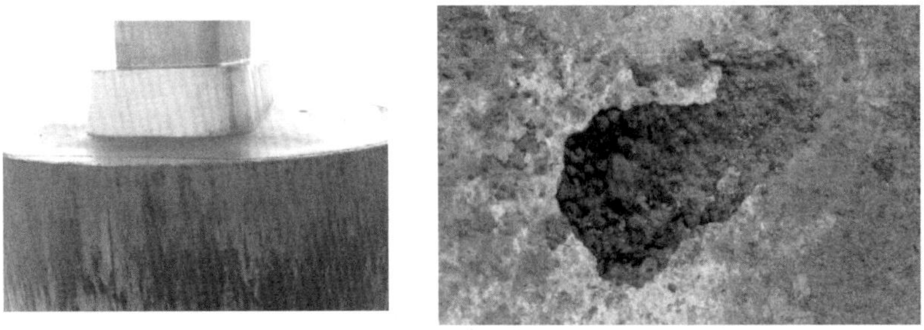

图 7-7　微生物腐蚀

（2）海洋生物腐蚀

混凝土的海洋生物腐蚀是一个复杂的过程，有细菌和污损生物共同参与，涉及物理作用、化学作用及生物作用等。

7.2.3　混凝土结构腐蚀分区

浪溅区、水位变动区合称表湿区。

水下区、大气区外部腐蚀介质溶度几乎保持恒定；水位变动区，水位下降，海水残留在混凝土结构表面，阳光照射，水分蒸发，盐溶度上升，促进盐溶液向内部渗透。混凝土结构腐蚀分区如表 7-2 和图 7-8 所示。

表 7-2　混凝土结构腐蚀分区

掩护条件	划分类别	大气区	浪溅区	水位变动区	水下区
有掩护条件	按港工设计水位	设计高水位加 1.5m 以上	大气区下界至设计高水位减 1.0m 之间	浪溅区下界至设计低水位减 1.0m 之间	水位变动区之下
无掩护条件	按港工设计水位	设计高水位加（η_0+1.0）m 以上	大气区下界至设计高水位减 η_0m 之间	浪溅区下界至设计低水位减 1.0m 之间	水位变动区之下
	按天文潮潮位	最高天文潮潮位加 0.7 乘以百年一遇有效波高 H 的 1/3 以上	大气区下界至最高天文潮潮位减百年一遇有效波高 H 的 1/3 之间	浪溅区下界至最低天文潮潮位减 0.2 乘以百年一遇有效波高 H 的 1/3 之间	水位变动区之下

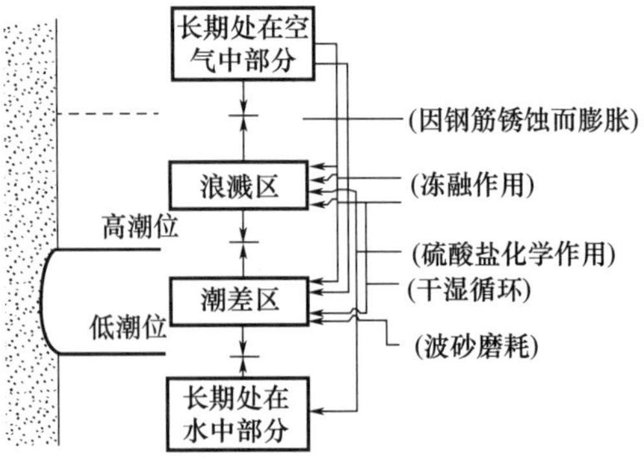

图 7-8　混凝土结构腐蚀位置

各区常见腐蚀因素：

1. 大气区

混凝土中性化：酸雨及硫酸盐腐蚀；Cl^-侵蚀。

太阳辐射：混凝土热胀冷缩、冰劈冻融作用及成分次生变化的风化作用。

2. 表湿区

混凝土中性化：干湿循环（主要因素）；Cl^-侵蚀；硫酸盐腐蚀；混凝土热胀冷缩、冰劈冻融作用及成分次生变化的风化作用。

冲蚀作用（波砂磨耗）：微生物腐蚀。

3. 水下区

Cl^-侵蚀：冲蚀作用。

硫酸盐腐蚀：微生物、海洋生物腐蚀。

7.2.4 涂装与桥梁混凝土防腐

钢筋混凝土结构的腐蚀与水、气和其他腐蚀介质的传输分不开。

① 通过阻止腐蚀介质的传输或降低渗透速度，来阻止腐蚀反应的发生或降低腐蚀速度。

② 为了提高结构的耐久性，外防护是最有效、最经济、可维修的方式，如图 7-9 所示。

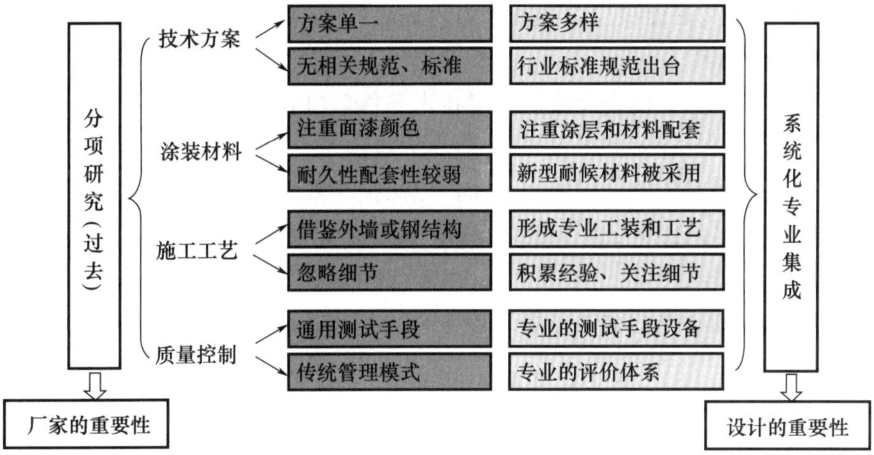

图 7-9 分项研究与系统化专业集成的对比

1. 防护涂装体系的规范、标准

① 第一阶段在二十世纪七十年代以前，主要以单一涂层如醇酸树脂、氯化橡胶、丙烯酸酯等作为混凝土保护涂层，传统体系现状如表 7-3 所示。

表 7-3 传统涂层体系现状

传统体系	现状
醇酸	成本低、性能一般，属于防锈漆最低档的，国内生产量最大
氯化橡胶	比醇酸高档，属于中档，有阻燃性能，不环保，不能厚涂
丙烯酸酯	开始主要用于汽车漆，后来用于工业，属于中档

② 第二阶段是二十世纪七十年代至二十一世纪初，进入混凝土防腐涂装的成熟阶段。以“封闭底漆＋中间漆＋面漆”的混凝土防腐配套体系广泛应用于国内外的钢筋混凝土桥梁结构。

③ 第三阶段是二十一世纪初至今后一段时期。其主要理念是：生产、使用过程中均要以环境适应性为重要评判依据，在设计时就要考虑材料选用的真正合理性。以水性、柔性涂层体系的开始应用为趋势。

（1）国外标准

《色漆和清漆　建筑砖石和混凝土结构用涂料和涂层系统》（EN 1062-1）

《混凝土结构保护和维修用产品和系统　定义、要求、质量控制和合格评估》（EN 1504-2）

日本道路工团发布的《混凝土维护修复要领・桥梁篇》

（2）国内标准

《水运工程结构防腐蚀施工规范》（JTS/T 209—2020）

《公路工程混凝土结构耐久性设计规范》（JTG/T 3310—2019）

《混凝土桥梁结构表面涂层防腐技术条件》（JT/T 695—2007）

《色漆和清漆　防护涂料体系对钢结构的防腐蚀保护　第 2 部分：环境分类》（GB/T 30790.2—2014）

《混凝土桥梁结构表面涂层防腐技术条件》（JT/T 695－2007）

2. 防腐涂装设计

依据《混凝土桥梁结构表面涂层防腐技术条件》（JT/T 695—2007），分为以下 4 步进行设计。

（1）确定被设计对象的涂层使用寿命，按保护年限分为两类：

① 普通型（M），10 年；

② 长效型（H），20 年。

（2）分析被设计对象的腐蚀环境（表 7-4）。

表 7-4　不同腐蚀类型对应的腐蚀环境

腐蚀类型		腐蚀环境	
等级	名称	相对湿度（年平均）（%）	大气环境
Ⅰ	弱腐蚀	＜60	乡村大气、城市大气或工业大气
		60～75	乡村大气或城市大气
Ⅱ	中腐蚀	＞75	乡村大气或城市大气
		60～75	工业大气
Ⅲ-1	强腐蚀	＞75	工业大气，特别是酸雨大气
Ⅲ-2	强腐蚀	—	海洋大气，除冰盐或高盐土环境
Ⅰm1	浸水腐蚀	浸水条件为淡水	
Ⅰm2	浸水腐蚀	浸水条件为海水或盐水	

（3）确定涂装部位、分类，查标准。

大气区、表湿区、表干区、索塔区等。

（4）根据所设计的涂料涂层体系，查找《混凝土桥梁结构表面涂层防腐技术条件》（JT/T 695—2007）第 5.2.3.1 节表 2 确定涂料涂装的各项技术性能指标。

3. 防腐涂层性能要求（表 7-5）

表 7-5　防腐涂层性能要求

腐蚀环境	防腐寿命	耐水性（h，厂家）	耐盐水性（h，厂家）	耐碱性（h，厂家）	耐化学品性能（h，厂家）	抗氯离子渗透性[mg/（cm^2·d），施工方]	附着力（MPa，施工方）	耐候性（h，厂家）
Ⅰ	M	8	—	72	—	—	≥1.0	400
	H	12	—	240	—	—	≥1.0	800
Ⅱ	M	12	—	240	—	—	≥1.0	400
	H	24	—	720	—	—	≥1.5	800
Ⅲ-1	M	240	—	720	168	—	≥1.5	500
	H	240	—	720	168	—	≥1.5	1000
Ⅲ-2	M	240	240	720	72	$\leqslant 1.0\times 10^{-3}$	≥1.5	500
	H	240	240	720	72	$\leqslant 1.0\times 10^{-3}$	≥1.5	1000
Ⅰm1	M	2000	—	720	72	—	≥1.5	500
	H	3000	—	720	72	—	≥1.5	1000
Ⅰm2	M	—	2000	720	72	$\leqslant 1.0\times 10^{-3}$	≥1.5	500
	H	—	3000	720	72	$\leqslant 1.0\times 10^{-3}$	≥1.5	1000

4. 防腐涂层性能要求设计举例

在Ⅲ-2、Ⅰm2 腐蚀环境下的涂层体系设计如表 7-6 所示。

表 7-6　在Ⅲ-2、Ⅰm2 腐蚀环境下的涂层体系设计

涂层编号	配套涂层名称	厚度（μm）	防腐部位	防腐寿命（年）
S4.06	环氧封闭漆	≤50	大气区	20
	环氧树脂漆	200		
	丙烯酸聚氨酯漆	80		
	氟碳漆	60		
S4.07	环氧封闭漆	≤50	水位变动区和浪溅区	
	环氧或不饱和聚酯玻璃鳞片漆	800		
S4.08	环氧封闭漆	≤50		
	环氧树脂漆	300		
	丙烯酸聚氨酯漆	90		
S4.09	环氧封闭漆	≤50		
	环氧树脂漆	300		
	氟碳漆	70		

续表

涂层编号	配套涂层名称	厚度（μm）	防腐部位	防腐寿命（年）
S4.10	环氧封闭漆	≤50	水位变动区和浪溅区	20
	环氧树脂漆	300		
	环氧聚硅氧烷涂料	90		
S4.11	环氧封闭漆	≤50	水下区	
	环氧树脂漆	450		
	环氧煤焦油沥青漆	500		

5. 防腐涂装设计案例

防腐涂装设计案例如表 7-7 所示。

表 7-7　防腐涂装设计案例

桥梁	部位	涂层名称
江阴大桥、南通大桥	索塔区	环氧封闭漆、底腻子、面腻子、封闭底漆、氟碳中涂漆、氟碳面漆
青藏线	混凝土箱梁	环氧封闭漆、柔性氟碳漆
宁波招宝山大桥	主梁	环氧封闭漆、氯化橡胶调和腻子、环氧厚浆型封闭漆、氯化橡胶面漆
象山蜊门港大桥	一级防腐区	环氧沥青底漆、环氧沥青中间漆、氯化橡胶面漆
	二级防腐区	环氧沥青底漆、环氧沥青中间漆、氯化橡胶面漆
	三级防腐区	氯化橡胶底漆、氯化橡胶面漆
巴东长江公路大桥	水下区域	环氧封闭底漆、环氧煤沥青底漆、环氧煤沥青面漆
	水上区域	环氧封闭底漆、环氧云铁中间漆、丙烯酸聚氨酯面漆
汕头海湾大桥	潮差区和浪溅区	环氧封闭漆、厚浆环氧漆、丙烯酸厚浆面漆
	大气区	环氧封闭漆、厚浆环氧漆、丙烯酸厚浆面漆
杭州湾跨海大桥	表湿区	湿固化环氧树脂封闭漆、湿固化环氧树脂漆、丙烯酸聚氨酯面漆
	表干区	环氧树脂封闭漆、环氧树脂漆、丙烯酸聚氨酯面漆
	索塔区	环氧树脂封闭漆、环氧树脂漆、氟碳面漆
武汉军山长江公路大桥、舟山桃夭门大桥	索塔区	环氧封闭漆、刮涂型环氧腻子、环氧云铁中间漆、丙烯酸聚氨酯面漆
厦门海沧大桥	索塔区	水性丙烯酸抗碱底漆、水性丙烯酸中间漆、水性丙烯酸面漆

7.2.5　主要的混凝土防护体系

1. 环氧体系（简称 EP）

环氧树脂是指分子中含有两个以上环氧基团［具有—CH(O)CH—结构的官能基，特点是反应性强，开环聚合或与其他化合物加成反应后分子链增长］的一类聚合物的总称，分子结构如图 7-10 所示。

环氧树脂是环氧氯丙烷与双酚 A 或多元醇的缩聚产物。由于环氧基的化学活性，可用多种含有活泼氢的化合物使其开环，固化交联生成网状结构，因此它是一种热固性树脂。环氧树脂的线性分子结构如图 7-11 所示。

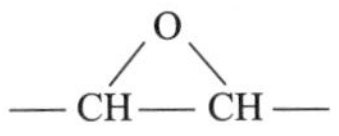

图 7-10　环氧基分子结构

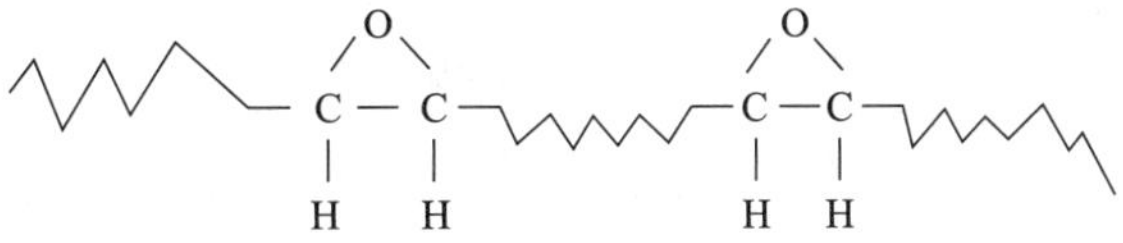

图 7-11　环氧树脂的线性分子结构

由于 EP 固化后交联密度高，呈三维网状结构，存在内应力大、质脆，耐疲劳性、耐热性、耐冲击性差等不足，导致剥离强度、剪切强度较差，开裂应变低等，难以满足工程技术的要求，使其应用受到一定的限制。

2. 优点

由于环氧基团与混凝土的结合力非常优异，传统混凝土的防护体系主要以环氧树脂调配的各种涂料为主，特别是底漆。

环氧体系对基材的适应范围比较广泛，除了混凝土以外，与碳钢、不锈钢、塑料、橡胶等都有很好的附着力，在实际的桥梁防护施工过程中，往往除了混凝土还有接缝处的硅酮胶、桥墩的橡胶垫、各种钢丝、螺丝、螺栓等金属件。使用环氧基团的材料往往可以不必考虑基材的不同。

3. 缺点

（1）环氧基团容易受到光的降解，所以环氧涂料用于面漆会产生粉化等现象。

（2）强度和韧性不足，需要进行改性处理。

（3）油性改成水性，需要添加乳化剂或固化剂，后期有形成鼓包、脱落等风险。

7.2.6　氟碳体系

三氟氯乙烯（CTFE）和烷烯基醚合成的氟碳树脂称为 FEVE。

以聚偏二氟乙烯（PVDF）树脂为基料合成的氟碳称为 PVDF。

日本是最早将 FEVE 氟碳涂料引入桥梁防腐标准的国家。在 1991 年 10 月，日本对《钢质公路桥涂装便览》进行了大修订，底漆是无机富锌和超厚膜型环氧涂料，氟树脂涂料作为面漆被正式列入桥梁涂装规格书，如表 7-8 所示。

表 7-8　日本标准《钢质公路桥涂装便览》介绍的涂装体系

工厂	涂装工程	涂料名称	使用量 (g/m²)	δ (μm)	涂装间隔
制钢厂	基材处理	喷砂处理（ISO Sa2½）	—	—	4h 内
	底漆	无机富锌底漆	160	15	6 个月内
桥梁制造厂	2 次基材处理	喷砂处理（ISO Sa2½）	—	—	4h 内
	防腐底漆	无机富锌底漆	600	75	2～10d

续表

工厂	涂装工程	涂料名称	使用量 (g/m²)	δ (μm)	涂装间隔
桥梁制造厂	雾喷底漆	环氧树脂涂料 底漆	160	—	1～10d
	底涂	环氧树脂涂料 底漆	540	120	1～10d
	中涂	氟树脂涂料 中涂	170	30	1～10d
	面涂	氟树脂涂料 面涂	140	25	—

1. 氟碳体系的优点

由于氟元素的电负性最大（4.0），原子半径很小（0.13nm），且形成的C—F键长短（0.135nm），键能大（486kJ/mol），因此赋予氟碳树脂低表面能和低附着力的特性，使其具有优良的耐候性、耐寒性、耐高温、耐腐蚀、耐化学药品和表面自洁等性能。

氟碳之间的化学键非常短，而且全氟树脂中除了氟碳外没有其他化学键，稳定性更加优异，使用氟碳树脂做成的面漆具有优异的耐候性能（理论25年）。

2. 油性氟碳漆的缺点

（1）双组分涂料在施工中存在各种限制。

（2）在外墙应用时对施工条件和配套材料要求高，涂层刚性，不具备好的弹性，性能不稳定，易出现开裂、脱皮现象。

（3）易污染环境，长期装饰性一般；造价高。

（4）溶剂型涂料含有大量的有机挥发物（VOC），对环境污染极为严重，同时也浪费资源、浪费能源。

3. 水性氟碳漆的缺点

产品还很不成熟，耐候性比溶剂型氟碳涂料差很多，保光性、硬度都很差，施工完过几个月就会显现出来。

不适应用于建筑：氟碳漆在分解温度以下安全无毒，但当建筑发生火灾时因受热分解会产生剧毒的光气、氟烯烃等十几种有害气体。

4. 其他缺点

氟碳树脂的表面张力很小，小到自我润湿性都极差，因而，氟碳涂料的重涂性不好，层间附着力差。

市面上氟碳体系（全氟、非全氟）繁多、价格和性能差异极大，每千克几十元到几百元不等，实际固含量难以辨别。

日本氟碳用量大，研发生产氟碳的企业较多，如大金、旭销子公司等。

7.2.7 聚氨酯体系

在大分子主链中含有氨基甲酸酯基的聚合物称为聚氨基甲酸酯，简称聚氨酯（PUR）。聚氨酯分为聚酯型聚氨酯和聚醚型聚氨酯两大类。聚酯型聚氨酯是以二异氰酸酯和端羟基聚酯为原料制备的聚氨酯，聚醚型聚氨酯是以二异氰酸酯和端羟基聚醚为原料制备的聚氨酯。氨基甲酸酯分子结构如图7-12所示。

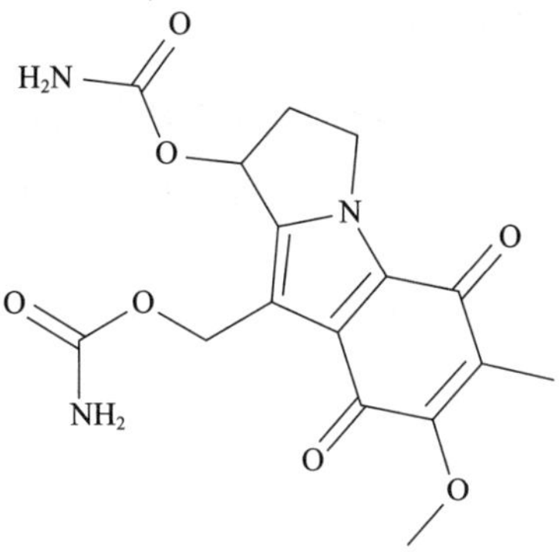

图 7-12 氨基甲酸酯分子结构

由于聚氨酯大分子中含有的基团都是强极性基团，而且大分子中还含有聚醚或聚酯柔性链段，使得聚氨酯具有以下特点：

（1）较高的机械强度和氧化稳定性；

（2）较高的柔曲性和回弹性；

（3）优良的耐油性、耐溶剂性、耐水性和耐火性。

聚氨酯分子结构如图 7-13 所示。

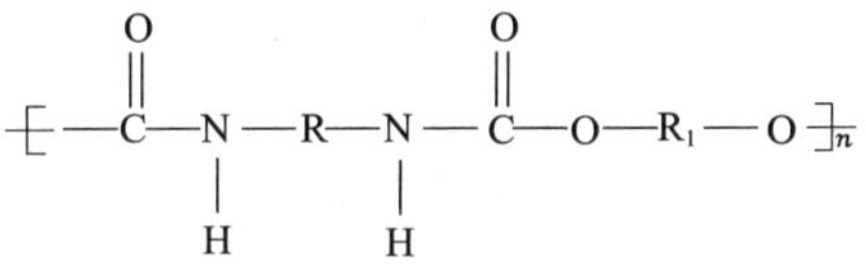

图 7-13 聚氨酯分子结构

聚氨酯易形成氢键，氢键既牢固又疏松，外力作用时，氢键可以打开，打开的过程中消耗了很多摩擦力，减少了对涂层的伤害；力作用结束后，氢键又合上。因此聚氨酯耐磨性能较好。聚氨酯中的活泼氢示意如图 7-14 所示。

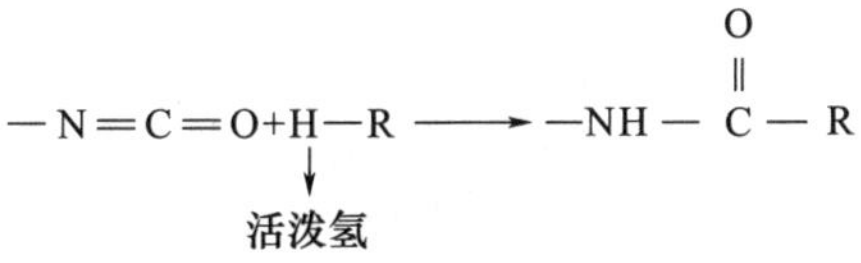

图 7-14 聚氨酯中的活泼氢示意

由于聚氨酯基团优异的耐磨性能，一般用来做桥梁的防护面漆，这样可以避免海水、河水的冲刷、太阳光的伤害、空气中沙石的损坏等。

聚氨酯的缺点：

热黏冷脆。温度高时有热塑性，容易发软；温度低时，容易变脆（可通过接枝其他分子进行改性）。

油性改成水性，还存在很多缺点，如交联密度低、干燥时间较长、涂膜易产生 CO_2 气泡、部分原材料成本较高、耐水性差、颜料的包容性不好等。

7.2.8 超支化体系（新型体系）

应用纳米材料制备的水分散性树脂，以聚合物长链接枝不同的有机官能团，形成无乳化剂、无水溶性亲水链段、树枝状、超高分子量的体系。其设计模型如图 7-15 所示。

主链为 C—C 键，支链根据不同用途，可接枝不同的有机官能团。超支化分子模型如图 7-16 所示。

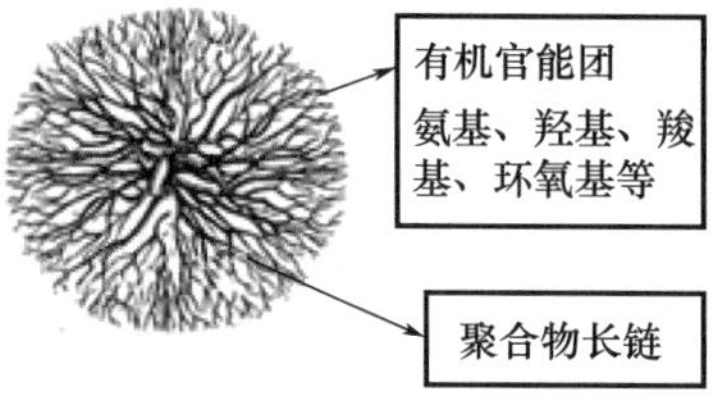

图 7-15 水分散性树脂设计模型

图 7-16 超支化分子模型（树枝状）

例如：做底漆时，需要同基材具有很好的附着力，支链接枝环氧基；做面漆时，需要有很好的耐磨、抗紫外线、防风化等性能，支链上则接枝聚氨酯基团或硅氧基团。

接的基团不同，性能也有区别。

超支化体系的优势：具有神奇的自修复性能，在其漫长的成膜过程（涂装后 10 年，支链仍继续成膜）中，支链上的高分子聚合物不断地进行自我延展、缠绕、互穿，作为桥梁以及钢结构的防护涂料具有无可比拟的优势。稀释后，每个涂料分子尺寸为 100～200nm，分支尺寸为 10～50nm（20～30nm 的尺寸居多），如图 7-17 所示。

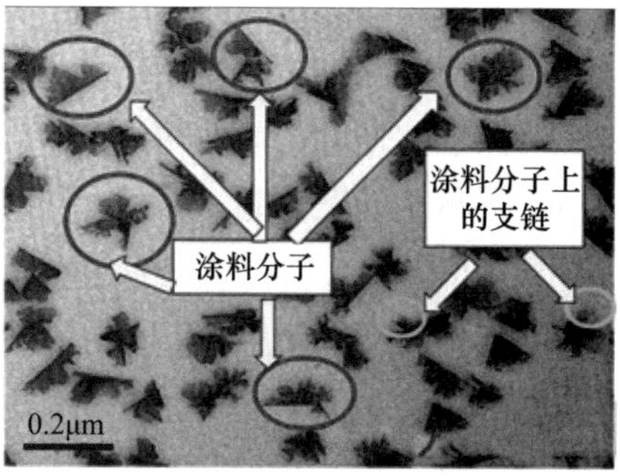

图 7-17 稀释后的电镜照片

同时超支化聚合物（支链以硅氧基聚合）具有超过偏氟树脂的耐候性能，用来作为桥梁的面漆也是未来的发展趋势。

支链尺寸达到纳米级别，可进入微小细孔而继续成膜，填充混凝土表层孔隙，具有非常好的效果。

水性体系，环境友好，固含量可达 40%；可带湿、带锈、带漆施工，硬化速度快。

超支化体系的特点如图 7-18 所示。

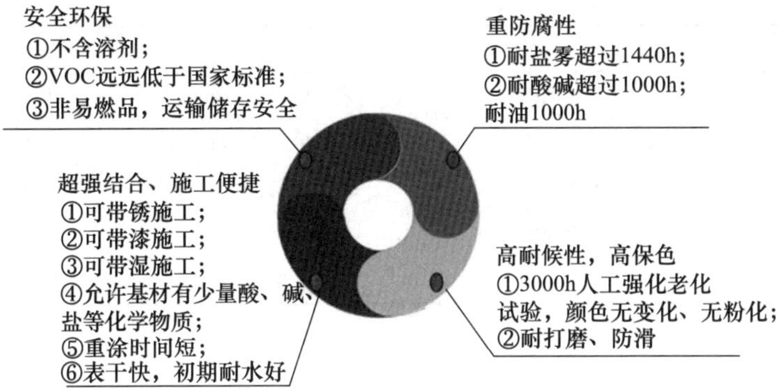

图 7-18　超支化体系的特点

主要的混凝土防护体系如表 7-9 所示。

表 7-9　主要的混凝土防护体系

体系类型	适用于	反应时间	优点	缺点
环氧	底漆	施工后的几天不再继续成膜	黏结力大	不能带水施工、易粉化
氟碳	面漆		耐候性好	不能带水施工、实际涂装差；难以水性化
聚氨酯	面漆		强度高，耐候型好	不能带水施工、油性改水性技术不成熟
超支化体系	环氧型超支化适合底漆；硅烷型超支化适合面漆	后续仍能长时间成膜（有效期长达10年）	多体系，可调配；可带锈、可带湿施工（有条件情况下相对湿度控制在85%以下）、可带漆施工；施工速度最快	对施工有一定的温度要求（5℃以上）

7.2.9　桥梁涂装防护体系

外部防护的类别包括渗透剂、封闭剂、涂层、水泥基覆层、复合体系。外部防护常用材料及技术对比如表 7-10 所示。

表 7-10　外部防护常用材料及技术对比

	类型	常用材料
常用材料	渗透剂（界面处理）	硅烷、硅氧烷、有机硅树脂、丙烯酸单体、小分子量含成树脂等
	封闭剂	硅酸盐（酯）、氟化硅、亚麻籽油等
	涂层	氯化橡胶、聚氨酯、环氧树脂、氟碳树脂等涂料涂层（一般为底、中、面三面）
	水泥基覆层	聚合物改性水泥、结晶材料
	复合体系	上述两种及两种以上组合

续表

	类型	特征	优点	缺点
技术对比	渗透剂（界面处理）	渗入基材	工艺简单、成本低	防护效果一般
	封闭剂	表面成膜	工艺简单、成本低	防护效果一般
	涂层	表面涂层系统	防护效果良好	工艺复杂、成本较高
	水泥基覆层	表面覆盖	成本低	防护效果一般
	复合体系	综合	防护效果良好	工艺复杂、成本高

1. 表干区

表干区涂层分类如表 7-11 所示。

表 7-11　表干区涂层分类及配套涂料名称、干膜厚度

涂层名称	配套涂料名称	干膜厚度（μm）
底层	纳米渗透封闭漆	≤10
中间层	双组分水泥基防护漆	210
面层	丙烯酸聚氨酯面漆	90
涂层总干膜平均厚度		300

（1）表干区底层涂料的性能：

封闭底漆对混凝土表面起到了封闭、锚定、加强作用，并为后道涂层系统提供良好接合界面。C40 混凝土纳米渗透试验剖面图如图 7-19 所示。

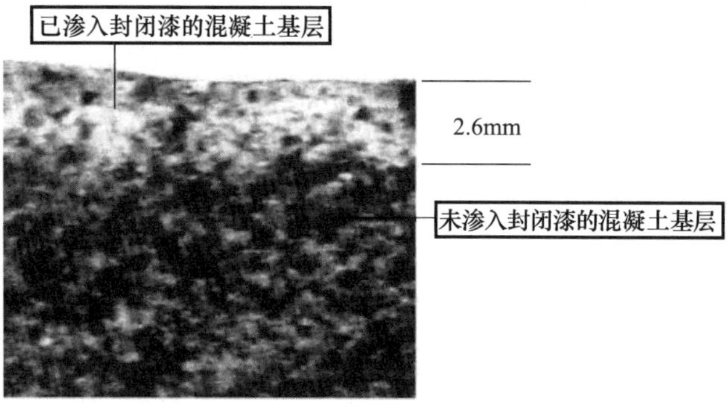

图 7-19　C40 混凝土纳米渗透试验剖面图

（2）表干区中间层涂料的性能：

中间漆通过高性能乳液的选择使中间涂层具有密实的层状交叠结构；赋予中间漆涂层优秀的内增塑作用，改善了涂层固化后的柔韧性与伸展性。

（3）表干区面层涂料的性能：

丙烯酸聚氨酯涂料是现代防腐涂料最为常用的面漆，具有良好的装饰性、耐候性、耐磨性、耐化学介质与低温固化性能。

《溶剂型聚氨酯涂料（双组分）》（HG/T 2454—2014）规定金属表面用聚氨酯涂料耐候性（GB/T 1865—2009）为 800h，粉化不大于 2 级，变色不大于 2 级，失光不大于 2 级。

881-Y01 丙烯酸聚氨酯面漆性能如表 7-12 所示。

表 7-12 881-Y01 丙烯酸聚氨酯面漆性能

方法	测试结果	测试标准
氙灯老化	3000h，粉化 0 级，变色 0 级，失光 0 级	GB/T 1865—2009
紫外冷凝	6000h，粉化 0 级，变色 0 级，失光 0 级	ASTMG-53

2. 表湿区

表湿区涂层分类如表 7-13 所示。表湿区涂装环境特点有：海上作业施工难度大，只能在落潮间隙进行。

表 7-13 表湿区涂层分类、对应配套涂料名称以及干膜厚度

涂层名称	配套涂料名称	干膜厚度（μm）
底层	湿固化环氧封闭漆	≤50
面层	双组分丙烯酸聚氨酯面漆	200
涂层总干膜平均厚度		200

（1）表湿区底层涂料的性能：

除与表干区封闭底漆、中间漆、面漆相比，渗透性、附着力等各项基本性能指标不下降外，还须有以下特点：

① 对潮湿基面有良好的适应性，对潮湿混凝土基面有良好的润湿性、渗透性和附着力；

② 每道涂料经过短暂时间在空气中固化，便可浸入海水中经受海水的冲击，并完成水下固化；

③ 湿固化底漆在潮湿基面的平均深度为 2.2mm，基本接近在干燥混凝土表面的渗透深度（约 2.5mm）；

④ 湿固化涂层体系的平均粘结强度为 2.7MPa，高于相关规定（1.5MPa）。

（2）表湿区涂层体系的性能如表 7-14 所示。

表 7-14 表湿区涂层体系的检测项目及指标要求

检测项目	指标要求	试验结果	检测标准
耐海水（3000h）	漆膜无变化，涂层附着力不下降	通过	—
耐酸性（10%H_2SO_4，10d）	无变色、失光，涂层附着力不下降	通过	试板四周封闭
耐碱性（10%NaOH，10d）	无变色、失光，涂层附着力不下降	通过	试板四周封闭
耐碱性（30d）	不起泡、不龟裂、不剥落	通过	JTS/T 209—2020
抗氯离子渗透性［mg/（cm^2·d）］	≤5.0×10^{-4}	1.2×10^{-5}	
附着力（MPa）	≥3.0 或混凝土拔出	4.2	
人工加速老化（3000h）	不粉化、不起泡、不龟裂、不剥落	通过	GB/T 1865—2009

7.2.10 桥梁索塔区防护体系

索塔指的是悬索桥或斜拉桥（图 7-20）支承主索的塔形构造物。索塔的高度通常与桥梁主跨有关，主梁的最大跨度与索塔高度的比一般为 3.1～6.3，平均为 5.0。索塔结构有多种类型，主要根据拉索的布置要求、桥面宽度以及主梁跨度等因素选用。常用的索塔形式沿桥纵向布置有单柱形、A 形和倒 Y 形，沿桥横向布置有单柱形、双柱形、门式、斜腿门式、倒 V 形、倒 Y 形、A 形等。

图 7-20　斜拉桥

1. 索塔区的环境特征

暴露在大气中，具有桥梁大气区全部的环境特征（混凝土中性化；酸雨及硫酸盐腐蚀；氯离子侵蚀；太阳辐射，混凝土热胀冷缩、冰劈冻融作用及成分次生变化的风化作用）。

索塔是斜拉桥的基本承重构件与重要组成部分，不但要承受自重及通过斜拉索传递来的主梁桥面系的质量，还要承受桥面系竖向荷载与水平荷载。

因此，索塔区的防护既要保证考虑大气区的所有腐蚀因素，又要考虑荷载（静荷载、动荷载为主）因素、涂层与基层的附着力，以及必须做到高耐候性。

2. 索塔区面层耐候漆常用种类

（1）丙烯酸聚氨酯涂料，以羟基丙烯酸树脂为成膜物，是目前应用最广泛的耐候面漆（丙烯酸脂肪族聚氨酯、丙烯酸芳香族聚氨酯）。

（2）乙酸乙烯酯型 FEVE 氟碳涂料，由乙酸乙烯酯和三氟氯乙烯单体形成的共聚物。生产此类涂料的企业有大连振邦、常熟中昊。

（3）乙烯基醚型 FEVE 氟碳涂料，是由乙烯基醚和氟单体为主形成的交替共聚物。生产此类涂料的企业有日本大金、日本旭销子。

（4）丙烯酸聚硅氧烷、环氧聚硅氧烷。有机硅成分大于 50%。生产此类涂料的企业有海虹、阿克苏诺贝尔。

3. 超支化防护体系应用于索塔区与其他体系面漆的性能对比

超支化防护体系各个涂层的对比如表 7-15 所示。

表 7-15 超支化防护体系

涂层名称	配套涂料名称	干膜厚度（μm）
底层	环氧封闭漆	≤50
中间层	环氧云铁中间漆	270
面层	双组分丙烯酸聚氨酯面漆	80
涂层总干膜平均厚度		350

1）面层的性能对比

（1）索塔区面层性能对比（一）（表 7-16）

参照标准：《溶剂型聚氨酯涂料（双组分）》（HG/T 2454—2014），《交联型氟树脂涂料》（HG/T 3792—2014）规定的产品主要技术指标。

表 7-16 不同面漆在此项目面层的对比

项目	金属表面用脂肪族聚氨酯涂料	氟碳面漆金属表面用氟碳涂料	超支化水性面漆体系
溶剂可溶物氟含量（%）	—	≥18	—
耐盐雾试验（不起泡、不生锈、不开裂）	800h	1000h	＞2000h
耐湿热试验（不起泡、不生锈、不开裂）	800h	1000h	＞1500h
耐人工气候老化	800h，粉化≤2 级，变色≤2 级，失光≤2 级	2500h，粉化≤1 级，变色≤2 级，失光≤2 级	＞3000h，粉化 0 级，变色 1 级，失光 1 级

注：测试数据来源于以超支化水性涂料为主要成分的各地 OEM 供应商。

（2）索塔区面层性能对比（二）（表 7-17）

表 7-17 自然暴露 4 年后漆膜老化情况

试验地点及大气类型	其他丙烯酸聚氨酯面漆			超支化水性面漆体系		
	60°下失光率（%）	变色级别	粉化级别	60°下失光率（%）	变色级别	粉化级别
武汉（亚湿热城市大气）	83.5	1	3	11.5	0	0
库尔勒（南温带干旱盐渍土沙漠大气）	85.5	3	4	24.2	0	0
拉萨（高原亚干旱大气）	92	2	4	11.2	0	0
青岛（暖温带亚湿润海洋大气）	88.7	1	4	25.5	0	0
万宁（北热带润湿海洋大气）	92	2	5	90.5	0	0
北京（暖温带亚湿润半乡村大气）	86	1	3	11.2	0	0

注：测试数据来源于以超支化水性涂料为主要成分的各地 OEM 供应商。

（3）索塔区面层性能对比（三）（表 7-18）

表 7-18　北京地区大气试验站户外暴晒漆膜老化情况

树脂类型	三氟氯乙烯-乙酸乙烯酯型氟碳面漆	超支化水性面漆体系
保光率（1 年，%）	99.7	99.6
保光率（2 年，%）	97.1	99.4
保光率（3 年，%）	94.6	98.8
保光率（4 年，%）	89.4	97.6

注：测试数据来源于以超支化水性涂料为主要成分的各地 OEM 供应商。

2）性能对比结论

由上文的对比可知，新型超支化水性面漆体系有更优越的耐候性能。

4. 桥梁防护体系与柔性涂层

1）涂层体系分类

日本道路协会制定的《道路桥梁氯离子对策指南·解释》根据混凝土材料的种类和使用条件分为 A、B、C 三种体系。

（1）A 涂装体系：一般型

在沿海地区裂痕发生频率较小的情况下，所使用的一般材料。

（2）B 涂装体系：柔韧型

适用于钢筋混凝土材料发生裂缝的情况下，要求涂膜具有柔韧性。

涂装体系为环氧树脂或聚氨酯底涂＋环氧树脂腻子＋柔韧型环氧树脂或柔韧型聚氨酯中涂＋柔韧型聚氨酯面涂。

（3）C 涂装体系：长期防护型

适用于因涂装设备等客观因素、重涂条件困难或氯害严重的地区。

涂装体系为环氧树脂或聚氨酯底涂＋环氧树脂或乙烯基树脂腻子＋厚膜型环氧树脂或乙烯基树脂中涂＋聚氨酯面涂用于海洋环境腐蚀防护的混凝土涂料。

2）柔性涂层体系

对青海、西藏等区域受沿海湿润性气候影响较小，气候干燥，昼夜温差大，日照辐射强，其混凝土结构易发生热胀冷缩、冰劈冻融及成分次生变化的风化作用，导致裂缝出现频繁，建议采用柔性涂层体系。柔性涂层体系相关参数如表 7-19 所示。

表 7-19　柔性涂层体系相关参数

涂层名称	配套涂料名称	干膜厚度（μm）
底层	纳米渗透封闭漆	<30
中间层	柔性中间漆	80～200
面层	柔性面漆	60

注：中间涂层厚度依据基面状况、腐蚀环境、预期防腐年限而定。

3）柔性中间漆作用

（1）柔性中间漆在整个柔性涂层体系里，膜厚最大，兼之承上启下，起到非常重要的承载应变的作用，若厚度达不到要求，则无法抵抗内应力。

（2）具有良好的柔韧性。当混凝土结构承载受力或因温度发生变化而出现细小裂纹时，柔性涂层可以拉伸，随裂纹而“动”，从而保证其阻断功能。

（3）此外，可增加膜厚，提高整个体系的屏蔽与防腐作用。

4）柔性中间漆涂层性能

柔性中间漆拉伸强度与断裂伸长率检测结果如表 7-20 和图 7-21 所示

表 7-20　柔性中间漆断裂伸长率和拉伸强度

参数	断裂伸长率	拉伸强度
单位	%	MPa
平均值	97.0	9.51

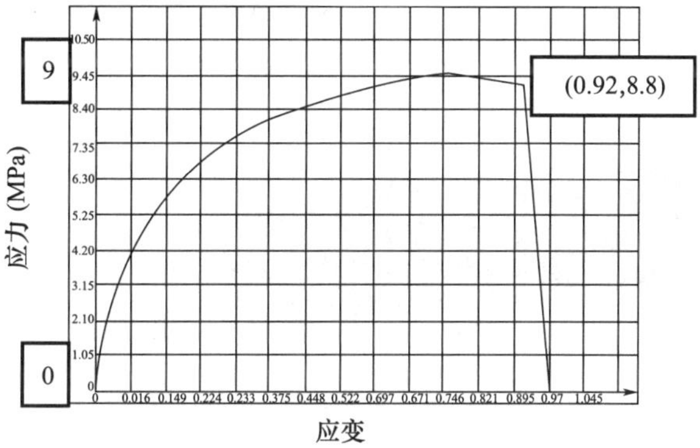

图 7-21　柔性中间漆应力与应变的关系图

5）柔性体系耐候性能（表 7-21、图 7-22）

表 7-21　不同时间柔性体系耐候性能与保光率

6 个月		12 个月	
ΔE	保光率（60°）（%）	ΔE	保光率（60°）（%）
0.3	99.8	0.4	98.2
0.2	99.7	0.4	97.9
0.3	99.7	0.5	98.3

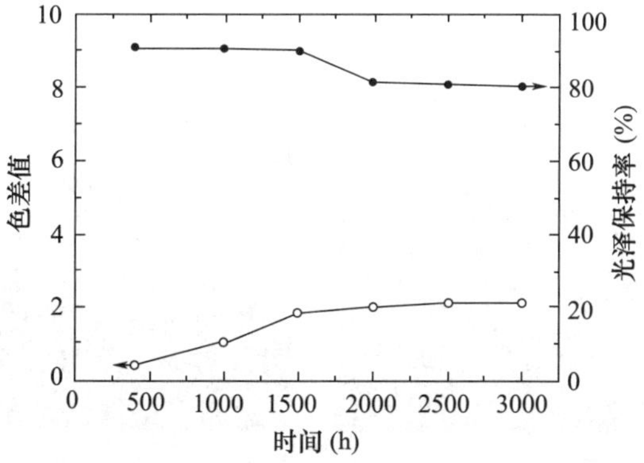

图 7-22　柔性体系光泽保持率、色差值和时间的关系图

7.2.11 桥梁涂装防护体系的施工

1）施工流程（表 7-22、图 7-23）

表 7-22 桥梁涂装防护体系施工流程

顺序	工艺	顺序	工艺
1	混凝土基层检查	5	刮腻子、打磨
2	基层处理	6	涂装中间漆
3	表面处理	7	涂装面漆
4	涂装封闭底漆		

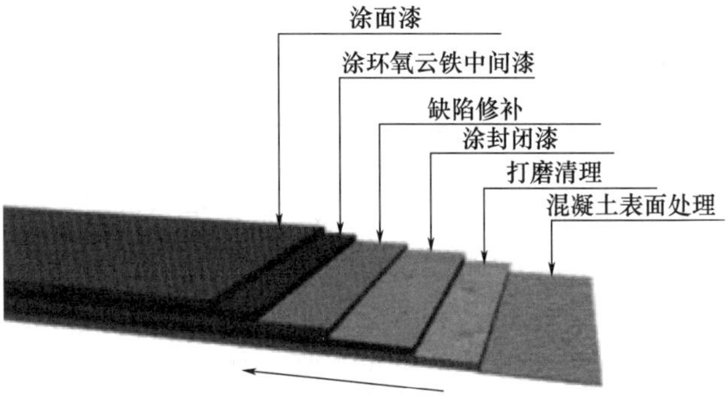

图 7-23 桥梁涂装防护体系施工流程图

2）基层处理（图 7-24、图 7-25）

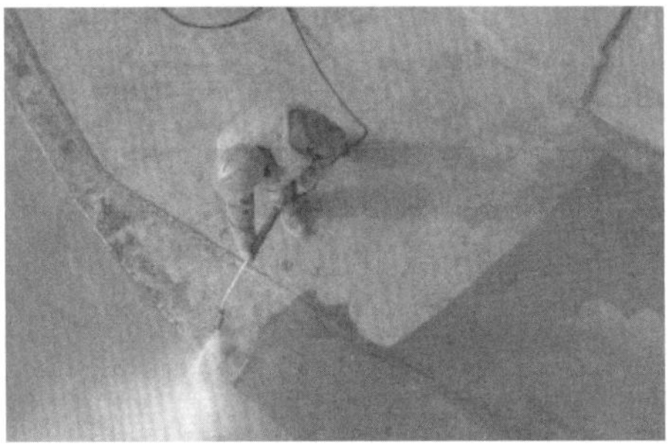

图 7-24 高压淡水处理

图 7-25 手工打磨处理

3）涂装封闭底漆（图 7-26）

图 7-26 涂装封闭底漆

4）刮涂环氧腻子（图 7-27）

图 7-27　刮涂环氧腻子

5）修补腻子（图 7-28）

图 7-28　修补腻子

6）涂装中间漆（图 7-29）

图 7-29　涂装中间漆

7）涂装面漆（图 7-30）

图 7-30　涂装面漆

8）特殊工艺：预埋件、钢筋头处理

将预埋件、钢筋头周边的混凝土凿除深度 2cm 的 V 形切口，露出预埋件、钢筋头。用电动切割机切除钢筋头、预埋件，使其低于混凝土表面 2cm。将预埋件、钢筋头表面除锈打磨，处理级别达到 St3 级，预涂环氧富锌底漆，用腻子填平并打磨平整。特殊工艺的处理顺序如图 7-31 所示。

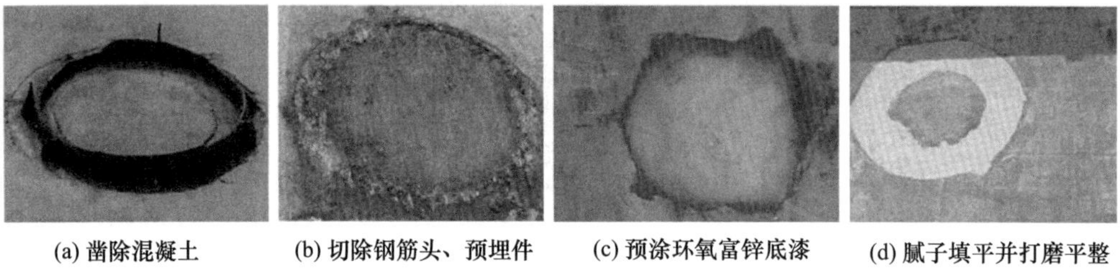

图 7-31　特殊工艺的处理顺序

9）基层处理流程图（图 7-32）

(1) 基层处理方式：高压水射流、雾喷砂、干喷砂、凿毛器（表 7-23）。

① 成本：雾喷砂＜凿毛器＜干喷砂＜高压水射流

从使用成本和设备的维修保养成本考虑，雾喷砂是成本最小的工艺；相对于高压水射流设备较高的零配件成本，尤其是易损件的高成本，喷砂设备的成本非常经济；面积越大，凿毛器更换凿头的成本越高；雾喷砂的使用成本是干喷砂的 25%，所以雾喷砂最经济。

② 效率：雾喷砂＞干喷砂＞高压水射流＞凿毛器

喷砂工艺的效率要高于高压水射流工艺，是其 2～3 倍；而雾喷砂的效率比干喷砂有一定的优势；从凿毛的效率及效果看，凿毛器与前几者相比相差较大，完全失去优势。

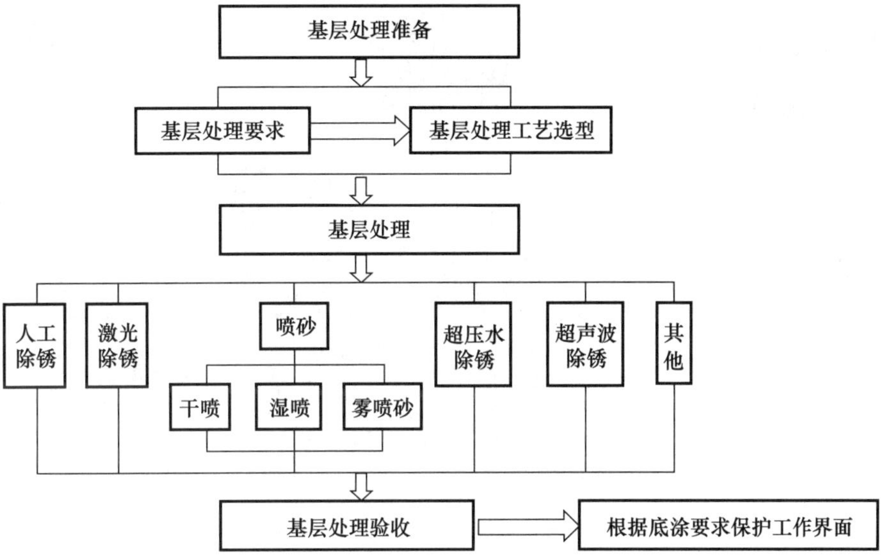

图 7-32 基层处理流程图

表 7-23 四种基层处理方式对比

对比参数	雾喷砂	干喷砂	高压水射流	凿毛器	综合推荐
成本	*	* * *	* * * *	* *	雾喷砂方式更有优势
效率	* * * *	* * *	* *	*	
环保性	* * *	*	* * * *	* *	
安全性	* * * *	* *	*	* * *	

③ 环保性：干喷砂＜凿毛器＜雾喷砂＜高压水射流

由于高压水射流工艺仅使用自来水，不会污染环境，不会损伤设备，所以在介质排放方面要优于喷砂工艺；雾喷砂的原理是压缩空气推动水与研磨介质的混合物，作用于工作面，所以相对于干喷砂介质消耗减少 75%，灰尘减少 90%，更具环保特性，由于是以压缩空气为动力，在能源消耗和废气排放方面要远优于高压水射流设备（一般移动的高压水射流设备使用的是大功率的柴油机）。

④ 安全性：雾喷砂＞凿毛器＞干喷砂＞高压水射流

由于高压水射流在 100～300MPa 的超高压环境中工作，虽然有相对的防护培训和防护器具，但潜在的危险性很高，所以安全性最差；相对于干喷砂，雾喷砂施工时的灰尘减少 90%，所以在安全性方面，雾喷砂更具优势，另外 FH-E8040 喷砂系统有完备的安全装置和操作规程，安全性进一步提高。

由上述对比可知，雾喷砂设备 FH-E8040 喷砂系统的应用前景更有优势，通过全面的市场推广，市场潜力值得期待。

（2）基层处理方法

① 凿毛（图 7-33）。

图 7-33　凿毛

② 去除涂层（图 7-34）。

图 7-34　去除涂层

③ 去除涂鸦（图 7-35）。

④ 去除铁锤（图 7-36）。

（3）雾喷砂的原理及特点

① 工作原理

FH-E8040 雾喷砂系统是一种湿式喷砂机，采用压缩空气为动力，推动水和研磨介质混合物作用于金属、混凝土等工作对象表面，实现工作对象表面的附着物去除、清洁或使工作面产生不同粗糙度的目的，从而使工件表面的机械性能得到改善，提高了工件的抗疲劳性，增加了它和涂层之间的附着力，延长了涂膜的耐久性，也有利于涂料的流平和装饰。

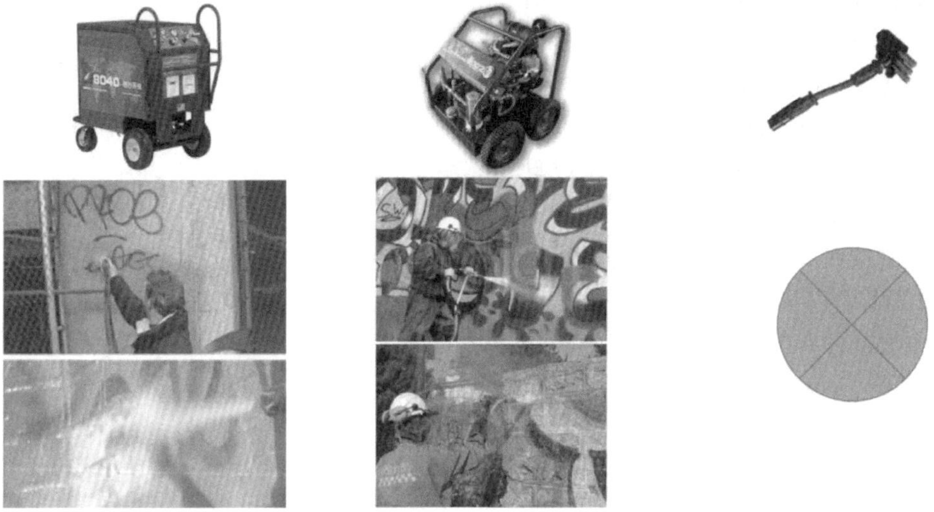

图 7-35　去除涂鸦

图 7-36　去除铁锤

FH-E8040 雾喷砂系统工作时混合物或浆料的速度是由水的增减来控制的。与干喷砂对比，雾喷砂能够大幅度降低介质消耗和减少灰尘（介质消耗减少 70%，灰尘减少 90%），同时能做到任何外形和表面清洁要求。

② 系统特点

应用先进的气动控制，设备简单便捷，即使新手也能快速操作。可在 5min 内或者更短时间开始喷射。喷射压力范围 0.21～0.83MPa，作业类型多样，既可处理软玻璃纤维，又可处理钢筋表面的顽固涂层。体积小、可移动、运行时间可达 1h。

a. 可移动设计：

体积小，平轮设计，可移动；

前后把手设计，既可提供吊点，又可放置软管；

标准软管长度可达 15.24m，6 种不同型号的喷头可供选择；

磨料容量 45.36kg，可喷射 1～2h；

可随车携带 113.65L，使用数小时。

b. 自动和直观操作：

气动阀设置简化喷料、喷砂和卸料程序；

一个控制杆即可选择泥浆、水或空气；

一个控制杆即可选择增压、喷射或降压；

控制按钮直观简单，紧急停止按钮醒目。

c. 耐久性可靠性高：

主要部件有黑色亚光框架保护；

侧面可拆卸，便于维修；

不锈钢配件；

与大号喷砂机具有同等优势，但体积更小。

7.2.12 施工质量控制与验收

1）涂装质量过程控制（表 7-24）

图 7-24 涂装质量过程控制

涂装质量过程控制	项目
过程检测	涂料产品检测
	施工工艺检测
	涂料用量检测
最终涂层检测	外观检测
	涂层厚度检测
	涂层粘结强度检测

2）施工质量验收

厂家提材料检测报告，设计提要求。

施工质量验收等同于最终涂层检测。

3）涂层厚度检测

（1）湿膜测厚法：每道漆涂装后都应进行厚度检查。厚度通过湿膜厚度仪测定，并结合涂料用量进行控制。

（2）随炉件法：在选定的试验区域内，在准备涂装的混凝土表面贴 0.5mm×50mm×100mm 白铁皮 3 块，涂装后取下白铁皮，7d 后用磁性测厚仪测定白铁皮上的干膜厚度，可近似视为混凝土基面的涂装厚度。

4）涂层粘结强度检测

采用拉脱式涂层粘结强度测定仪（图 7-37）测定涂层粘结强度：

每个检测单元随机检测 5 个测点，5 个测点的粘结强度算术平均值应不小于

1.5MPa，最小粘结强度测点值应不小于1.2MPa。

图7-37 拉脱式涂层粘结强度测定仪测定涂层粘结强度

7.3 钢桥梁结构防腐体系的设计与施工技术

7.3.1 钢桥梁涂装标准与案例

1. 桥梁钢结构防腐涂装标准

（1）腐蚀环境及分类（表7-25、表7-26）

《色漆和清漆 防护涂料体系对钢结构的防腐蚀保护 第2部分：环境分类》（GB/T 30790.2—2014）

（2）涂层配套体系设计

《色漆和清漆 防护漆体系对钢结构的防腐蚀保护 第5部分：防护漆体系》（ISO 12944.5—2007）

《公路桥梁钢结构防腐涂装技术条件》（JT/T 722—2008）

日本“钢质公路桥涂装便览”“铁路桥涂装及防腐蚀便览”。

表7-25 大气区腐蚀环境分类

腐蚀种类	单位面积质量损失和厚度损失（一年暴晒）				温和气候下典型环境实例	
	低碳钢		锌		外部	内部
	质量损失（g/m²）	厚度损失（μm）	质量损失（g/m²）	厚度损失（μm）		
C1 很低	≤10	≤1.3	≤0.7	≤0.1	—	加热的建筑物内部，空气洁净，如办公室、商店、学校和宾馆等
C2 低	10～200	1.3～25	0.7～5	0.1～0.7	污染水平较低，大部分是乡村地区	未加热的地方，冷凝有可能发生，如库房、体育馆等
C3 中等	200～400	25～50	5～15	0.7～2.1	城市和工业大气，中等二氧化硫污染，如低盐度沿海区	具有高湿度和一些空气污染的生产车间，如食品加工厂、洗衣店、酿酒厂、牛奶场
C4 高	400～650	50～80	15～30	2.1～4.2	中等盐度的工业区和沿海区	化工厂、游泳池、沿海船舶和造船厂

续表

腐蚀种类	单位面积质量损失和厚度损失（一年暴晒）				温和气候下典型环境实例	
	低碳钢		锌			
	质量损失（g/m^2）	厚度损失（μm）	质量损失（g/m^2）	厚度损失（μm）	外部	内部
C5-Ⅰ很高（工业）	650～1500	80～200	30～60	4.2～8.4	高湿度和恶劣气氛的工业区	总是有冷凝和高污染的建筑物和地区
C5-M很高（海洋）	650～1500	80～200	30～60	4.2～8.4	高盐度的沿海和近岸区域	总是有冷凝和高污染的建筑物和地区

图 7-26　腐蚀环境分类

腐蚀类型		腐蚀速率（μm/a）	腐蚀环境		
代号	名称		环境气体类型	相对湿度（%）	大气环境
Ⅰ	无腐蚀	<1	A	<60	乡村大气
Ⅱ	弱腐蚀	1～25	A	60～75	乡村大气
			B	<60	城市大气
Ⅲ	轻腐蚀	>25～50	A	>75	乡村大气，城市大气和工业大气
			B	60～75	
			C	<60	
Ⅳ	中腐蚀	>50～200	B	>75	城市大气，工业大气和海洋大气
			C	60～75	
			D	<60	
Ⅴ	强腐蚀	>200	C	>75	工业大气和海洋大气
			D		

（3）涂装材料

《公路桥梁钢结构防腐涂装技术条件》（JT/T 722—2008）

（4）维修保养

《色漆和清漆漆膜老化的评定 一般类型破坏的程度、数量和大小的评定》（ISO 4628）系列标准

2. 我国钢桥涂装案例

（1）我国钢桥涂装历史发展第一阶段（表 7-27、表 7-28）

表 7-27　钢桥涂装传统体系的现状

传统体系	现状
醇酸	成本低、性能一般，属于防锈漆最低档，国内生产量最大
氯化橡胶	比醇酸高档，属于中档，有阻燃性能，不环保，不能厚涂
丙烯酸酯	开始主要用于汽车漆，后来用于工业，属于中档
红丹	硫酸铅，有毒，禁止使用

表 7-28 我国第一阶段钢桥涂装案例

桥梁	部位	涂层名称	施工时间
南京长江大桥	钢桁梁	醇酸红丹防锈漆、66 灰色铝锌户外面漆	1968 年
		醇酸红丹防锈漆、66 灰色铝锌户外面漆	每 7～8 年维护一次
南京长江大桥、武汉长江大桥	钢桁梁	云铁酚醛底漆、云铁醇酸钢桥面桥	1976 年
枝城长江大桥	钢桁梁	F53-9 硼钡酚醛防锈漆、C04-45 灰铝锌醇酸磁漆	1971 年
	纵梁上盖板	棕黄聚氨酯底漆、银灰聚氨酯桥板漆	
	高强度螺栓面	无机富锌底漆	
襄樊汉水大桥	钢结构外表面	红丹防锈漆、C04-45 灰铝锌醇酸磁漆	1971 年
九江长江大桥、广东肇庆西江大桥京山线蓟运河大桥	钢结构外表面	红丹酚醛底漆、云铁醇酸面漆	九江长江大桥 1993 年
	箱形杆件内侧	环氧沥青厚浆型底漆、环氧沥青厚浆型面漆	
	纵梁上盖板	棕黄聚氨酯底漆、银灰聚氨酯面漆	
	高强度螺栓面	无机富锌底漆	

(2) 我国钢桥涂装历史发展第二阶段

我国钢桥涂装历史发展第二阶段以环氧富锌底漆＋环氧云铁中间漆＋丙烯酸聚氨酯面漆体系为主，如表 7-29 所示。

聚氨酯易形成氢键，不停地打开、结合，耐磨性能优异。

表 7-29 我国第二阶段钢桥涂装案例（一）

桥梁	部位	涂层名称	施工时间
上海黄浦大桥	钢箱梁外表面	环氧富锌底漆、环氧云铁中间漆、氯化橡胶厚膜漆	1991 年
上海杨浦大桥	钢箱梁外表面	环氧富锌底漆、环氧云铁中间漆、氯化橡胶厚膜漆	1993 年
长江莲沱大桥、长江西陵桥	钢管拱、钢桁架	无机富锌底漆、环氧云铁中间漆、丙烯酸聚氨酯面漆	1993—1996 年

续表

桥梁	部位	涂层名称	施工时间
广东虎门大桥	钢箱梁外表面	无机硅酸锌底漆、环氧铁红封闭漆、环氧云铁中间漆、丙烯酸聚氨酯面漆	1997 年
厦门海沧大桥	钢箱梁外表面	无机硅酸锌底漆、环氧封闭漆、环氧云铁中间漆、丙烯酸聚氨酯面漆	1999 年
重庆鹅公岩大桥	钢箱梁外表面	无机硅酸锌底漆、环氧封闭漆、环氧云铁中间漆、丙烯酸聚氨酯面漆	2001 年
厦门环岛路钟宅湾大桥、舟山桃夭门大桥	钢结构外表面	电弧喷锌铝、环氧云铁封闭漆、环氧云铁中间漆、丙烯酸聚氨酯面漆	2003 年
上海卢浦大桥	钢箱梁外表面	环氧富锌漆、环氧云铁中间漆、丙烯酸聚氨酯面漆	2003 年

以环氧富锌底漆＋环氧云铁中间漆＋丙烯酸聚氨酯面漆体系为主，如表 7-30 所示。

表 7-30　我国第二阶段钢桥涂装案例（二）

桥梁	部位	涂层名称	施工时间
广东中山二桥	钢箱梁外表面	环氧富锌漆、环氧云铁中间漆、丙烯酸聚氨酯面漆	2004 年（翻新）
香港昂船洲大桥			2005 年
广州新光大桥			2005 年
广州黄埔珠江大桥			2006 年
天津彩虹桥	钢箱梁外表面	无机硅酸锌底漆、环氧封闭漆、环氧云铁中间漆、丙烯酸聚氨酯面漆	—
江阴长江大桥			—
宜昌长江大桥			2001 年
南京长江二桥			2001 年
广州解放大桥			—
江苏润扬长江大桥			2004 年
南京三桥			2005 年
苏通长江大桥			2006 年
安庆长江大桥			2005 年
台湾高铁			2005 年
福建铁路闽江大桥			2007 年

续表

桥梁	部位	涂层名称	施工时间
益阳茅草街大桥	钢结构外表面	电弧喷锌铝、环氧云铁封闭漆、环氧云铁中间漆、丙烯酸聚氨酯面漆	2004 年
武汉军山长江大桥			2000 年
长沙红山桥			—
海南琼州大桥			2000 年
广州丫髻沙大桥			1999 年
广东佛陈大桥			2002 年（翻新）
粤海铁路栈桥			2003 年
武汉阳逻长江大桥			2006 年
长沙山叉矶大桥			2006 年

(3) 我国钢桥涂装历史发展第三阶段

我国钢桥涂装历史发展第三阶段以环氧富锌底漆＋环氧云铁中间漆＋聚硅氧烷面漆（氟碳面漆）体系为主，如表 7-31 所示。

表 7-31 我国第三阶段钢桥涂装案例

桥梁	部位	涂层名称	施工时间
重庆朝天门大桥	钢结构	环氧富锌底漆、环氧云铁中间漆、聚硅氧烷面漆	2006 年
南宁市南宁大桥			2007 年
重庆菜园坝大桥	钢结构	无机富锌底漆、环氧云铁中间漆、聚硅氧烷面漆	2005 年
重庆石板坡长江大桥			2006 年
杭州湾跨海大桥	钢结构	环氧富锌底漆、环氧云铁中间漆、氟碳面漆	2006 年
武汉天兴洲大桥	钢结构	电弧喷锌铝、环氧云铁封闭漆、环氧云铁中间漆、氟碳面漆	2006 年

氟碳面漆最初因为优异的耐候性能，在日本桥梁涂装中得到大规模使用，后期开始进入我国市场。

(4) 世界钢桥涂装案例（表 7-32）

表 7-32 世界钢桥涂装历史发展案例

桥梁	部位	涂层名称	施工时间
美国金门大桥	钢结构	无机富锌底漆、磷化底漆 WP-1、乙烯面漆	1965 年以后
美国加州 San Mateo 大桥			—

续表

桥梁	部位	涂层名称	施工时间
英国汉普顿大桥	钢结构	环氧富锌底漆、 环氧云铁中间漆、 灰铝粉醇酸面漆	—
日本关门桥	钢箱梁 外表面	电弧喷锌、 磷化底漆、 酚醛锌黄底漆、 酚醛云铁中间漆、 氯化橡胶面漆	1970 年
日本关西国家机场联络桥	钢结构	无机富锌底漆、 厚膜型环氧底漆、 聚氨酯中间漆、 聚氨酯面漆	1987 年
尼亚加拉和平大桥 Peach Bridge（联结美国和加拿大）	钢梁 外表面	环氧富锌底漆、 聚硅氧烷面漆	1994 年翻新
日本明石海峡大桥	钢箱梁 外表面	无机富锌底漆、 厚膜型环氧底漆、 聚氨酯中间漆、 氟树脂面漆	1998 年

3. 钢桥涂料品种

（1）油性涂料（表 7-33）

表 7-33　桥梁涂料类型

类型	产品	备注
车间底漆	PVB 磷化底漆、环氧富锌车间底漆、环氧铁红车间底漆、无机硅酸锌车间底漆	车间底漆主要针对战线长、距离远的大客户，为防止运输途中钢筋锈蚀而进行涂装
防锈底涂层	红丹防锈漆、锌黄防锈漆、铁红防锈漆、铝粉防锈漆、云铁防锈漆、磷酸锌防锈漆、玻璃鳞片涂料、富锌漆	
中间涂层	环氧云铁中间漆	
面涂层	醇酸面漆、氯化橡胶、丙烯酸面漆、环氧面漆、聚氨酯面漆、工程聚硅氧烷面漆、氟树脂面漆	

根据规定，由水性树脂组成的全水性涂层体系，可以应用于 C5-M 腐蚀环境的 10～15 年重防腐体系的设计。

（2）水性涂料（表 7-34、表 7-35）

表 7-34 低合金碳钢在腐蚀性等级 C5-I 与 C5-M 下使用的涂料体系

体系编号	底涂层				后道涂层	涂料体系		预期耐久性		
	基材	底漆	道数	NDFT[b]（μm）	基料	道数	NDFT[b]（μm）	L	M	H
C5-I										
AFL. 01	EP、PUR	Misc.	1～2	120	AY、CR、PVC	3～4	200			
AFL. 02	EP、PUR	Misc.	1	80	EP、PUR	3～4	320			
AFL. 03	EP、PUR	Misc.	1	150	EP、PUR	2	300			
AFL. 04	EP、PUR、ESI[d]	Zn（R）[a]	1	60[c]	EP、PUR	3～4	240			
AFL. 05	EP、PUR、ESI[d]	Zn（R）	1	60	EP、PUR	3～5	320			
AFL. 06	EP、PUR、ESI[d]	Zn（R）	1	60	AY、CR、PVC	3～5	320			
C5-M										
A5M. 01	EP、PUR	Misc.	1	150	EP、PUR	2	300			
A5M. 02	EP、PUR	Misc.	1	80	EP、PUR	3～4	320			
A5M. 03	EP、PUR	Misc.	1	400	—	1	400			
A5M. 04	EP、PUR	Misc.	1	250	EP、PUR	2	500			
A5M. 05	EP、PUR、ESI[d]	Zn（R）	1	60	EP、PUR	4	240			
A5M. 06	EP、PUR、ESI[d]	Zn（R）	1	60	EP、PUR	4～5	320			
A5M. 07	EP、PUR、ESI[d]	Zn（R）	1	60	EPC	3～4	400			
A5M. 08	EPC	Misc.	1	100	EPC	3	300			

注：基材：低合金碳钢。表面处理：锈蚀等级为 ABC 级的基材，表面清洁度达到 Sa2½级（GB/T 8923.1）。
a. Zn（R）是指富锌底漆，Misc. 为采用其他类型防锈颜料的底漆；
b. NDFT 是指额定干膜厚度；
c. 如果选择的富锌底漆合适，额定干膜厚度范围可为 40～80μm；
d. 建议在硅酸乙酯底漆（ESI）上涂覆一道后续涂层作为过滤涂层。

表 7-35 涂层基料是否可水性化

底涂层基材	类型	可水性化	后道涂层基材	类型	可水性化
EP＝环氧	双组分	×	EP＝环氧	双组分	×
EPC＝环氧组合物	双组分		EPC＝环氧组合物	双组分	
ESI＝硅酸乙酯	单组分或双组分	×	PUR＝聚氨酯、芳香族	单组分或双组分	×
PUR＝聚氨酯、脂肪族或芳香族	单组分或双组分	×	CR＝氯化橡胶	单组分	
			AY＝丙烯酸	单组分	×
			PVC＝聚氨乙烯	单组分	

注：1. 建议与涂料生产商共同进行相容性确认；
2. ×＝适用；
3. 脂肪族，无苯环；芳香族，有苯环。

（3）主流设计涂层体系（表 7-36）

表 7-36　主流设计涂层体系

部位	涂层系统		涂料品种	最低干膜厚度（μm）	备注
钢板预处理	车间底漆		无机硅酸锌车间底漆	15～20	
钢箱梁外部	底涂防锈	1	环氧富锌底漆	60	无须封闭漆
		2	无机硅酸锌底漆	60	需要封闭漆
		3	金属热喷锌/铝		需要封闭漆
	封闭漆		环氧封闭漆	25～50	
	中间漆		厚浆型环氧云铁中间漆	120	
	面漆	1	丙烯酸聚氨酯	2×40	
		2	氟碳面漆	2×30	
		3	工程聚硅氧烷面漆	80	
钢箱梁内部	1	底漆	环氧富锌底漆	50	
		面漆	浅色环氧厚浆型涂料	100	
	2	底/面	浅色环氧厚浆型涂料	2×75	

（4）桥梁钢结构防腐蚀体系（图 7-38）

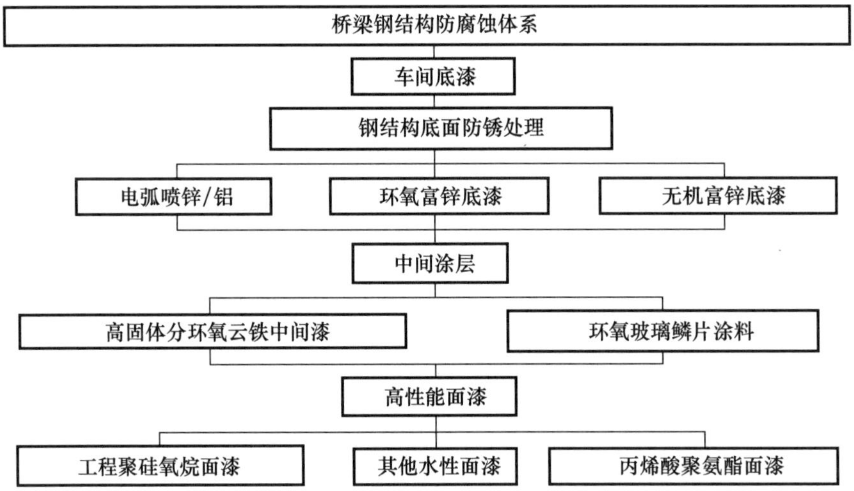

图 7-38　桥梁钢结构防腐蚀体系

7.3.2　大桥防腐涂装设计

1. 涂层保护体系的耐久性

涂层保护体系的耐久性取决于下列因素：

（1）涂料体系的类型；

（2）结构的设计；

（3）表面处理前的底材状况；

（4）表面处理等级及处理的质量；

（5）表面处理前，连接处、边缘、焊缝的状态；施工遵循的标准及施工条件；

（6）施工后的暴露状况；

（7）详见 ISO 12944-5。

2. 保护年限

（1）ISO 12944 按保护年限分为 3 类：

① 低（Low），2～5 年；

② 中（Medium），5～15 年；

③ 高（High），长于 15 年。

（2）英国涂装规格书 1900 系列草案，耐久性最小要求为：

① 12 年以内不需要维修；

② 12 年以后开始进行小的维修；

③ 20 年以后进行大维修或重新维修。

3. 大桥防腐涂装设计（JT/T 722 标准）

1）《公路桥梁钢结构防腐涂装技术条件》（JT/T 722—2008）标准要求

（1）按保护年限分为 2 类：

① 普通型，10～15 年；

② 长效型，15～25 年。

（2）按涂装部位分为 7 类：

① 外表面；

② 非封闭环境内表面；

③ 封闭环境内表面；

④ 钢桥面；

⑤ 干湿交替区和水下区；

⑥ 防滑摩擦面；

⑦ 附属钢构件，包括防撞护栏、扶手护栏及底座、灯座、泄水管、钢路缘石等。

2）如何根据 JT/T 722—2008 标准进行涂层体系的设计

（1）确定被设计对象的涂层使用寿命。

（2）分析被设计对象的腐蚀环境（JT/T 722—2008 附录 A）。

（3）确定涂装部位，并分好类别。

（4）根据涂装部位，查找 JT/T 722—2008 第 4.2.1.4 节并进行涂层体系的设计。

（5）根据所设计的涂料涂层体系，查找 JT/T 722—2008 附录 B 确定涂料涂装的各项技术性能指标。腐蚀环境与涂层设计要求如表 7-37 所示。

表 7-37 腐蚀环境与涂层设计要求

配套编号	腐蚀环境	涂层	涂料品种	道数/最低干膜厚（μm）
S05	C4	底涂层	环氧富锌底漆	1/60
		中间涂层	环氧（云铁）漆	（1～2）/140

续表

配套编号	腐蚀环境	涂层	涂料品种	道数/最低干膜厚（μm）
S05	C4	面涂层	丙烯酸脂肪族聚氨酯面漆	2/80
		总干膜厚度		280
S06	C5-I	底涂层	环氧富锌底漆	1/80
		中间涂层	环氧（云铁）漆	（1～2）/120
		面涂层	聚硅氧烷面漆	（1～2）/100
		总干膜厚度		300
S08	C5-M	底涂层	无机富锌底漆	1/75
		封闭涂层	环氧封闭漆	1/25
		中间涂层	环氧（云铁）漆	（1～2）/120
		面涂层	聚硅氧烷面漆	（1～2）/100
		总干膜厚度		320
S10	C5-M	底涂层	热喷铝或锌	1/150
		封闭涂层	环氧封闭漆	（1～2）/50
		中间涂层	环氧（云铁）漆	（1～2）/120
		面涂层	聚硅氧烷面漆	（1～2）/100
		总干膜厚度		270

4．推荐涂层体系

1）材料选择原则

根据对桥梁钢结构腐蚀环境与腐蚀因素的分析，所设计的大桥钢结构涂层防腐体系应该具有以下技术特点：

（1）底漆具有优异的电化学保护性能与防腐性能；

（2）整个涂层体系具有优异的屏蔽性能；

（3）面漆具有优异的耐候性能。

“富锌底漆＋环氧云铁中间漆＋有机硅面漆”是目前国内外桥梁钢结构外部防腐最常使用的涂层配套体系。

2）钢桥涂层设计部位举例（表 7-38）

表 7-38　钢桥涂层设计部位举例

涂装部位	涂装工序	涂装用料	涂装道数（道）	涂层厚度（μm）
钢梁、拱肋、钢横梁、风撑等和外界空气直接接触的钢表面	底涂层	喷砂 2½	—	—
		水性环氧富锌底漆	1/75	75
	中间涂层	水性环氧（云铁）漆	（1～2）/120	120
	面涂层	水性有机硅（聚硅氧烷）面漆	（1～2）/100	100
	总干膜厚度			295

续表

涂装部位	涂装工序	涂装用料	涂装道数（道）	涂层厚度（μm）
钢梁、拱肋等形成封闭钢箱的内表面（无除湿系统）	底涂层	喷砂 2½	—	—
		水性环氧富锌底漆	1	50
	中间涂层	水性环氧厚浆（浅色）漆	3	250
	总干膜厚度			300
钢梁、拱肋等形成封闭钢箱的内表面（有除湿系统）	底/面涂层	喷砂 2½	—	—
		水性环氧厚浆（浅色）漆	2	150
钢桥面	底/面涂层	喷砂 2½	—	—
		水性环氧富锌底漆	2	80
摩擦面	涂层	喷砂 2½	—	—
		防滑醇溶无机富锌涂料	2	80
防撞护栏、扶手栏杆、楼梯、底座等附属钢构	底涂层	喷砂 2½	—	—
		水性环氧富锌底漆	2	80
	中间涂层	水性环氧云铁漆	1	40
	面涂层	第一道：水性丙烯酸聚氨酯面漆	1	40
		第二道：水性丙烯酸聚氨酯面漆	1	40
	总干膜厚度			200

3）选用涂料简介

（1）传统水性涂料

传统水性涂料成膜机理如图 7-39 所示。

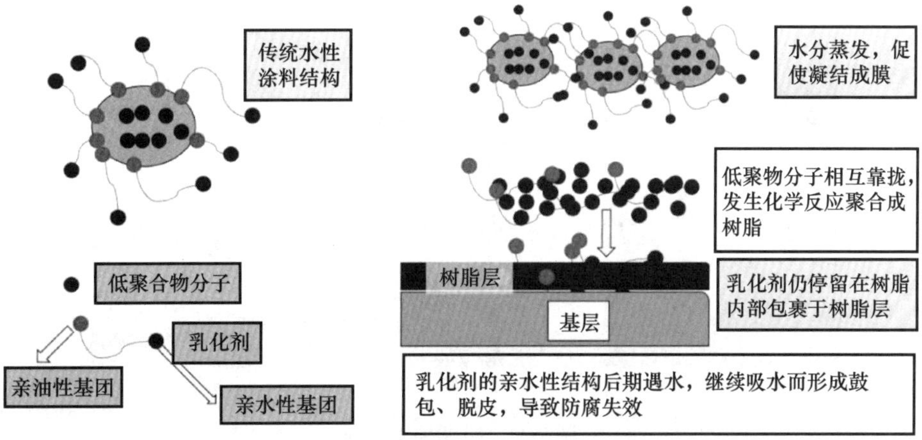

图 7-39　传统水性涂料成膜机理

（2）新型水性超支化体系

①传统树脂成膜原理：为大分子链，为网络结构，无自由链，靠末端小分子如氨基等进行交联，形成固化。②超支化树脂为蒲公英式毛球结构，主干为水性官能团，小分岔为有机物分子，整个分子达到纳米级别。其设计模型如图 7-40 所示。③2 个纳米级分子相互靠近，有机物分子相互结合而成膜。④施工时，分子的小分叉仅有部分结合在一起，后期随环境往复荷载作用下，小分岔逐渐舒展，结合更加紧固。因此有后期自我修复的功能。⑤有机物分子结合成膜，形成油包水结构。水分大部分通过蒸发作用进入大气；少部分与树脂的基团形成结晶水的复合结构。

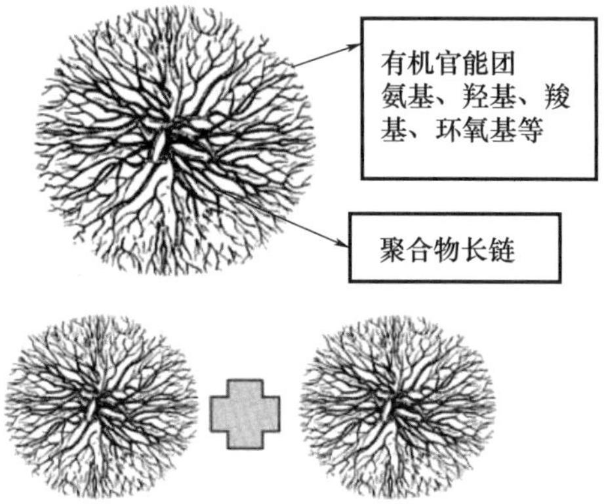

图 7-40　新型水性超支化设计模型

（3）水性超支化体系的性能特点（图 7-18）

4）涂装施工要点

（1）带锈施工

环境情况：晴，气温 12℃、相对湿度 65%。钢材带有浮锈、表面温度 6℃。试验时间：13：00—13：30。2 道底涂和 1 道面涂，整体施工时间不超过 30min。

带锈施工流程如图 7-41 所示。

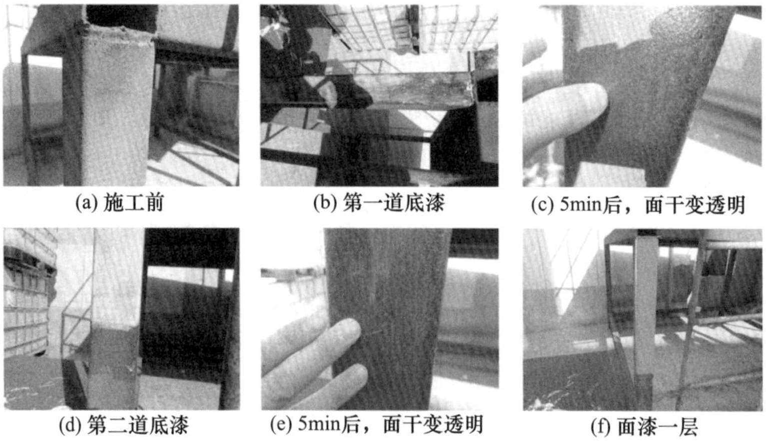

图 7-41　带锈施工流程

带锈施工是该涂料的一种后期硬化的效果。适当地除锈，有助于提高其整体附着力，对涂料与钢筋的防腐，具有更优秀的表现。

初期，涂料的快速硬化主要受外在风干的影响，涂料在密封储存时，整体为液态。表面的风干只是针对面向大气的一侧，背向大气的一侧形成局部的密封，部分涂料未发生反应。局部密封，未完全反应——有料剩余。

生锈的基材，表面疏松，未反应的纳米级的涂料可以后期继续渗透在孔隙中，最终可以抵达钢材的基层，成膜、固化。锈材疏松，后期渗透、反应，硬化与基材结合。具体示意分析如图 7-42 所示。

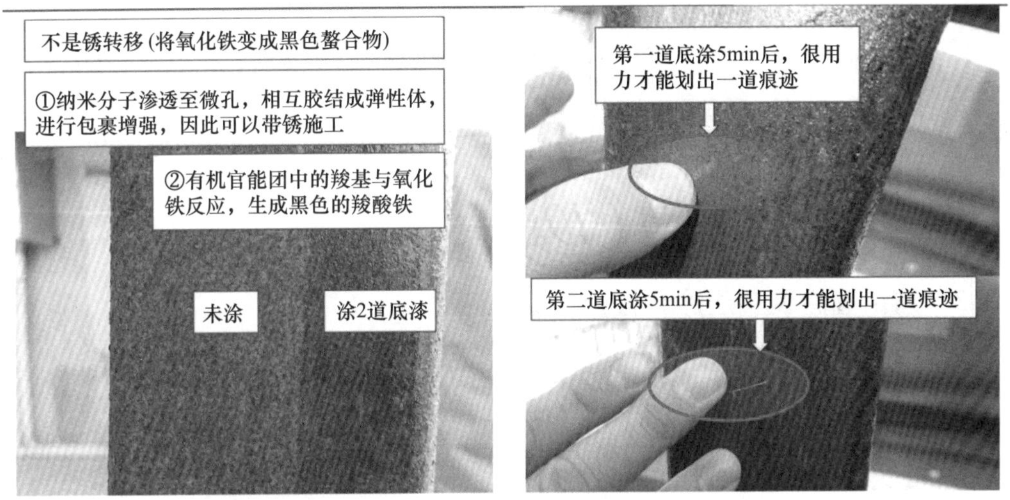

图 7-42　带锈施工具体示意分析

(2) 带湿施工要点

带湿施工，表面无明水即可。带湿施工快干机理：后期通过蒸发作用，将水排出，增强强度。带湿施工流程如图 7-43 所示。

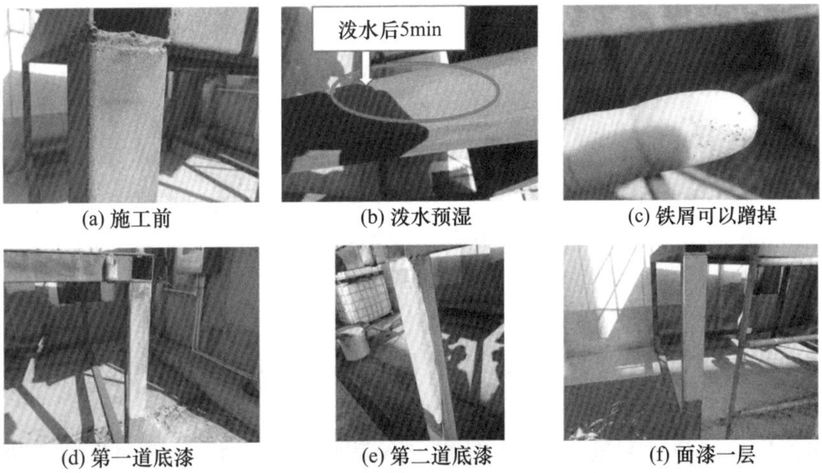

(a) 施工前　(b) 泼水预湿　(c) 铁屑可以蹭掉

(d) 第一道底漆　(e) 第二道底漆　(f) 面漆一层

图 7-43　带湿施工流程

（3）典型案例如图 7-44 所示。

项目名称	上海世博会工程
涂装部位	防汛墙
完工日期	2009年
底　　材	混凝土
环境描述	涨落潮，带水户外施工，水上/水下施工界面，辊涂后最短20min泡水，并承受河岸冲击

形象工程：黄浦江落潮时，淤泥、藻类附着，影响市容。一天2个潮，涨落潮时间间隔仅为20min。需要快速除淤泥，刷涂料，涂料必须能快速面干或在水中能后期发展强度，且不能污染水质

图 7-44　典型案例

7.3.3　防汛墙涂装底层涂料性能简介

1. 与不同基材的粘结力

（1）由于树脂中不含小分子量表面活性剂，树脂结构直接跟基材接触，增加了树脂和基材的结合力，有效提高了涂料在基材表面的附着力，如图 7-45 所示。

（2）纳米材料以及多支化自由单分子链，进一步提供基材渗透性。从目前取得的数据看，本涂料在喷砂碳钢、不锈钢、冷轧钢板、铝板、镀锌板、带锈铁板、ABS、铝塑和大部分旧漆等基材上具有广泛的粘结力。

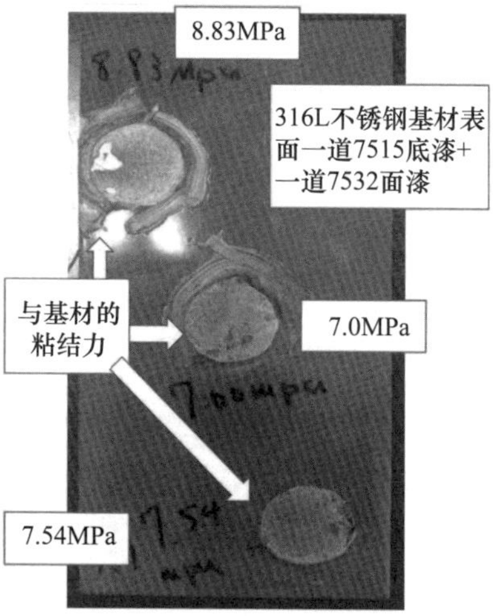

图 7-45　与不同基材的粘结力

2. 表干快、初期耐水性佳

（1）传统水性涂料

通常水性涂料以亲水性或者水溶性助剂通过外/内乳化方式实现水性化。这些亲水助剂或者官能团，在漆膜实干前，若被雨水/露水等侵蚀，会形成局部吸水，导致漆膜形成不均匀缺陷，影响漆膜后期隔氧性、防腐性等。

（2）超支化

① 以亲水但较低吸水率的无机纳米功能材料为水性化手段，体系不含任何高吸水率乳化剂或者官能团。

② 超支化，超高分子量结构使涂料快速反相疏水（快干），通过网状无极化结构提高初期耐水性。

（3）实际效果

① 户外作业，对雨水和露水的适应性：可以在较短时间内耐受下雨或者表面结露，延长户外作业窗口期。

② 户内施工或者短期烘烤条件下，可以大大减少需要的室内养护时间，工作烘烤漆基本下线就可以运输，减少室内堆放及养护时间要求。

3. 释放涂层应力

钢结构内应力损伤主要包括：

（1）静态压应力主要包括焊接部位、边角部位、螺丝、法兰、拐角等构件产生热胀冷缩的部位。通常这些部位的油漆容易产生损伤、漆膜破坏，导致进一步腐蚀、扩蚀、漆膜脱落等，如图 7-46 所示。

图 7-46 静态压应力示意图

（2）动态应力由机械振动引起的高频/低频振荡产生的应力，包括铁路（尤其是高铁）、桥梁、高速公路、风力等使用环境产生的应力。应力损伤是导致漆膜脱落、失效的最主要原因之一。

（3）单体涂料的超支化，超高分子量形成的立体网状结构使局部应力快速在网络间传递分散、消解，大大减小应力对漆膜形成的损伤；同时，大量的自由侧链保证了漆膜充分的柔韧性，有效提高漆膜的使用寿命，延长漆膜保护性能。网络状结构有助于传递、分散应力，其结构请参考图 7-40。

7.3.4 典型案例

1. 高铁维修项目

高铁站涂料防腐设计是按照 50 年使用寿命设计要求的，但在实际使用过程中，由于高铁行驶时产生气流冲击，许多地方 5 年之内就出现大面积脱落或生锈现象。尤其是靠近海边的站台（如浙江温岭、镇海等）腐蚀十分严重。

2014 年初开始，先后对 20 多个高铁站进行了维修，到现在没有发现任何脱落、生锈、起皮等现象，如图 7-47 所示。

图 7-47 高铁站防腐示意图

2. 螺丝、法兰等切边专用涂料的应用

螺丝、法兰等特殊部位含垂直切边，由于冷热、干湿循环、热胀冷缩等影响，是油漆防腐中的薄弱环节。超支化涂料由于其低表面处理、损伤自修复等特点，在螺丝、法兰等切边防腐的领域展现了极大的优势。此类方法的应用如图 7-48 所示。

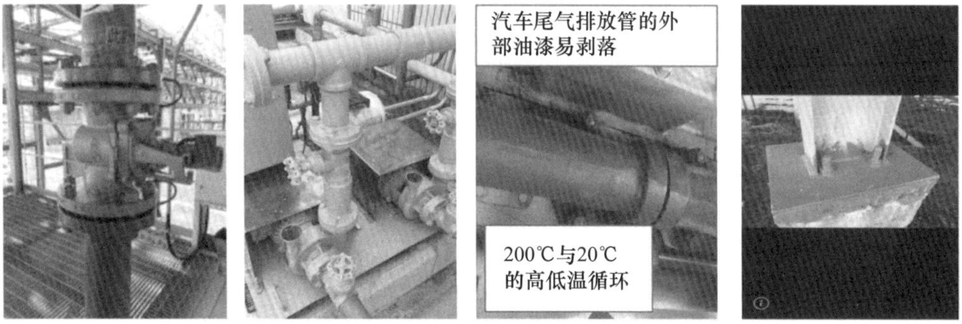

图 7-48　螺丝、法兰等切边专用涂料的应用

3. 冶金工厂户外钢结构网架

冶金工厂户外钢结构网架是 2013 年 4 月施工的项目，大量焊缝、边角、切口、螺丝等，5 年多使用下来没有任何腐蚀现象，但是有一根镀锌管发生严重腐蚀。

4. 地面消防栓

2015 年 10 月地面消防栓施工，其他螺丝都已经生锈破裂，其中一个生锈没破，刷好涂料后，生锈螺丝保持不再腐蚀，破损螺丝终止进一步腐蚀，外观破损，保持强度，如图 7-49 所示。

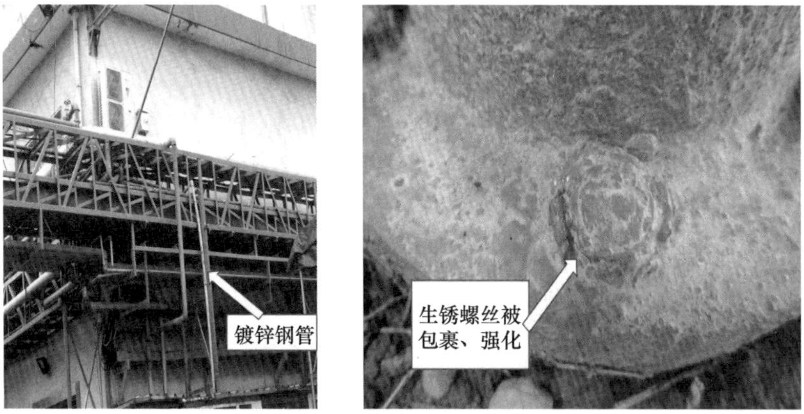

图 7-49　地面消防栓生锈破裂

5. 温度变化对涂料的影响

高低温变化是涂层变化的常见原因。通常涂料都有一定的适应范围，但对超过使用范围的应用场合（尤其是高温场合），通常常温自干涂料还是有一定的使用局限性。

超支化纳米弹性体含有大量的自由侧链，使漆膜可以一直保持良好的柔韧性。一方面可以承受−40～300℃的反复循环；另一方面当漆膜局部损伤后，会产生自修复性能，形成疤痕，阻止基材进一步扩蚀。涂料分子及支链结构如图 7-17 所示。

纳米材料可以通过电荷吸引或者磁性定向，能够和损伤部位的氧化产物形成黑色复合物致密层，阻止损伤性扩蚀，如图 7-50 所示。

切口盐雾 1000h 以后，在切口处长出锈疤，切开锈疤后底材无扩蚀损伤，如图 7-51 所示。

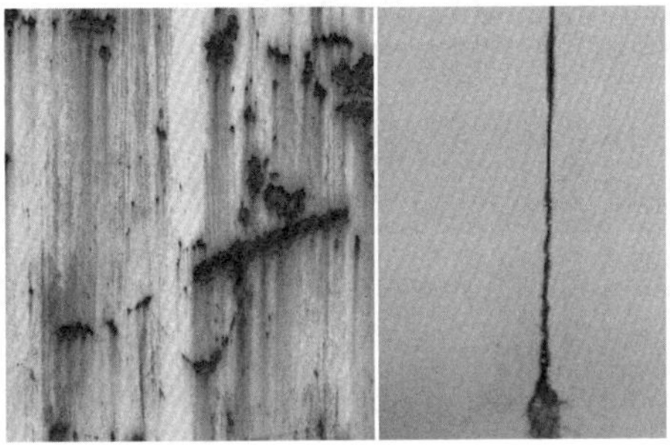

图 7-50　阻止损伤性扩蚀的黑色复合物致密层

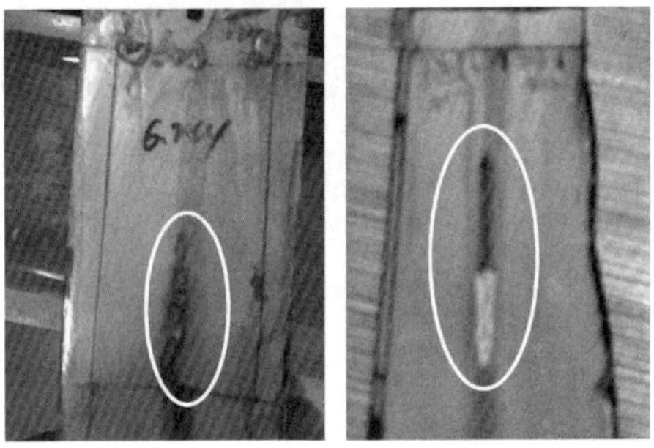

图 7-51　切口处的锈疤

6. 台湾东港镇成功抽水站案例（表 7-39）

表 7-39　台湾东港镇成功抽水站案例

名称	台湾东港镇成功抽水站	
涂装部位	管道及设备	
完工日期	2017 年 3 月	
底材	碳钢	
使用环境	海洋腐蚀环境，300℃和常温反复循环	
配套体系	底漆（SS-7711）：2 道。面漆（SS-7732）：1 道	其他品牌各种涂料配套体系，但保护时间为 2～3 个月，漆膜全部脱落，重新涂装，使用超支化弹性体系后，13 个月无变化

7. 超强耐候保色性能

耐候性能是涂料防腐性能的一个最为重要的指标，其他单项性能再如何突出，没有高耐候特性配合，漆膜也会发生粉化，所有保护都无意义。

超支化、超高分子量特性使理论上高耐候性能成立，在实验室检测中，该涂料经过 3000h 人工老化无任何粉化迹象。实际案例中，多年不同场合户外使用结果具有极其优异的保色、保光性能。

以世博会苏州河工程为例，该工程 2009 年施工至今，涨落潮区至今颜色均匀，漆膜完好，如图 7-52 所示。

8. 超强防腐性能

超支化网络成膜，使漆膜具有很高的致密度，三维纳米表面的存在又确保漆膜具有一定的呼吸性和优异的隔氧透气性。

图 7-52　世博会苏州河工程如今部分位置状态

漆膜实验室检测具有超高的耐盐雾性能，实际使用中也表现出超越传统油漆的超高防腐性能。

（1）台湾彰滨工业园

台湾彰滨工业园防腐涂装工作应归类于热带海洋工程的涂装类，防腐等级属 C5-M 加 C5-Ⅰ类。基地处于全世界腐蚀环境最严重地区之一。基地严酷的腐蚀环境和腐蚀现状，源于其地理气候的特点：

① 高温高湿：基地白天温度通常在 30℃以上，相对湿度达 80%以上。

② 高盐分：海浪和海风产生的雾气中夹带大量的盐分，使基地上空的空气高温高湿并带有高盐分。

③ 晴雨交替频繁：雨水较多，且晴雨变化快。

④ 紫外线强：海岛空气清新，紫外线穿透率大，强度远高于内陆地区。

每年东北季风季节，强风夹带大量高湿高盐海砂，冲击基材表面，对涂层具有极大的腐蚀和机械破坏。具体项目信息如表 7-40 所示。

表 7-40　台湾彰滨工业园

名称	杉鸿营造有限公司	
涂装部位	管道、阀门	
施工日期	2016 年 11 月—2018 年 3 月	
底材	碳钢等	
配套体系	底漆（SS-7711）：2 道 80～100μm。 面漆（SS-7732）：2 道 80～100μm	

该项目使用过许多国际品牌配套涂料，但保护时间不超过 6 个月就需要重新进行涂装处理。

自从采用超支化纳米弹性体系后，已使用 15 个月以上无变化。

（2）台湾临海工业区

环境分析：该项目是一个钢铁工厂（台湾中钢）酸洗车间，此环境除了海边具有的高温、高湿、高盐之外，还有化工介质的释放。环境中存在大量的乙酸、磷酸、硫酸等腐蚀材料。本案例具体情况如表 7-41 所示。

表 7-41 台湾临海工业区

名称	台湾中钢
涂装部位	钢结构
施工日期	2016 年 9 月—2017 年 2 月
底材	碳钢
配套体系	底漆（SS-7711）：2 道 80～100μm（刷涂或滚涂）。 面漆（SS-7732）：2 道 80～100μm（刷涂或滚涂）

防护涂装及维护保养难点：

① 环境温度高、湿度大、含盐量高、强紫外线辐射。

② 施工窗口期短（雨水间隔短）。

③ 氯离子对碳钢产生晶间腐蚀。空气中有大量酸性物质，施工难度大。

多年来，该基地采用多油性涂料配套体系，但保护时间在 3～6 个月就需要重新进行涂装维修，而本体系 5 个月没有变化，得到客户充分认可。本项目部分照片及客户使用报告如图 7-53 所示。

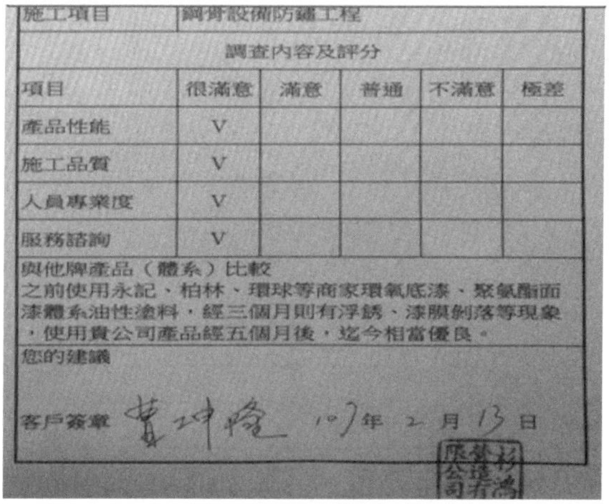

施工項目	鋼骨設備防鏽工程				
調查內容及評分					
項目	很滿意	滿意	普通	不滿意	極差
產品性能	V				
施工品質	V				
人員專業度	V				
服務諮詢	V				

與他牌產品（體系）比較

之前使用永記、柏林、環球等商家環氧底漆、聚氨酯面漆體系油性塗料，經三個月則有浮銹、漆膜剝落等現象，使用貴公司產品經五個月後，迄今相當優良。

您的建議

客戶簽章 [illegible] 107年 2 月 13 日

图 7-53 台湾临海工业区项目照片（部分）及客户使用报告

（3）屏东中华电信垦丁会馆

环境分析：该会馆位于台湾地区南端，临海约 200m，依据柯本气温及雨量值划分气候的标准，属于热带季风气候，终年高温，年雨量丰沛，为 C5-M 腐蚀等级环境，温度 23℃，相对湿度 70%。施作面积 220m^2、每道使用 21kg，涂布率 10m^2/kg，每道表干时间 7～10min，项目信息如表 7-42 所示。

表 7-42　屏东中华电信垦丁会馆项目

名称	中兴电工机械（股）公司
涂装部位	管道、电器开关箱，变压器，变电柜等
完工日期	2015 年 11 月
底材	碳钢
配套体系	底漆（SS-7511）：2 道 80～100μm（刷涂或滚涂）。 面漆（SS-7732）：2 道 80～100μm（刷涂或滚涂）

（4）中兴电工机械（股）公司使用报告

多年来，该基地采用多种品牌油性涂料配套体系，但保护时间在 3～6 个月就需要重新进行涂装维修。自从使用本体系后 16 个月没有变化，得到充分认可，如图 7-54 所示。

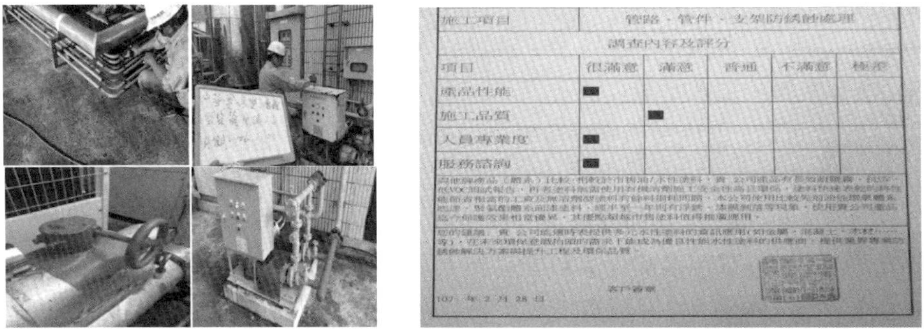

图 7-54　中兴电工机械（股）公司使用情况及使用报告

（5）某冶炼化工厂

环境分析：某氯化铵车间，半露天，有氯化铵泄漏，基材严重腐蚀，在浮锈及漆皮下包含大量盐分。工厂要求不停产施工，不可以水洗除盐，不可以机械除锈。

该氯化铵车间于 2011 年 4 月施工，至今表面保持良好，局部边角因无法施工而产生少量锈蚀，无大面积脱落。

（6）港机维修项目（表 7-43）

表 7-43　港机维修项目

名称	上海洋山港码头
涂装部位	整机外表面
完工日期	—
底材	碳钢、镀锌件等
配套体系	底漆（SS-7789）：1 道 50μm。 面漆（SS-7535）：2 道 100μm

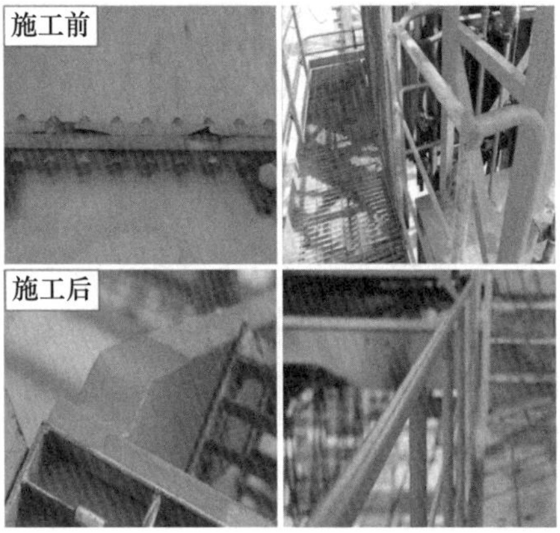

7.3.5 超支化涂层体系性能及施工

超支化涂层体系分为底漆、中间漆和面漆，其示意如图 7-55 所示。

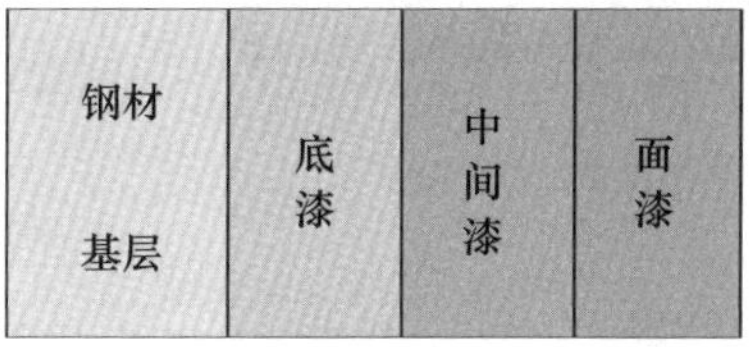

图 7-55 超支化涂层体系示意图

底漆：类似于我们穿的内衣，与皮肤紧密接触。要求防锈、附着力好，能随基层热胀冷缩。

中间漆：用于重防腐条件（选用），起找平作用，能增加厚度、延长腐蚀介质接触基层的时间。

面漆：类似于我们穿的外套。要求耐磨、防紫外线、抗冲击、耐老化等。

1. 富锌底漆

富锌底漆分类如表 7-44 所示。

表 7-44 富锌底漆分类

<table>
<tr><td rowspan="5">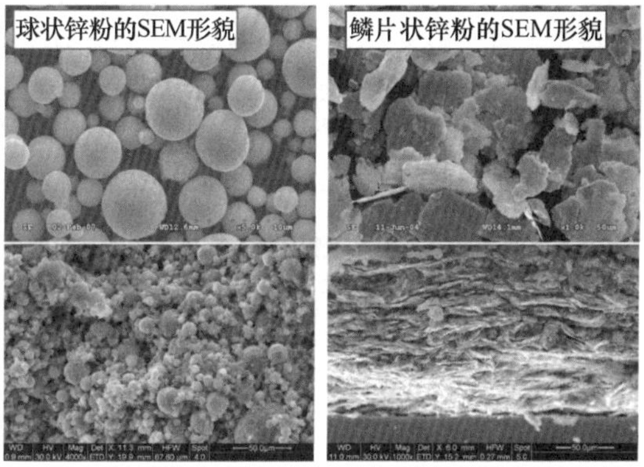
</td><td rowspan="3">按树脂基料性质分</td><td>有机</td><td>环氧</td></tr>
<tr><td rowspan="2">无机</td><td>水溶性</td></tr>
<tr><td>醇溶性</td></tr>
<tr><td rowspan="2">按填料锌粉形态分</td><td colspan="2">球状锌粉（目前，国内外市场富锌涂料大都采用球状锌粉）</td></tr>
<tr><td colspan="2">鳞片状锌粉</td></tr>
</table>

球状结构疏松，防腐效果差；鳞片状结构易形成迷宫结构，延长腐蚀介质接触基材的路径。

（1）富锌底漆的保护机理

① 导通性高；

② 区别于球锌的点接触；

③ 片锌呈面接触形态（球锌与片锌结构示意如图 7-56 所示）；

④ 阴极保护空白区域很少；

⑤ 阴极保护半径大；

⑥ 电化学保护显著提高。

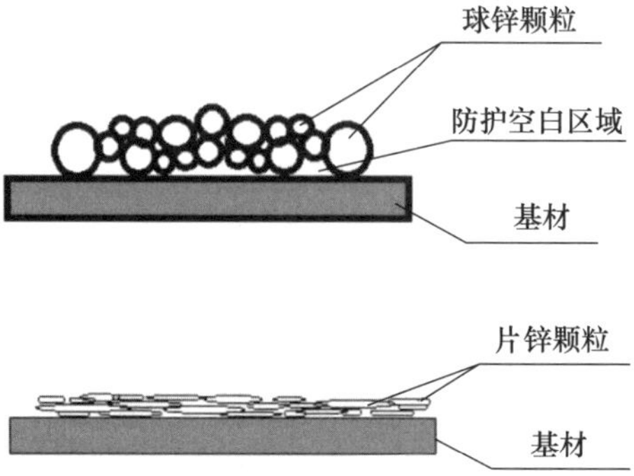

图 7-56　球锌与片锌结构示意图

（2）环氧富锌底漆（球锌）与鳞片状水性环氧富锌底漆性能对比如表 7-45、表 7-46 所示。

表 7-45　环氧富锌底漆（球锌）与鳞片状水性环氧富锌底漆性能对比（一）

序号	性能对比	环氧富锌底漆（球锌）	鳞片状水性环氧富锌底漆
1	环保性能	采用二甲苯类溶剂，环保性较差	采用水作为溶剂，环保性好
2	防腐性能	600h	＞3000h
3	理论喷涂面积	3.0m^2/kg（60～80μm），单位质量的喷涂面积较小	4.5m^2/kg（40～60μm），单位质量的喷涂面积较大
4	涂层体电阻率	10^5～$10^8\Omega\cdot m$，球锌点与点的接触，体电阻率高，涂层导通性一般	10^3～$10^5\Omega\cdot m$，片锌面与面的接触，体电阻率低，涂层导通性好
5	施工性能	料浆密度大，易沉淀，锌粉易堵枪，施工性差	料浆密度小，锌粉悬浮性好，施工性好

表 7-46　环氧富锌底漆（球锌）与鳞片状水性环氧富锌底漆性能对比（二）

检测项目	环氧富锌底漆（球锌）	鳞片状水性环氧富锌底漆
抗水蒸气渗透率	180mg/d·cm^2	＜30mg/d·cm^2
抗渗水性	1.5h	＞480h

（3）耐盐雾性能比较（图 7-57）：

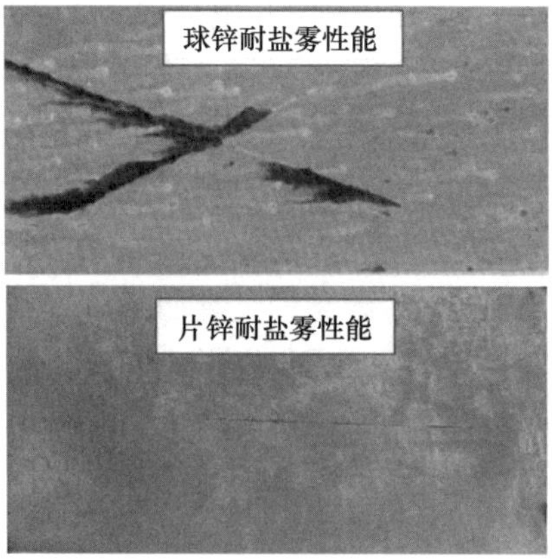

图 7-57　耐盐雾性能比较

漆膜厚度 15～20μm。

球锌醇溶无机富锌涂料涂层在 500h 后，已有少量锈斑、大量锌白产生，叉线上的锈蚀扩展超过 3mm，涂层已经失效。

鳞片状水性环氧富锌涂料涂层在 1000h 后，表面完好，少量锌白产生，叉线上的锈蚀扩展小于 1mm。

2. 中间漆

以水性环氧厚浆中间漆（云铁）为例，其示意如图 7-58 所示。

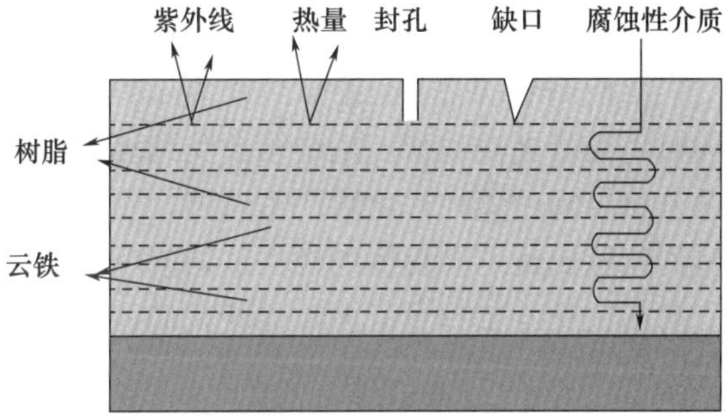

图 7-58　云铁示意图

由下式可以看出，影响腐蚀的因素，包含腐蚀介质移动的路程、整个涂层厚度及腐蚀时间等。

$$C(X,t)=\frac{Q}{2\sqrt{\pi Dt}}e^{\frac{-(X)^2}{4Dt}} \quad (7\text{-}8)$$

式中　C——腐蚀介质穿过涂层的渗透速度；

X——腐蚀介质移动的路程；

D——整个涂层的厚度；

t——腐蚀时间。

（1）云铁中间漆通过片状填料的选择使中间涂层具有鳞片状的层状交叠结构；

（2）水性环氧云铁中间涂层具有优秀的内增塑作用，改善了涂层固化后的柔韧性与伸展性。

3. 面漆

这里主要介绍超支化体系原材料的选用。

选用丙烯酸酯和有机硅单体共聚物为成膜物，精选颜填料（杜邦、汽巴）和助剂(BYK)。

材料自身的耐候性，以及颜料的高度分散性，保证了漆膜优异的耐候性和防腐性。

可通过添加自洁性助剂和涂料的结构改性，获得高自洁性表面。

7.3.6　桥梁涂装防护体系的施工

1. 施工流程

桥梁涂装防护体系施工流程如表 7-47 所示。

表 7-47 桥梁涂装防护体系施工流程

顺序	工艺	顺序	工艺
1	钢筋基层检查	4	涂装底漆
2	基层处理	5	涂装中间漆
3	表面处理	6	涂装面漆

基层处理等同本书 7.2 节的相关内容。

2. 桥梁涂装防护体系的除锈技术

随着我国城市建设和交通运输的高速发展和钢结构桥设计、制造、施工等技术的日益成熟，钢结构桥梁已广泛应用于铁路、公路、公铁两用桥及人行天桥。由于钢桥长期暴露在自然环境中，同时承受着交变载荷，钢结构会受到环境介质的锈蚀，特别是在一些环境质量恶劣的地区，钢结构桥梁往往出现严重锈蚀，影响桥梁的结构安全性及使用寿命；每年我国有大量的钢桥出现不同程度的锈蚀，这就导致我们每年需要花大量的人力、物力去开展除锈、防腐工作，工程量巨大，促使我们探索更高效、更经济的除锈方法去满足市场需求。

桥梁钢结构在其发展过程中不同时段出现了各种不同除锈方法，主要有人工除锈、喷砂除锈、高压水除锈、化学除锈、超声波除锈、激光除锈等，其中喷砂除锈是目前常用工艺。

(1) 人工除锈

采用钢丝刷、砂盘、麻袋布等轻擦来回拉动除锈。

优势：除锈方法简洁，成本低。

劣势：人工除锈速度慢，效率低。

(2) 化学除锈

利用化学反应从工件表面溶解掉一般锈迹、氧化皮及各种腐蚀产物而不影响基体金属的方法。常用无机酸和有机酸作为除锈材料，因而通常又称为酸洗。

优势：除锈速度快、除锈效果明显、操作使用方便。

劣势：如果时间控制不当，或余酸浸入缝隙或孔穴中，即使加缓蚀剂，也会使钢材产生过蚀现象；除锈成本高；处理后的化学排放工作难度大，若处理不当，将对环境造成严重的污染。

人工除锈与化学除锈操作示意如图 7-59 所示。

(a) 人工给钢筋笼除锈

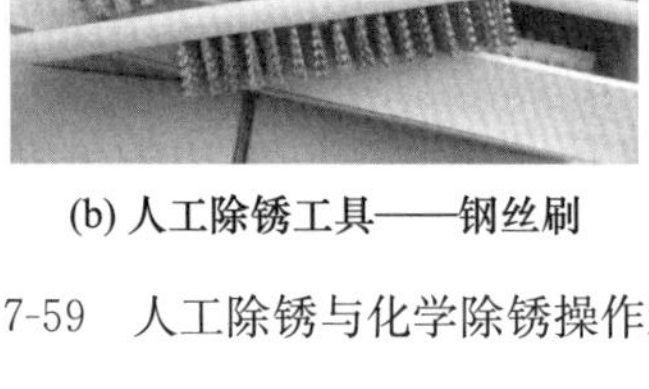

(b) 人工除锈工具——钢丝刷

(c) 化学除锈 (主要成分为盐酸)

图 7-59 人工除锈与化学除锈操作示意图

(3) 喷砂（抛丸）除锈

采用压缩空气为动力，以形成高速喷射束将喷料（石榴石砂、铜矿砂、石英砂、金刚砂、铁砂、海南砂、金属丸）高速喷射到需要处理的工件表面。

优势：技术成熟、通用性能强、配套设施齐全。可以通过调换不同粒度的磨料，在工件表面达到不同程度的粗糙度，大大提高工件与涂料、镀料的结合力。

劣势：对构件造成一定损伤，工序复杂、劳动强度大，施工对周围环境污染大（对空压机等压力容器有较严格的管理要求。储气罐、压力表、安全阀要定期校验。储气罐两周排放一次灰尘，砂罐里的过滤器每月检查一次等），对作业人员人体有一定的影响（这种机器工作时会产生高温，工人呼吸产生的空气湿气重；而且机器笨重，反力大，对脚手架要求高）；存在二次污染，且无法与防腐涂装同步进行，如图 7-60、图 7-61 所示。

图 7-60　二次污染严重

图 7-61　无法与防腐涂装同步施工

(4) 高压水除锈

以高压水枪喷射到需要处理的表面，主要用于工业和海洋工程中的涂装系统维修工作。高压水喷射特别适用于船舶进坞或设备停检期的涂装除锈工作。高压水喷射除锈法如图 7-62 所示。

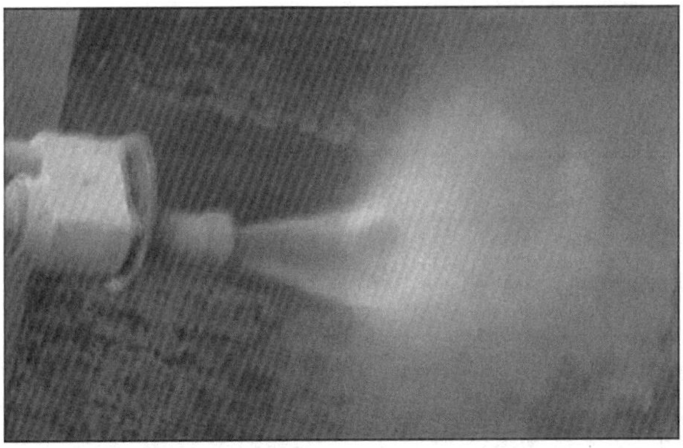

图 7-62　高压水喷射除锈工作示意

优势：对环境没有灰尘产生，可以方便、快速而又经济地回收清理物。除锈或除旧涂层方便、价格低。对特殊的部件（如阀门），不用特殊的保护。可以有效地除去可溶性盐分。旧涂膜表面清洁处理不用担心引起涂膜因受撞击而产生的开裂。

劣势：需大量的高纯度水源；需要掺入防锈剂，否则容易很快产生锈斑；不能与防水涂料同时施工；高压水枪耗材成本很高；使用环境受环境对水的限制。

（5）超声波除锈

由超声波发生器发出的高频振荡信号，通过换能器转换成高频机械振荡而传播到介质——清洗溶剂中，超声波在清洗液中疏密相间地向前辐射，使液体流动而产生数以万计的微小气泡。这些气泡在超声波纵向传播的负压区形成、生长，而在正压区迅速闭合。在这种被称为“空化”效应的过程中，气泡闭合可形成超过 101.33MPa（约 1000 个标准大气压）的瞬间高压，连续不断地产生瞬间高压就像一连串小“爆炸”不断地冲击物件表面，使物件的表面及缝隙中的污垢迅速剥落，从而达到物件表面净化的目的。超声波除锈机与除锈剂如图 7-63 所示。

(a) 超声波除锈机

(b) 超声波除锈剂 (主要成分是水基溶液)

图 7-63　超声波除锈机与除锈剂

优势：清洗效果好，清洁度高且全部工件清洁度一致。清洗速度快，提高生产效率，无须人手接触清洗液，安全可靠。对深孔、细缝和工件隐蔽处也可清洗干净。对工件表面无损伤。

劣势：作业效率低，前期投入大，且需要大量除锈剂辅助。

（6）激光除锈

激光清洗技术是指利用高频高能激光脉冲照射工件表面，涂覆层可以瞬间吸收聚焦的激光能量，且激光脉冲产生冲击波，使表面油污、锈斑或涂层发生瞬间蒸发或剥离，两者同时作用，高速、有效地清除表面附着物或表面涂层的清洁方式而作用时间很短的激光脉冲，在适当的参数下不会伤害金属基材。激光除锈如图 7-64 所示。

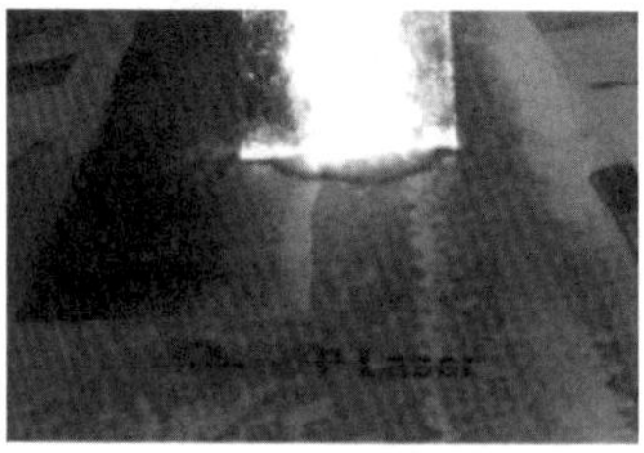

(a) 钢板激光除锈

(b) 构件激光除锈

图 7-64　激光除锈

优势：①激光除锈是一种“绿色”的除锈方法，无须使用任何化学药剂和清洗液，除锈产生的废料基本上都是固体粉末，体积小，易于存放，可回收，可以轻易解决化学除锈带来的环境污染问题；②激光可以通过光纤传输，与机器手和机器人相配合，方便地实现远距离操作，能够除去传统方法不易清除部位的锈迹，在一些危险的场所使用可以确保人员的安全；③激光除锈能够清除各种材料表面各种类型的污染物，达到常规除锈无法达到的清洁度，而且可以在不损伤材料表面的情况下有选择地除去材料表面的污染物；④激光清洗效率高，节省时间，清洗系统可以长期稳定使用，运行成本低，更重要的是可以方便地实现自动化操作。

劣势：第一次成本投入大；激光长时间作用会对眼睛产生较大伤害。

3. 施工质量控制与验收同本书 7.2 节的相关内容。

7.4　桥梁涂装的色彩设计

7.4.1　桥梁色彩设计的目的

桥梁作为大型公共建筑物并不是孤立地成为视觉对象，它必然与周围的环境一起映入人们的眼帘，并成为景观的重要组成部分，因此，桥梁的色彩在环境中产生的效果与影响就不能忽视。

7.4.2　桥梁色彩设计的要点

（1）与周围环境相协调，创造更美的新景观；

（2）表现地域性、文化性、主题性与亲切感，体现桥梁建筑的风格；

（3）预示结构的功能，更好地展现桥梁形态美与功能美；

（4）防止构件材料裸露锈蚀；

（5）利用色彩的诱目性，增强桥梁的标志和象征作用；

（6）利用涂装安全色，提醒渡桥者注意，防止交通事故；

（7）利用色彩的心理效果，防止驾驶员的视觉疲劳。

7.4.3　色彩的基本知识

色彩分两大类：来自发光源如太阳、电灯等的色彩称为光源色；物体表面受到外来光照射而显示出的色彩称为表面色。

显然桥梁建筑所涉及的色彩属表面色。表面色又分单色（又称无彩色，如黑、白、灰）和彩色（如红、黄、绿、蓝、紫等）。色彩丰富多彩，不同色彩的表达与鉴别是通过色彩三要素进行的。

1. 色彩三要素

（1）色相（色别）：表明不同颜色之间质的区分，如红、黄、绿属不同色相。

（2）明度（亮度）：同一色相因对光的反射强弱不同而产生的明暗差别。如同是红色，有的亮、有的暗。

（3）彩度（纯度、饱和度）：同一色相浓淡的强弱。当某彩色浓度达到饱和度时即呈正色（又称纯色），如红色有浅红、深红；而彩色浓度达到饱和度时称正红、纯红，也就是平时说的大红。

(4) 单色仅有明度一个要素，如从黑到灰到白。

2. 色彩心理效果

(1) 温度感：色彩有暖色与冷色之分，如红、橙、黄、褐为暖色，蓝、绿、紫、青等为冷色，其他为中间色。同一色相中，明度越高冷感越强。试验证明，在室温不变时，冷暖色墙面使人冷暖的心理感觉会相差 2～3℃。

(2) 厚重感：明度高的色彩如花似卉，显得轻盈；而明度低的如土似石，显得厚重；暖色相对比冷色重。

(3) 尺度感：高明度及暖色调属立体色，低明度及冷色属收缩色，因而同样大面积，白色的比黑色的显大，红色的比蓝色的显大。同样，高明度及暖色为近感色，低明度及冷色为远感色，即同距离的色面，暖色、亮色比冷色、暗色显得近。

(4) 疲劳感：色彩的彩度越强，对人的刺激越大，就越易使人疲劳。一般暖色系的色彩疲劳感较冷色系的大，绿色则不显著。许多色相在一起，明度差或彩度差较大时，易感觉疲劳，故在桥梁色彩设计时，色相不宜超过 3 个，彩度易低于 4。

(5) 色的感情：人生活在五彩缤纷的世界中，即使不关心色彩科学的人也会受到色彩的感染，对色彩感情的理解，往往比色彩科学知识更重要。

7.4.4 涂装的色彩设计流程及案例

1. 桥梁色彩设计流程

桥梁色彩设计流程如图 7-65 所示。

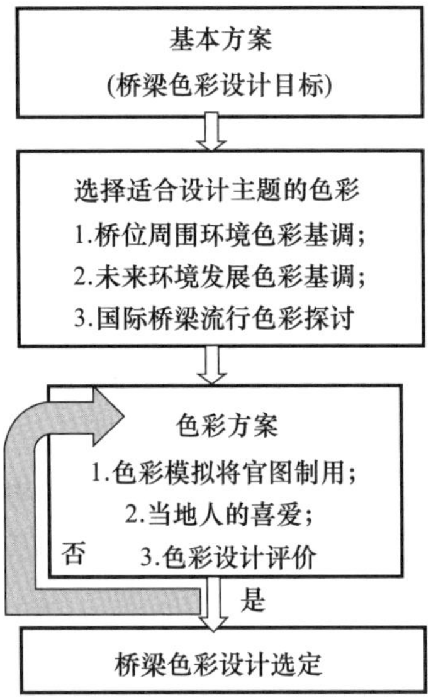

图 7-65 桥梁色彩设计流程

2. 与周围环境相协调

桥存在于周围环境之中，而环境中的色彩是多种多样的，因而应该首先了解环境色彩的基调，然后按照桥梁与环境协调的三种不同方式进行色彩设计。

如需要在环境中强调突出桥梁，应选用对比色，使桥梁更生动、引人注目，形成主景。

日本大阪港大桥、名古屋的名港西大桥与九州洞海湾上的若户大桥都使用了醒目的红色，并认为这是一种气势雄伟、强有力的颜色，是使海湾得以贯穿的巨大能量的颜色。

3. 与桥梁自身的规模、形态相协调

桥梁形态、规模与桥位处的条件、荷载、跨径、构造形式、材料等多种因素有关，针对其规模及形象，选择与之相适应的色彩以更好地展示其功能美和形态美也是十分重要的，如雄健强劲的桥应采用与之相适应的明亮的、强烈的色彩，如金门大桥、若户大桥等。

纤柔轻巧形态的桥宜采用相应感觉柔和优雅的中间色、调和色，江苏省无锡市的金匮桥采用米黄色调，与简洁纤细的桥型相适应，增加了其轻柔感。

4. 桥梁自身构件的配色要统一和谐

桥梁规模巨大，整体涂色是一件很费钱费工的事，据说日本大阪港大桥人工涂漆从头至尾需 10 年时间。所以目前大多数混凝土桥梁仍以材质固有色为主。但大面积单一色彩就显得单调而缺乏生气，致使总体印象不够清楚，而近观时也感到粗糙不美。

因而在条件许可时，应结合形态特征及需要，对塔、拱、梁、桁杆、主缆拉索以及栏杆、灯柱等进行部分配色，以突出重点，展现风格。配色时应注意配色不要多于 3 种，否则会造成缺乏主题的烦乱感。另外各构件的配色要服从总体格调，要和谐统一。

更多的主塔采用的是高明度的白色、白灰或银灰色、青灰色，在蓝天白云的衬托下给人清新感和一种擎天之柱的崇高感，例如日本东京隅田川上的中央大桥。

为了强调拉索的存在，拉索还有涂装成红、绿、黄等色的。如同样在美国位于泰伯湾的阳光桥，配以金黄色的拉索，无论在白天阳光下，还是夜间投光照射下，都熠熠生辉、充满活力，象征着光明与希望，在宽阔的海域上非常鲜明夺目，“阳光桥”也因此得名。

5. 配色中注意安全色在桥梁上的应用

利用色彩发出危险信号或引起驾驶员注意，有助于交通安全，同样能防止驾驶员疲劳或不干扰其视线的色也是安全色。桥梁必须使行人或车辆安全顺利通过，因而要使人们清楚地看到栏杆、照明灯柱、标识牌和其他结构，用安全色来强调是有效的。

不少桥梁的主塔都采用红与白、红与绿等相间的对比色，明显地起到制空的信号与标志作用。例如日本大合川大桥主塔是红、白相间的对比色。

栏杆色彩一般也宜采用温和亮丽的颜色，具有易识别记忆和防撞的警示作用。同样，对照明灯柱也应注意这一问题。各部分涂装的安全色既要醒目，又要和谐，不能显得繁杂，否则会扰乱驾驶者的视线，造成适得其反的效果。

另外，油漆色彩在阳光直射和车灯照射下所引起的眩目现象，对驾驶员的驾驶是不利的，因此栏杆、灯柱等色彩明度等不可过于强烈，而极端的明暗对比或单一色调都容易使视觉疲劳。这也是造成交通事故的隐患。

加拿大的斯凯桥在 A 型主塔顶部采用了大面积红色，成为景观重点，也突出了信号作用。

此外，在桥的梁底或桥墩内侧宜选用明亮而反射率高的色彩，对保障通行中人与车（船）的安全也有好处。

6. 配色要考虑架桥地域的风土人情以及气候等对色彩的影响

桥梁色彩的配色自然要考虑当地的风土人情及人民的喜好，如汉族喜欢喜庆的红、黄、褐等暖色；过去日本的很多桥都涂装成红色，近年来又钟爱灰色；又如墨西哥的桥用黄色为多，因为这是该国运输部作为象征的一种官方色；加拿大人喜爱黑色；寒冷的地方宜用暖色，而炎热的南方宜用冷色等。以上都是在配色时应予以考虑的因素。

我国香港特别行政区新建的青马大桥，为了使大桥更加美丽壮观，使行车更加畅通无阻、四季平安，按照传统的风俗，将大桥由海面至桥顶分别涂装成蓝、绿、红、黄、金五层颜色表示水生木、木生火、火生土、土生金的吉祥意愿。其中红色成为主色调，整座大桥缘梁镀成一条 30cm 宽的荧光红色，在蓝天碧海之间分外醒目。青马大桥已成为香港的新标志、旅游的新热点。

8

用事实说话
——经典案例 20 则

8.1　喀斯特地貌水库大坝特大涌水堵漏加固技术

赵文涛
（中科信达建工集团砼泰无漏特种工程有限公司）

1. 喀斯特地貌成因与发育过程

1）喀斯特地貌成因

喀斯特地貌（图 8-1、图 8-2）是指具有溶蚀力的水对可溶性岩石（大多为石灰岩）进行溶蚀作用所形成的地表和地下形态的总称。除溶蚀作用以外，还包括流水的冲蚀、潜蚀，以及塌陷等机械侵蚀过程。

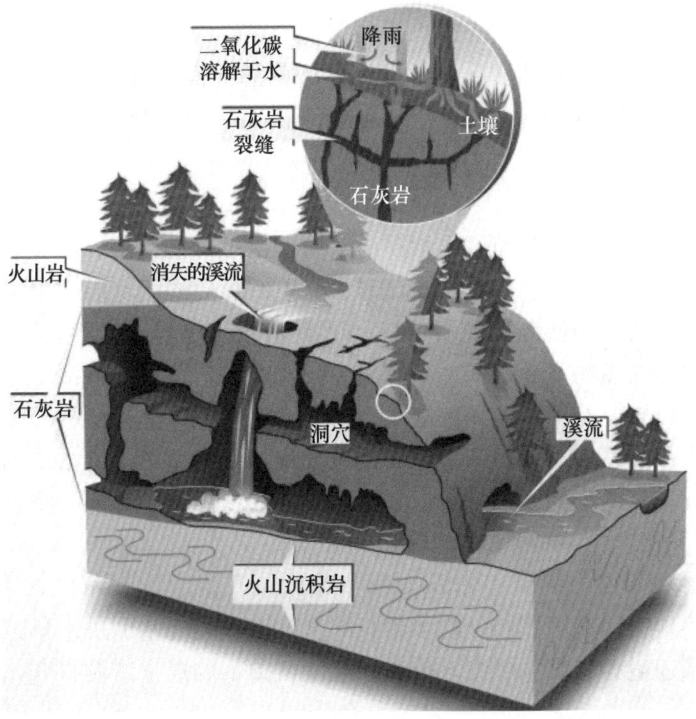

图 8-1　喀斯特地貌（一）

图 8-2　喀斯特地貌（二）

喀斯特地貌因近代喀斯特研究发育于该地而得名。当水中含二氧化碳时，水对石灰岩的溶解能力很强，二氧化碳与水化合形成碳酸，后者电解析出氢离子，与石灰岩中的碳酸根离子作用形成离子状态的溶解物质钙离子和碳酸氢根离子，并随水流失。水的溶蚀能力、岩石化学性质及透水性对喀斯特过程起着决定性作用。

2）喀斯特地貌发育过程

喀斯特地貌发育与地下水位关系密切，而后者又随当地河面或海平面的变化而变化，因此河面或海平面就是喀斯特地貌的侵蚀基面，从某种意义上说，可溶性岩石的底板则是地下喀斯特的基面。如地壳上升后长期稳定，石灰岩致密、层厚且产状平缓，将首先发育石芽、溶沟、漏斗和落水洞，继而形成独立洞穴系统，地下水位高低不一。随后独立溶洞逐渐合并为统一系统，地下水位亦趋于一致。地下水位之上出现干溶洞、地下水位附近发育地下河，地面成为缺水的蜂窝状。然后，地面蚀低，浅溶洞与地下河因崩塌而露出地表，地下河陆续转变为地面河，破碎的地面出现溶蚀洼地与峰林。最后，喀斯特盆地不断蚀低、扩大，地面广布蚀余堆积物，形态接近准平原，但仍然残存孤峰。

2. 工程简介

某工程坝址处在碳酸盐分布区，地层中除第三层中的铁铝泥岩属非岩溶地层外，其余岩层均为可溶岩。当电站水坝坝顶断流时，在下游坝后的岩缝洞隙中常见承压股水或喷泉出现，整个坝线大多如此，说明坝基上下游间存在岩溶通道。大坝经过多年运行，坝基渗漏通道中的充填物不断被掏空，坝肩、坝基存在较严重的渗漏问题：在右岸连拱坝下游靠近厂房位置，有两个较大的漏水点，漏水流量最大达 $1m^3/s$ 左右；左岸连拱坝下游有多个漏水点，其中靠近纵向重力坝位置的地方漏水量达 $6m^3/s$ 左右，其余坝脚位置沿轴线方向分散多个小漏水点；靠近右岸连拱坝的横向重力坝段下游也局部分散多个小漏水点。

3. 加固技术简介和技术流程分析

喀斯特岩溶地貌堵漏因其特殊性如果只堵迎水面，使迎水面进水量减少，出水量增多，会导致渗漏通道处于真空状态，使其他淤泥沉淀下的通道溶洞打开，将造成新的渗漏进水口。

我公司采用的方法是首先水下通过声呐勘探，定位进水口和淤泥沉积覆盖的进水口。先对覆盖的进水口灌浆加固，然后对进水口安装囊袋（直径 2～10m，长 10～20m），通过虹吸原理，将囊袋吸入注浆，袋子膨胀堵塞渗漏通道，从而达到堵漏目的。

当上游堵塞进水口的时候，下游出水口也同时安装囊袋注浆，当上下游都填塞满的时候，还会有裂缝漏水，这时从坝顶用管涌测漏仪定位，然后钻孔灌注热沥青封堵漏水裂缝。

加固堵漏技术流程如图 8-3 所示。

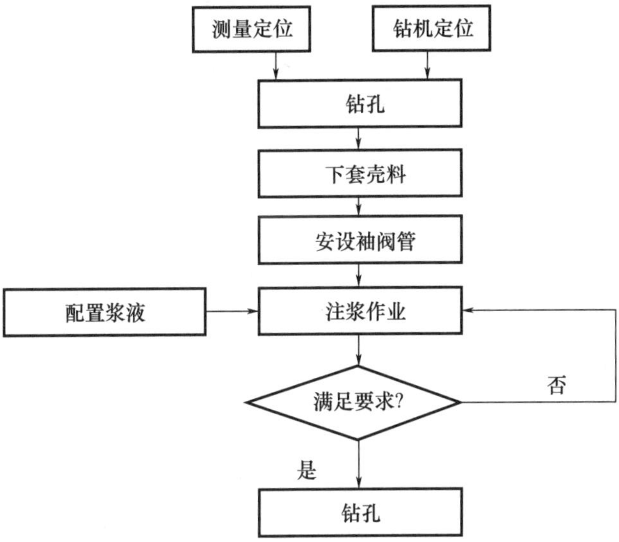

图 8-3　加固堵漏技术流程

1）1 号漏水点治理流程

（1）1 号漏水点的堵漏过程

首先潜水进行水下勘探，在上游位置找到进水口，然后用囊袋填充砂浆进行对目标位置封堵。当下游漏水减小后，在出水口安装囊袋填充混凝土，等凝固后钻孔灌注水泥、水玻璃。浆液配制、打孔及安装囊袋如图 8-4 所示。

(a) 浆液配制　　(b) 打孔　　(c) 囊袋安装与填充

图 8-4　浆液配制、打孔及安装囊袋

（2）1 号漏水点治理前后对比

对比示意如图 8-5 所示。

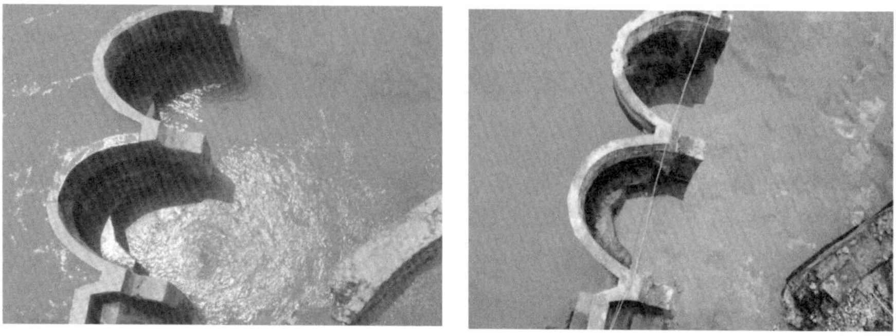

(a) 治理前 (灌浆前)　　(b) 治理后 (灌浆后)

图 8-5　1 号漏点治理前后对比示意图

2）3 号漏水点治理前后对比（图 8-6）

(a) 治理前 (灌浆前)　　(b) 治理后 (灌浆后)

图 8-6　3 号漏点治理前后对比图

3）4 号漏水点治理前后对比（图 8-7）

(a) 治理前 (灌浆前)　　(b) 治理后 (灌浆后)

图 8-7　4 号漏点治理前后对比图

4. 经典业绩及企业服务内容

中科信达建工集团砼泰无漏特种工程有限公司主要从事公路铁路隧道涵洞堵漏、补强、加固的综合整治施工；隧道桥梁涵洞混凝土裂缝针孔法高压灌注环氧类浆液补强加固、碳纤维加固、粘钢板加固、混凝土表面防腐、隧道二衬顶部脱空回填灌浆、基坑围护灌浆、帷幕灌浆、基础固结灌浆加固、混凝土路面快速修补、混凝土蜂窝麻面修补和装修等病害和缺陷工程治理修复。

（1）水利工程：上利电站位于左江支流黑水河中段，总库容量942万m^3。大坝属土石坝结构，工作水头23m。漏水位置之前有轻微漏水，持续时间有5年之久。2019年7月20日突然出现涌浑水（当时正值洪水期间）并且杂碎石泥块，情况十分紧急。从接到任务方案定制到进场施工，仅用了14h，为后面抢险争取到了宝贵时间。

（2）公（铁）路隧道工程：青海大力加山隧道属于青海高海拔、高寒、富水隧道，全长双洞11km，海拔超3100m，冬季最低气温－40℃。普通注浆无法满足抗冻胀要求。针对现场情况特选用韩国永不固化橡胶沥青注浆。这种材料在60℃时不流淌，－50℃时不收缩、不开裂，能修复破损防水板。

（3）民建工程：地下商场、地下室墙漏，采用先进的化学灌浆技术堵漏、加固，确保“滴水不漏”，利用静态全包水环境下堵漏技术，并对剪力墙、梁柱板阴角都做加强防水堵漏设计施工。筏板边墙采用微创修复及再造防水层。

8.2 恒大长沙御景半岛·翰林苑1号地块地下室底板渗漏治理创新工法

邓泽高

（湖南禹匠精修建筑科技有限责任公司）

1. 工程概况

工程位于长沙市郊芙蓉北路与捞刀河路交会处的西南角。地下室两层，因地下水位较高，且地层透水性较好，地下水涌入，带水浇筑混凝土，离析严重，致使底板混凝土无法达到设计强度；加之未设抗浮锚杆，底板不但渗水严重，而且局部抬升破裂。后视工况，在底板上二次浇筑了迭层混凝土，但仍然存在点渗、线漏、面渗现象。底板展开面积约0.8万m^2，其中有超过2500m^2渗漏比较严重，喷水涌水有7处，中等漏水点有27处，轻度漏水点较多无法统计，导致地下室积水10～30cm深。业主认为必须采取竞标有效治理措施，我公司中标后针对该项目特殊情况编制专项施工方案，采取新材料、新工艺，提升工程质量，优质、高效地确保工程正常运营。

2. 地下室底板渗漏状况与渗漏原因

1）渗漏状况

点渗、线漏、面渗四处可见，有些部位不断涌水，有些地方喷水达3～5m。如图8-8、图8-9所示。

图 8-8　负二层地面积水

图 8-9　底板涌水（喷水）

2）渗漏原因

基础地质水文条件较差。自地面向下依次为：

（1）杂填土：结构松散，厚度为 1.60～5.50m。

（2）淤泥：流塑状态，厚度为 1.50～3.70m。

（3）黏土：厚度为 1.20～7.50m。

（4）淤泥质黏土：软塑状态，厚度为 1.00～4.10m。

（5）细砂：石英质粉细砂为主，厚度为 0.50～3.10m。

（6）中砂：局部夹小量圆砾，厚度为 0.80～4.50m。

（7）砾砂：主要为石英与硅质碎岩，厚度为 0.60～5.60m。

（8）粉质黏土：含基岩碎石，系板岩风化残留物，厚约 0.50m。

（9）强风化泥质板岩：板状构造，节理裂隙发育，岩体破碎，厚度为 0.50～3.90m。

（10）中风化泥质板岩：板状构造，节理裂隙发育，岩体较破碎，厚度为 5.00～11.00m。

因上述地质构造，基础水量丰富，地下水位变幅为 4～8m，使其上结构底板常处于地下水的侵蚀。

3）混凝土结构底板存在的缺陷

（1）该工程在泥水中浇筑垫层与底板，难免夹杂泥水污染，增加了结构底板透过水分子的概率。

（2）原未做抗浮锚杆，造成底板局部抬升破裂，增加了底板裂缝破损。

（3）一次浇筑底板后，仍然渗水，未做堵漏处理又二次加筑一层钢筋混凝土形成叠层底板。二次混凝土也是在泥水中浇筑，加之间隔时间长，界面缝隙可能窜水横流，并通过面层底板的薄弱处侵入底板面层。

（4）新建工程五年内客观存在徐变，尤以二三年内频繁。徐变引起结构相关部位局部开裂。

3. 治理方案

一般湿渍、微渗局部扩大清理干净，涂刮环氧防水涂料修缮；中等渗水部位剔槽扩洞修缮；严重渗水、涌水、喷水者全方位注浆、封堵、加固、增强综合治理。

1）将排水沟清理干净，并放坡 0.5%～1%，使地面积水排流顺畅地进入集水井（坑），再通过限位自控抽水泵使地面水排入室外市政排水系统。

2）排水后全面清理底板，剔除浮浆、浮渣与浮泥，用压力水冲洗干净，让缺陷“原形毕露”。

3）注浆封堵明水（流水、涌水、喷水）：采用 ϕ42mm 的注浆孔，深至水源位置，使用水泥-水玻璃双液注浆，局部位置使用 40％钠质膨润土＋55％的 P·O42.5 普通硅酸盐水泥＋5％CPM 弹性橡胶复合浆液。固结体有一定强度，收缩少，黏附力强，耐动车冲击，能长久封堵明水，解决了底板 80％左右的渗漏问题。

为解决细微裂缝渗漏，在上述基础上，再布孔（孔距 300～500mm，孔深至 100mm 左右）灌注环氧树脂堵漏液，形成粘结力强、密实耐磨、不透水分子的防水屏障。

4）部分柱根与墙根渗水处理

（1）柱根堵漏：沿柱根周边剔 U 形槽，宽 20～25mm，深 80mm，处理干净后，先涂刷速凝堵漏王（内掺 1/3CCCW）止水，硬固后嵌填湿面可粘结的 CPM 弹性橡胶沥青密封膏 20mm 厚，再抹压聚合物韧性防水砂浆与表面平齐，再对四周 150mm 平面与柱根立面涂刷环氧防水涂料，如图 8-10 所示。

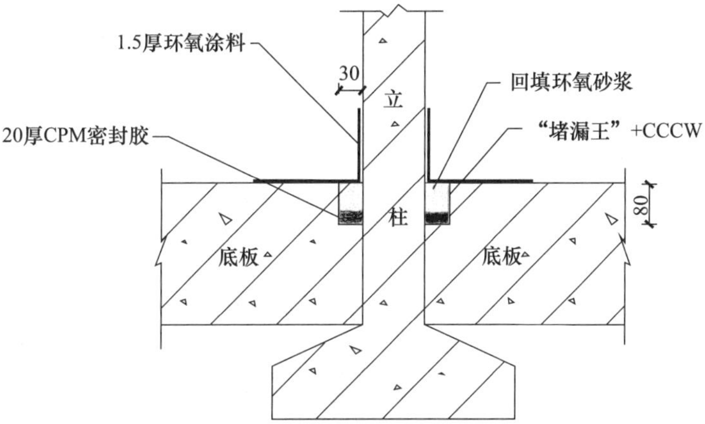

图 8-10　柱根渗水封堵示意图（单位：mm）

（2）侧墙与底板平立面转折处渗漏治理

① 清理干净后，对立墙与底板连接处钻斜孔 ϕ8mm，孔距 300～500mm，安装铝质直通管，低压（0.2～0.3MPa）慢注“锢水环保止漏胶”；②若仍有渗漏，1h 后复注一次；③无任何渗水迹象后，将外露铝管切除，并用聚合物防水砂浆填充铝管内部空腔；④对平立面连接处用环氧防水涂料与聚酯无纺布做一布四涂涂膜防水加强层。处理示意图如图 8-11 所示。

5）后浇带渗漏修缮做法

整个后浇带严重渗水，甚至涌水、喷水，则先剔除底板后浇带混凝土，满带垂直钻 ϕ8mm 孔，深 100mm 左右，孔距 300～500mm，并安装直通铝管注浆嘴，低压慢灌水泥-水玻璃堵漏浆料，1h 复灌 1～2 次环氧树脂注浆液，基本不渗后全面刮涂两遍 CCCW 渗透结晶型浆料，再抹压聚合物防水砂浆与原表面齐平。砂浆干硬能行走时，周边扩大 100mm，满面涂刷 1.5mm 厚环氧树脂防水涂料。修缮示意图如图 8-12 所示。

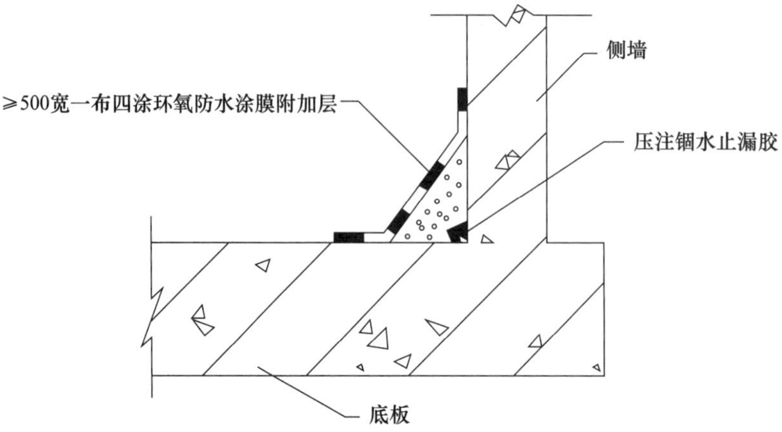

图 8-11　平立面连接处渗漏处理示意图（单位：mm）

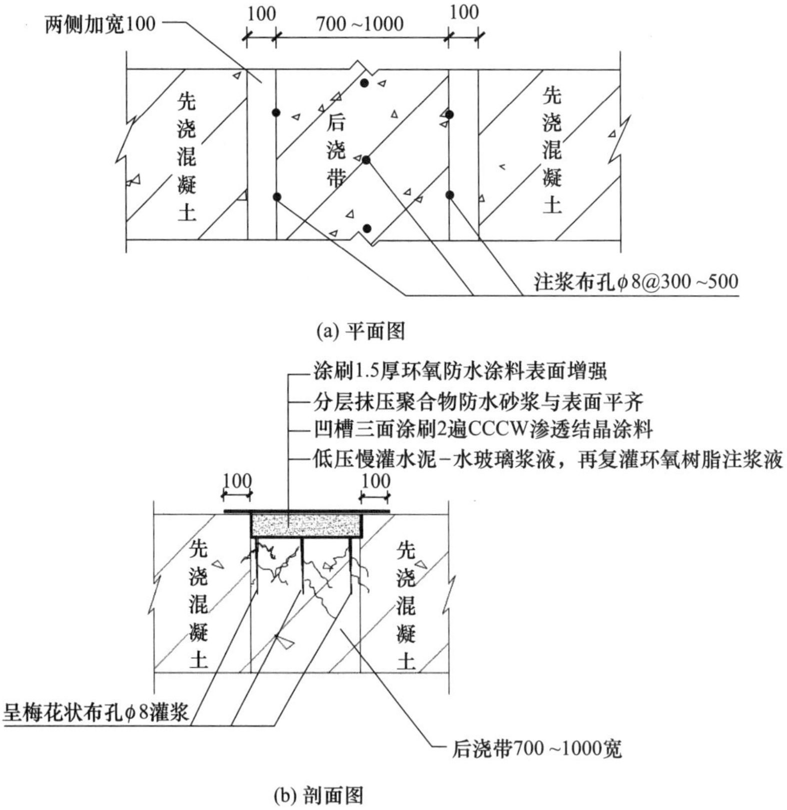

图 8-12　严重渗漏后浇带修缮示意图（单位：mm）

6）电梯井渗漏修缮做法

（1）既成电梯井只宜在井坑内部三面维修，井外迎水面维修十分困难，且工程造价昂贵；

（2）井内三面剔除浮浆浮渣，并清理干净，让缺陷暴露出来；

（3）用速凝“堵漏王”止水，喷水处打木楔或钢钎止住明水；

（4）三面喷涂 3 遍 M1500/DPS 渗透胶液；

(5) 满面抹压环氧聚合物防水砂浆，三遍成活，每遍厚不大于6mm，前后遍抹压方向应垂直；

(6) 表面涂刷环氧防水涂料一布三涂增强面层。

7) 出入斜道渗漏修缮方法

(1) 修整挡水坎；

(2) 疏通或新做斜道两侧排水沟，30～50mm宽，40～50mm深；

(3) 斜道下端做好截水槽，并与附近集水井（坑）连通；

(4) 斜道板渗漏，视工况用环氧砂浆与环氧涂料修补。

8) 做好分格缝（又叫分厢缝、分仓缝）

大中型地下室必须设置分格缝，间距一般以柱距（图8-13）为基准，缝宽40mm，缝深至面层100mm界面。缝内下部填充陶粒或砾石，缝上口20～30mm粉抹混合砂浆（图8-14），也可以缝底安装ϕ40mmUPVC有孔（ϕ8@150mm）圆管（外包150g/m^{2}聚酯无纺布防堵塞），再填充陶粒或砾石，缝上口20～30mm粉抹混合砂浆（图8-15）。

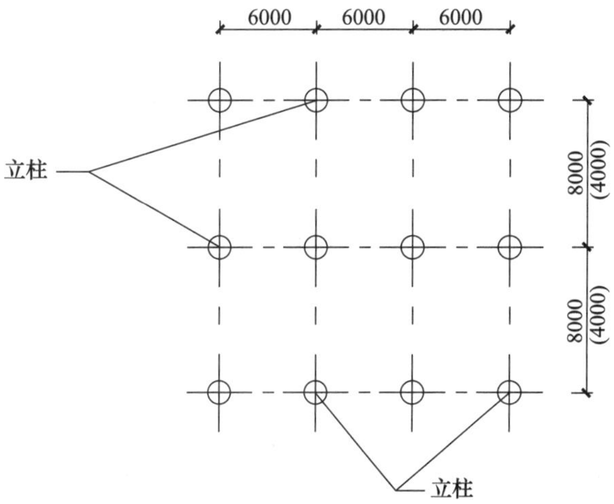

图8-13 分格缝平面布置图（单位：mm）

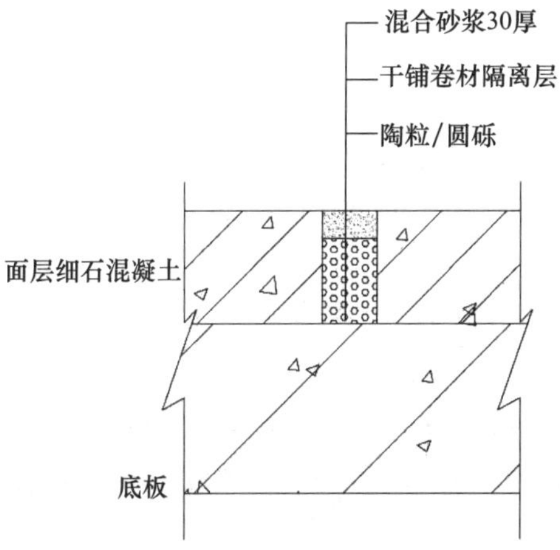

图8-14 缝内下部填充示意图（单位：mm）

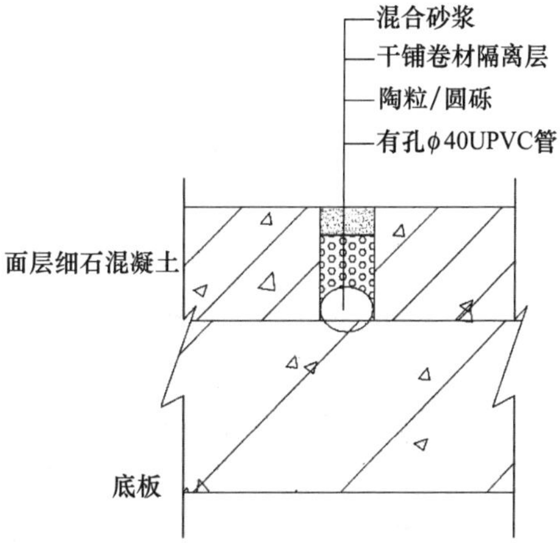

图8-15 缝底先安装圆管再填充示意图（单位：mm）

分格缝作用甚多，一是排放界面缝与面层隐水，二是释放混凝土变形压力，规避日后开裂破损。

4. 本工程选用的主要防水材料简介

根据工程需要选取节能环保绿色产品用于工程。本工程所用主要材料如下：

1）速凝“堵漏王”：由水泥、多种助剂配制而成的无机材料，现场加适量清洁水拌和成胶浆。施工后 3min 左右凝结成固体，常用于快速堵漏止水。产品执行《无机防水堵漏材料》(GB 23440—2009)，无毒无污染，不伤害人体。

2）聚合物防水砂浆：由水泥、中砂及多种助剂配制而成的具有抗裂韧性的防水砂浆。可独立作为防水层，也可用于渗漏修补材料。聚合物防水砂浆分为乳液型防水砂浆与干粉型防水砂浆，乳液一般采用丙烯酸乳液、氯丁胶乳液、EVA 乳液、环氧树脂乳液，干粉一般采用可再分散 EVA 胶粉。产品执行《聚合物水泥防水砂浆》(JC/T 984—2011）标准。

3）CCCW 材料：由水泥、石英粉、活性化合物及助剂配制而成的具有渗透功能的无机材料（粉剂)。现场加水拌成胶浆刷涂刮涂，也可掺入混凝土浆料中做防水混凝土。活性化合物起催化作用，遇水发生扩散、充盈，形成网络固结体堵塞孔洞裂隙，提高抗渗功能，这种作用反复进行，形成长久防水屏障。产品执行《水泥基渗透结晶型防水材料》(GB 18445—2012)。

4）聚氨酯注浆堵漏液：以多异氰酸酯与聚醚反应生成聚氨基甲酸酯预聚体，再与多种化学助剂反应生成凝胶体。可分为水溶性（LW)、油溶性（HW）两个品种，有单组分型与双组分型之别。LW 遇水立即发泡，迅速止水，生成的凝胶体柔韧、强度低，无水干燥收缩，故止水迅速，且长期防水容易失效。HW 遇水较快发泡，形成强度较大的固结体，收缩小、粘结力强，是长期抗渗的优良注浆料。产品执行《聚氨酯灌浆材料》(JC/T 2041—2010)①。

5）环氧树脂治漏材料：由环氧树脂与固化剂、助剂制成的有机防水治漏材料。其渗透性强，能堵塞极细微孔洞与裂纹；粘结力强，粘结强度大于一般无机材料 3～5 倍，甚至更强。

(1）注浆堵漏剂：双组分，注入基体扩散性好，形成立体网络固结体，起抗渗加固作用。

(2）防水涂料：与基体粘结特别牢固，是一种韧性涂膜材料。

(3）改性环氧注浆液：有些用聚氨酯改性环氧提升固结体的柔性，有些去糠醛，提升环保性能。

(4）环氧砂浆：用环氧树脂、水泥与黄砂等配制成的聚合物防水砂浆，既防渗又加固。

6）锢水止漏胶：是一种改性聚脲注浆液，可灌性好，能形成韧性体，不但粘结力强，而且可延伸 400%左右，是一种优异的补缝防水材料。产品执行《锢水环保止漏胶》(QHNWCS01—2019)。

---

① 此标准适用于本节介绍的项目。JC/T 2041—2010 已被 JC/T 2041—2020 替代。

7）PMA 水性胶：是丙烯酸-丁腈共聚的高分子化合物，分子量在 150 万以上，具有低浓高黏的特性，可灌性好，遇水增稠胶凝阻挡水分子通过。它与基体中无机 Ca^{2+}、Mg^{2+} 等产生絮凝沉降作用，充填堵塞水泥制品中的微孔小洞及细微裂缝，生成网状阻水屏障。在防水行业，PMA 可配成界面剂、防水胶泥、防水砂浆、水中不分散的混凝土与砂浆。

8）CPM 弹性密封膏：由多种橡胶与乳化沥青配制而成的单组分水性膏状物，与潮湿基面粘结良好，固化干硬后形成立体网状弹性体。可用于地上地下工程节点密封与分格缝嵌填，无毒副作用。

5. 底板渗漏修缮注浆工艺

底板渗漏修缮部位较多，工艺工法繁杂，修补材料各有特性，但注浆堵漏是本工程的关键手段。下面简单介绍底板渗漏修缮注浆施工工艺与技术要求。

1）注浆工艺流程

定孔→下管→注浆→封孔→移孔。

2）注浆前的准备工作

（1）试泵。为保证注浆泵正常运转，必须进行试泵。试验方法是先将球阀门调到回浆位置，开泵后，待泵吸水正常时将球阀回浆口慢慢调小，泵的压力徐徐上升；当泵的压力达到预定注浆压力并持续 3min 不出故障时，即可认为泵的性能正常。

（2）下注浆器。试泵同时，根据选定的注浆方式，确定止浆塞位置，下注浆器。

（3）压水检验。先开 1 台泵压水，测定孔道裂隙的张开度。当压水过程中，泵压较大时，应考虑进行洗孔，洗孔时间根据泵压的变化进行确定。

3）确定注浆参数

（1）浆液凝胶时间。根据压浆试验，如进浆量很大，泵的压力长时间不升高，浆液凝胶时间可选用 1～2min；如进水量中等，泵的压力稳定上升，浆液凝胶时间可选用 3～4min；如进水量很小，泵的压力升高较快，浆液凝胶时间可选用 5～6min。深孔的凝胶时间可通过掺加速凝剂实现。

（2）确定进浆量。当进浆量大于 60L/min 时，泵的压力长时间不升高，则为大进浆量；当进浆量在 30～60L/min 时，泵的压力稳定上升，则为正常进浆量；进浆量小于 20L/min 时，泵的压力升高较快，则为小进浆量。

（3）确定注浆压力。抗浮锚杆注浆压力控制在 0.3～0.5MPa，底板下部封底注浆压力控制在 0.6～0.75MPa。

4）注浆结束标准

注浆结束标准根据注浆压力和注浆量来控制，以定压注浆为主。注浆压力逐步升高，达到设计终压并继续注浆 3mim 左右，可结束本孔注浆。

注浆结束时，先打开泄浆管阀门，再关闭进浆管阀门并用清水将注浆管冲洗干净后方可停机。

5）注浆效果的检查

注浆效果检查可采用如下几种方法与标准：

（1）注浆压力逐步升高至设计终压，并持续注浆 3min 以上；

（2）注浆结束时的进浆量小于 20L/min。

6）施工操作注意事项

（1）注浆孔位要准确，定位偏差应小于 2cm，孔底偏差不大于孔深的 1%～2%。

（2）拌浆时严禁纸屑及杂物混入浆液，拌好的浆液要经过过滤。

（3）注浆过程中，要时刻注意泵口及孔口压力情况，注意周围跑浆、鼓泡等现象，发现问题，及时处理；要经常测定混合器浆液的凝胶时间，防止由于泵及管路故障，造成浆液比例改变。注浆过程中，如发现孔口及工作面漏浆，要采取封堵、缩短胶凝时间及间歇注浆的措施进行处理。

（4）做好钻孔、注浆记录，为分析注浆效果提供依据。

（5）特殊情况处理：

灌浆过程中，有时会遇到冒浆、串浆等一些特殊情况，对这些情况的处理往往须采用一些特殊的方法。

① 冒浆：对孔口冒浆可打设木楔，封堵套管外壁与孔壁之间间隙。对孔口以外部分的冒浆，可采用限流、限压及嵌缝的方法处理，如该法处理无效，则应停灌待凝 0.5h 再行复灌。

② 在小裂隙处漏浆，先用水泥浸泡过的麻丝填塞裂隙，并调整浆液配比，缩短凝胶时间，若仍跑浆，在漏浆处钻浅孔注浆固结。

③ 当进浆量很大，压力长时间不升高时，调整浆液浓度及配合比，缩短凝胶时间，进行小泵量、低压力注浆，以使浆液在裂隙中有相对停留时间，以便凝胶；有时也可以进行间歇式注浆，但停留时间不能超过浆液凝胶时间。

（6）注浆工作因故中断，按下述原则处理：

① 及早恢复注浆，否则立即冲洗钻孔，而后恢复注浆。若无法冲洗或冲洗无效，则进行扫孔，而后恢复注浆。

② 恢复注浆后，如注入率与中断前相比减小很多，且较短时间停止吸浆，则应采取补救措施。

③ 对吸浆量大、注浆难以结束处，采取低压、浓浆、限流、限量、间歇注浆或掺加速凝剂等方式处理。

④ 注浆过程中，注浆压力或注入率突然改变较大时，应立即查明原因，采取相应的措施处理。

6. 强化现场管理，安全文明施工，优质、高效地做好工程

1）现场成立项目领导小组，由经理、施工员、技术员、质管员、安全员、各作业班长组成，有序组织现场施工作业。经理是项目第一责任人，施工员是整个现场施工的组织者，技术员是实施设计意图与处理难点重点技术的参谋，质管员与安全员分别掌控质量与安全文明施工。形成各负其责、相互协调的战斗团队。

2）根据工程量与工期要求，编制材料、机具、劳力计划，要求材料、机具提前1～2d 进场。杜绝停工待料现象。

3）合理安排劳力，根据现场实况灵活调动工人，确保工期，确保质量，确保安全文明施工。

4）材料进场，提供合格证与说明书，并见证随机抽样送国家授权单位复检，不合格产品严禁用于工程。

5）施工过程中严格执行“自检—互检—专检”相结合的“三检”制度，并做好原始记录。隐蔽工程、复杂关键部位应拍照或录像存入档案。压力注浆，应用水准仪动态监测，一旦出现抬高现象，立即停机分析原因。

6）安全文明生产

（1）进入现场人员，必须穿工作服、戴安全帽、穿平底防滑鞋，危险作业应佩戴安全带上岗。

（2）地下工程施工，地下空间必须通风透气，光照明亮、适度。

（3）脚手架搭设牢固，升降灵活。

（4）材料仓库与现场材料必须分类挂牌、堆放有序。

（5）材料仓库与现场必须配备适量消防器材，如砂包、灭火器等。

（6）危险作业，安全员必须旁站监控。

（7）高空作业，不允许体弱老人上岗。

（8）注浆时，密切关注压力变化，若发生突变，立即停机分析原因。应注意防止管路堵塞、管道破裂、连接件脱离等异常现象。

（9）高度注意电器线路安全，严防漏电，不允许非专业电工安装电器设施与搭设临时用电装置。

（10）每个台班下班时，必须做到“工完料尽场地清”，建筑垃圾及时运至指定地点堆放。机器不生产时，应清理干净，摆放在指定位置。

7. 结语

由于准备工作充分，施工人员思想统一，在业主的配合与支持下，设计方案合理，工人精心作业，选材适当，达到不渗不漏、安全环保、优质高效，一次性验收合格。业主满意，用户放心，得到多方认可。地下室修缮后的工况如图8-16所示。

图8-16 地下室修缮后的工况

8.3 共筑百年飞鹿 共创优质绿色工程

陈宏喜 艾九红 张 翔

（本书采访组）

1. 二十五年磨剑，剑亮神州与欧亚非美

株洲飞鹿高新材料技术股份有限公司（以下简称“飞鹿公司”或“公司”）是一家集科研、生产、营销、施工服务于一体的现代化防水保温防护企业，于1998年由中国中车株洲车辆厂投资创办，2004年改制为民营企业。在董事长章卫国先生的引领下，

2014 年成长为中国建筑防水行业 20 强企业，中国喷涂防水 10 强企业，2015 年当选为湖南省涂料工业协会会长单位，2017 年在创业板挂牌上市（股票代码为 300665）。

公司拥有 4 家全资子公司、9 家合资公司，拥有核心技术 18 项，参与起草行业相关技术标准 13 项，9 类产品通过 CRCC 认证。公司技术中心拥有专职研发人员 71 人，其中硕士、博士 15 人，高级工程师 7 人，中级工程师 21 人。

公司生产防水防护新材料五大类近百个品种，其中 30 多种具有创新领先水平。产品销往全国各地，并远销欧亚 10 多个国家与地区。创新产品与先进施工技术深受客户青睐。

公司秉持“共筑百年飞鹿　共创美好生活”的核心价值观，持续为客户提供节能减排、绿色环保、优质高效的好产品与施工服务。

2. 产品由“创新”向“智造”发展

飞鹿公司现有防水材料生产基地 4 个，年产防水涂料 6.5 万 t，卷材 6000 万 m^2 以上，防腐地坪涂料 5 万 t，年产能市值超 40 亿元。生产线全程采用自动控制系统，生产设备精良，处于国内同行领先水平。公司生产基地如图 8-17 所示。

图 8-17　长沙望城自动化控制生产基地

飞鹿公司主要产品如下：

（1）聚合物（SBS/APP）改性沥青卷材与自粘改性沥青卷材，宽 1.0～2.0m，厚 3～5mm。

（2）高分子卷材：有 PVC、TPO、CPE 宽幅卷材，强力交叉膜自粘卷材；HDPE、EVA、ECB 塑料防水板；湿铺/预铺高分子卷材。

（3）高分子防水涂料：双组分或单组分聚氨酯涂料；铁路桥面高强聚氨酯涂料；薄涂型耐老化聚氨酯防水漆；丙烯酸高强防水装饰涂料；MMA 甲基丙烯酸甲酯防水防腐耐磨涂料；喷涂聚脲涂料；喷涂速凝橡胶沥青涂料；非固化冷用型橡胶沥青涂料；环氧树脂系列涂料；水泥基渗透结晶型（CCCW）防水涂料；聚合物水泥基涂料等。

（4）密封胶：单组分硅酮密封胶、单组分聚氨酯密封胶等。

（5）地坪产品系列：薄涂型环氧耐磨地坪、环氧自流平地坪、环氧彩砂地坪、混凝土密封固化地坪、超耐磨聚氨酯地坪、非金属或金属耐磨地坪、水泥基自流平地坪、水性环氧地坪、室外防滑地坪、环氧防静电自流平地坪、乙烯基（酯）重防腐地坪、聚氨酯砂浆地坪。

3. 广纳天下英才，铸就飞鹿团队

（1）多年来，飞鹿公司向全社会不拘一格招揽有学识有专长的管理干部、技术人才与责任心强的工匠，抱团形成了敬业、创新的职工团队。经过相关培训与践行，铸就了上千人的求真务实的飞鹿队伍。

（2）与中国铁道科学研究院、铁四院、铁一院、铁二院、成都勘察设计研究院、首钢设计院、广州市设计院、华北电力设计院、江西省建筑科学研究院、同济大学、湖南大学、中国科学院等多所国内外高校达成“产学研”合作，聘请4位教授级高工为公司顾问，参与公司研发与技术指导，助推公司技术进步。

（3）与中铁五局、中国铁建房地产、方兴地产、美的集团、碧桂园、绿地集团等大企业协作，汲取其技术精华与管理经验，提升公司的业务能力与管理水平。

（4）情报先行，科创开路。派人参加行业有关技术交流会、展销会，及时将国内外先进技术、新颖产品、智能机具“拿回来”，经公司科研人员消化吸收升华为企业新成果。

（5）与时俱进，成立“建筑修缮服务中心”，通过此平台，把材料与施工融合为一体，实现优质高效治理渗漏。

4. 锦屏地下实验室的防渗防护是行业奇迹

锦屏地下实验室位于我国某地地下2400m，实验室空间30万m^3左右，是国家物理问题研究的平台。

（1）该项目招标的业务量的金额为4亿多元，飞鹿公司以合理设计方案与适宜的工程造价4.48亿元中标，是继2021年中标华润置地4.13亿元防水材料供应项目后又一亮眼成绩单，也是公司的优质材料与雄厚技术实力的显现。

（2）锦屏地下实验室岩石覆盖深度最大达2400m，宇宙线通量（辐射）最小[60个/（$m^2\cdot m^2$）]，实验室空间最大30万m^3。因此降低本底辐射是关键。

实验室空间洞壁水压力很大，地下水丰富，涌水、滴水极为普遍。实验室常年温度15℃左右，湿度大于90%。一般防水材料难以适用。

（3）公司2018年成立专项课题组，对地下室实验空间的抗渗防护设计构造、选材与施工进行探索性研究，经过科技人员三年多的努力，并经过多次现场试验，已取得良好进展。

（4）该地下实验室防渗防护方案建议：①防排结合，智控抽水排水；②岩壁灌注无机材料封堵孔洞、裂隙；③细部节点抹压掺有渗透性活性物的防水混凝土或聚合物防水砂浆；④大面立壁采用适当厚度的自防水混凝土喷锚结构；⑤表面多次分层喷抹结合的抗渗防腐高强砂浆找平压光；⑥地面根据使用功能需要，做防渗、防滑、防护地坪。该地下实验室防水堵漏与防护正在施工之中，如图8-18所示。

5. 产品应用于全国与欧亚拉美

飞鹿产品与防水防护技术不但落根国内30多个省（区、市），而且花开欧亚拉美10多个国家和地区。

图 8-18　地下空间施工影像

6. 重大重要防水工程及施工案例（图 8-19）

(a) 山口岩大坝防渗处理　(b) 伦潭大坝防渗处理　(c) 安谷水利防渗处理

(d) 涽溪口大坝防渗处理　(e) 市政集团综合管廊防水　(f) 环海机场高速防水

图 8-19　防水工程及施工案例

飞鹿公司在党的二十大精神鼓舞下，树雄心、创伟业，踏浪前行，为防水防护行业增光添彩！

8.4　地下室渗漏内排治理研究

曾小娜[1]　王　蕾[2]　张道真[1]

（1. 深圳大学建筑设计研究院有限公司，深圳，518060；

2. 深圳大学建筑与城市规划学院，深圳 518060）

某工程地下室，负三层，平均长×宽约 167m×108m。施工后，底板及其后浇带防水失败，反复注浆止漏无效，决定加设内排水层。原内排方案由平面及构造层组成。

1. 原设计底板内排水平面图设计要点

邻外墙周边设浅沟，主要利用周边集水井排水。

2. 原设计边沟构造方案，主要由找坡、疏水、细石混凝土面层组成（图 8-20）

要点：基层处理、混凝土找坡、盲管敷设、疏水板铺设、细石混凝土浇筑。

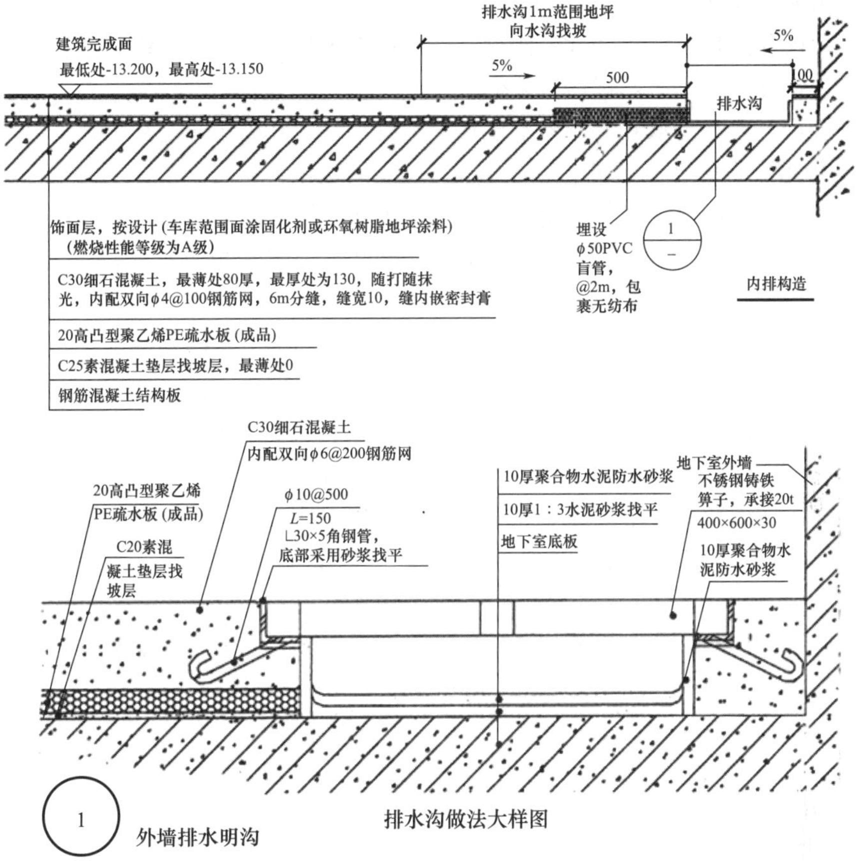

图 8-20　原设计边沟构造方案（单位：mm）

（1）基层处理：将表面垃圾杂屑清除干净。如有渗漏裂缝，应按设计要求修复止漏。

（2）混凝土找坡：从板面中心向周边排水沟找坡。

（3）盲管敷设：在找坡层邻排水沟边缘处埋设 PVCϕ50mm 穿孔盲管，@2m，管外包裹一层无纺布。

（4）疏水板铺设：在处理好的找坡层上铺设高 20mm、厚 1.0mm 的 PE 凹凸疏水板，凸点朝下。相邻疏水板边缘采用搭接相连，搭接点不小于 2 个。

（5）细石混凝土浇筑：C30 细石混凝土浇筑前采用砂浆“打点”，控制浇筑高度，间距 1800mm。施工缝处采用木枋侧模，二次浇筑前，须凿毛处理。

3. 专家对原设计的评审要点

（1）混凝土底板施工质量应专门组织专家鉴定，在其达到验收标准的前提下，由专业公司对所有渗漏部位进行封堵治理。建议先做永久性引排处理，以减小后续封堵的难度。

（2）优化平面排水设计。利用中间集水井，缩小排水坡长，实现面、线、点的系统排水。

（3）疏水板应为单凸。板高建议加高至25mm，壁厚不小于2.0mm。对缝拼接，可采用同质条片，1.0mm厚，热熔焊。也可直接用单面丁基胶带粘接。

（4）建议取消封边设置盲管之构造。理由：内排总厚度小，边缘封边、盲管、设浅沟、加箅盖，复杂而薄弱，踩踏易裂损。

（5）现场查看，集水井上口很不规则，难以修整，其周边构造须另行研究。

4. 对评审要点的补充意见

（1）平面排水设计宜充分利用中间部位集水井，划分区块。每个区块中较为封闭的排水高点部分设计成“围合部”，不设找坡，也可不设疏水板，直接浇筑C30混凝土，ϕ4@100mm，厚度与其衔接部分齐平。

（2）平面找坡设计宜再细化。脊沟投影线尽量正确，以正确指导施工。坡度可能不易达到2%，建议找坡层分段设计：井口在300mm范围内，采用2～7mm厚的益胶泥；1.5m范围内，采用7～30mm厚聚合物水泥砂浆；大面积则采用C25混凝土，30～130mm厚；超过80mm厚处，加配ϕ3.8@75mm成品钢网。

（3）面层采用C30混凝土，80～130mm厚，形成二次找坡，下层配筋ϕ4@100mm，上层配成品钢网，ϕ3.8@75mm。可切割半缝，宽5mm，用专用机具在切缝同时自动施胶。

（4）建议边沟宽缩至100mm，紧靠外墙，不设箅盖，取消盲管系统，适当考虑设置离墙暗沟。

上述各条被部分采纳，如图8-21所示。未采纳靠墙边窄沟及离墙暗沟，也未讨论井边构造。

5. 最终优化设计建议

（1）改沟为槽。个别区块，增设靠墙明槽及离墙暗槽，暗槽离墙、排水、可过车。扩大围合部，并加大其堵漏治理投入，确保该部分能长期正常使用。表达坡线投影，方便现场操作。

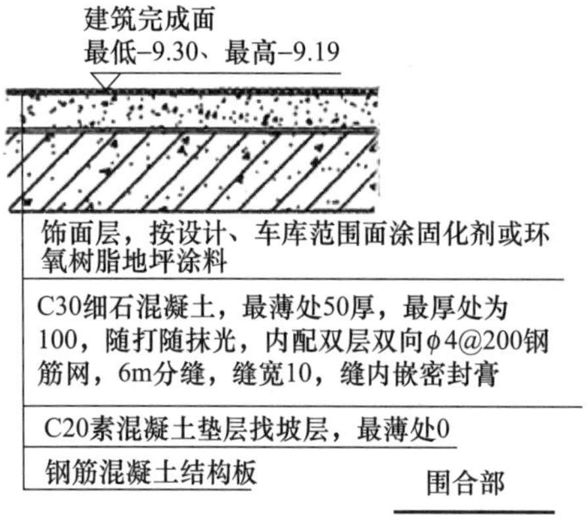

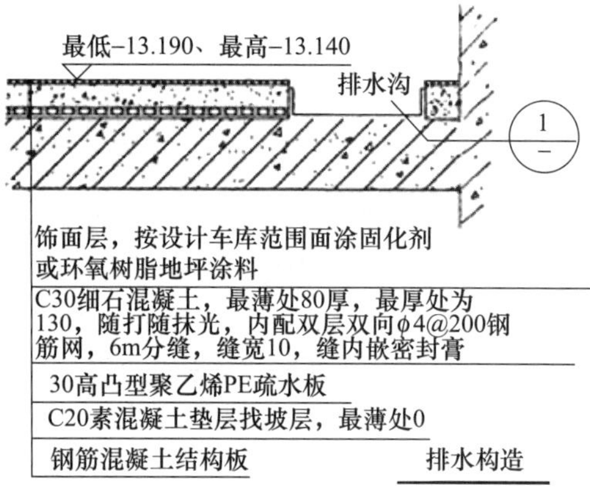

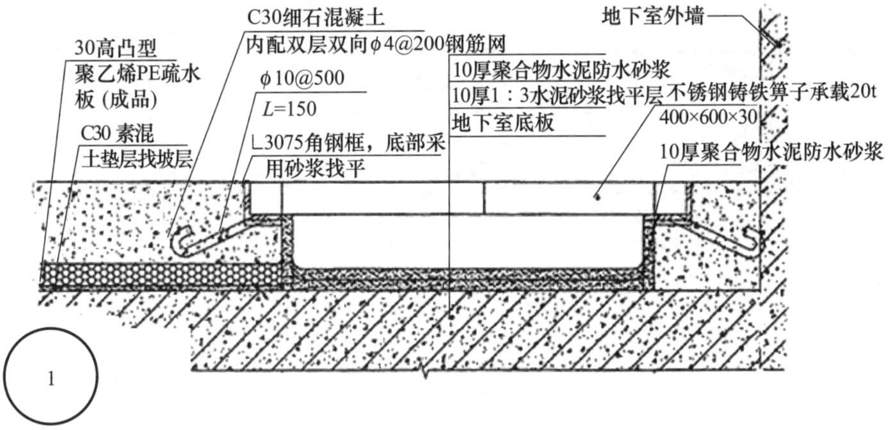

图 8-21　改进设计底板排水平面示意图（单位：mm）

（2）靠墙明沟宜窄化为沟槽。紧临墙，使其承受动载或人员走动的概率降至很低。因其窄，可不设盖板，既免磕碰，又易清扫。其构造如图 8-22 所示。

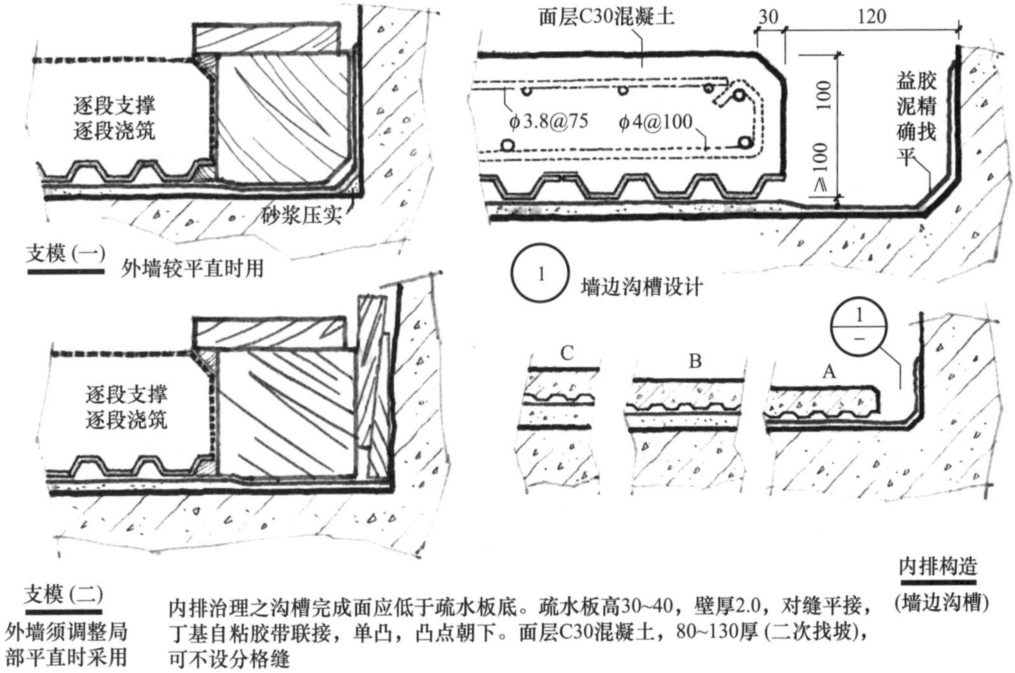

图 8-22　墙边沟槽（单位：mm）

（3）离墙暗槽构造，包括预制安装要点，如图 8-23 所示。

（4）集水井构造。要点：细石混凝土面层在井口周边形成成排开敞式排水孔，因此，不便再设角钢盖座。井盖设计的通病是又大又重，泵管穿盖处也常考虑欠周。

解决办法：井盖拆分成小块，使一二人可轻提移动。去除预埋角钢盖座，又未采取必要措施，易使井口尺寸产生较大误差，加之细石混凝土面层退后井口设置，可能使井盖尺寸进一步失准。为此，井盖邻井口周边，可设计调差扁钢，量身定制。

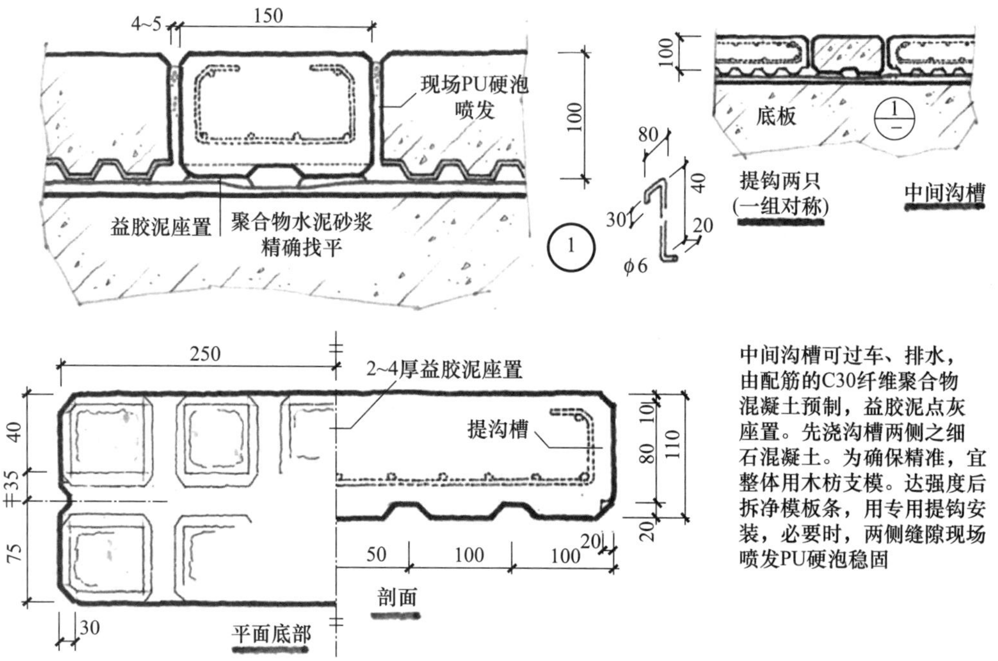

图 8-23　中间沟槽（单位：mm）

拆分后的井盖要解决支点问题。集水井通常设计为 1500mm×1500mm×1500mm，只能在井中央加设固定支架，如图 8-24 所示，该中部支架带有调平装置，同时为四周井盖提供支点。

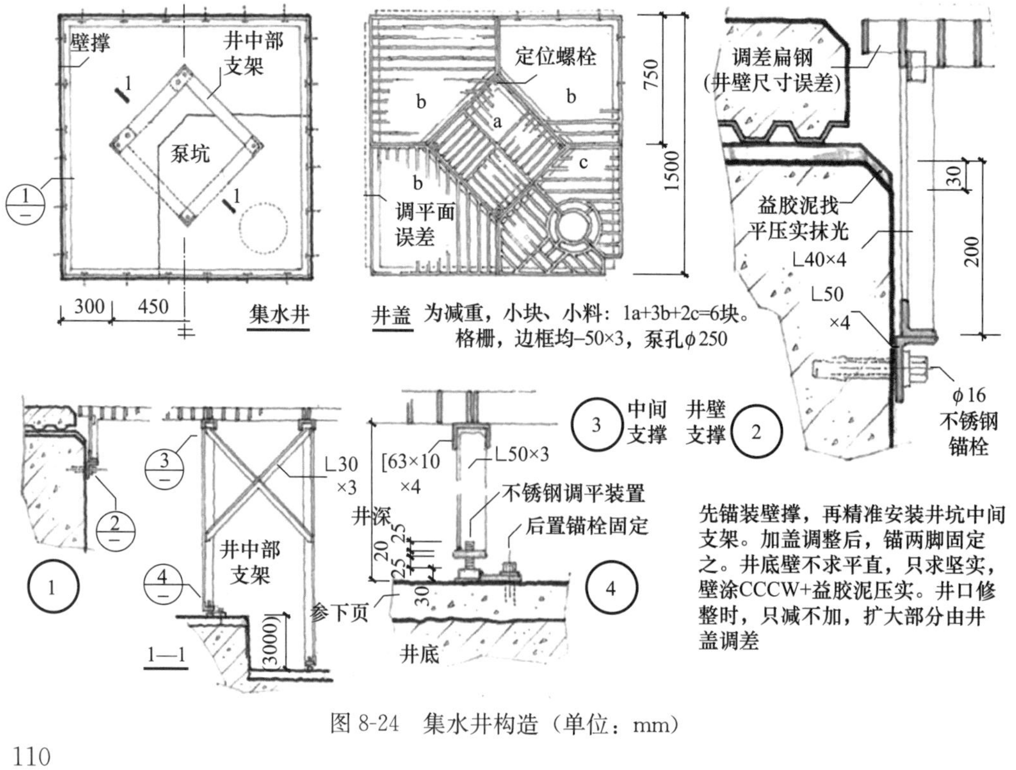

图 8-24　集水井构造（单位：mm）

实际上，集水井平面完全可以设计成窄长形状，方便井盖分解，可彻底解决大尺寸井盖带来的不便，如图8-25所示。该图表达的集水井长度仅为示意，可按需要加长。实际上，若非设备层，集水井容积主要作为消防救助（偶发事故）排水，可适当减小。大型工程，集水井数量多，可分区成组，组间暗管串通，以减少潜水泵设计数量。

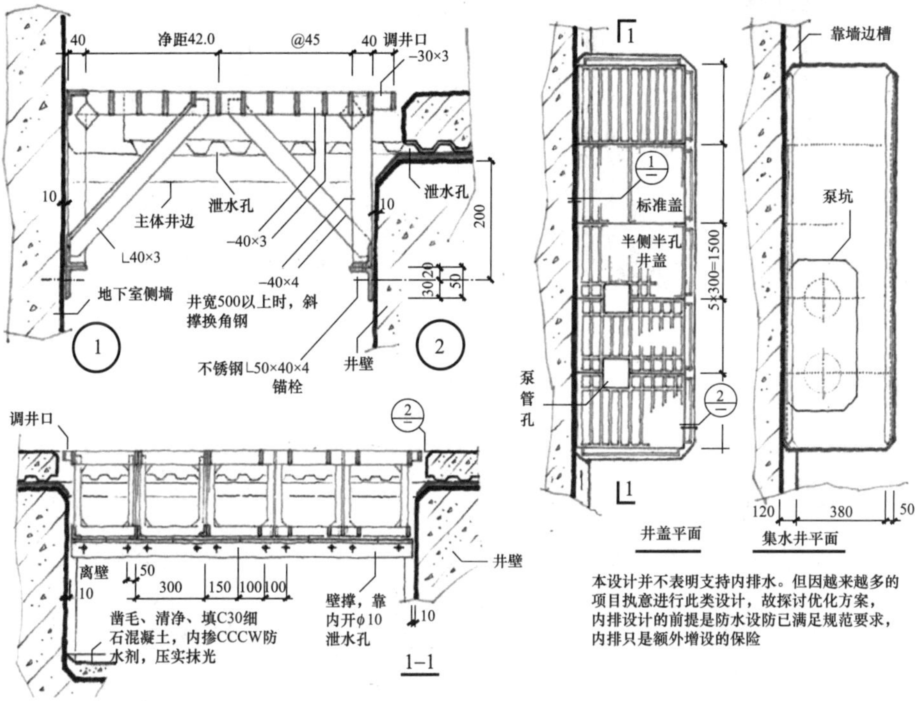

图8-25　新设计内排集水井构造

窄长平面之设计适用所有地下集水井，与内排与否无关。

6. 提醒注意

本文讨论的是渗漏治理。新设计不推荐内排，因内排掩盖渗漏，影响混凝土主体结构寿命。因此上海市建筑标准设计《地下工程中空层排水及渗漏观察构造》（DBJT 08-129-2020 图集号：2020沪S205）——国内唯一的内排图集之中指出，内排设计的前提是“地下工程防水质量达到验收标准后的补充措施”，为此该图集还设计了内排计量装置，用以评估渗水量是否在设计允许范围之内。因此前提及措施都很重要，尤其是前者，建议再版时收入总说明之中，不宜置其于附录中。

8.5　丹麦路面裂缝快速修补料试验报告书

（北京辉腾科创防水技术有限公司）

1. 产品

受中科院高分子物理与化学国家重点实验室委托，因本产品国内无代理销售，故从韩国利用国际快递 EMS 直接进口 50kg，在长白山二道白河镇白山水厂区路面试验施工。实物照片见图 8-26，现场试验照片见图 8-27。

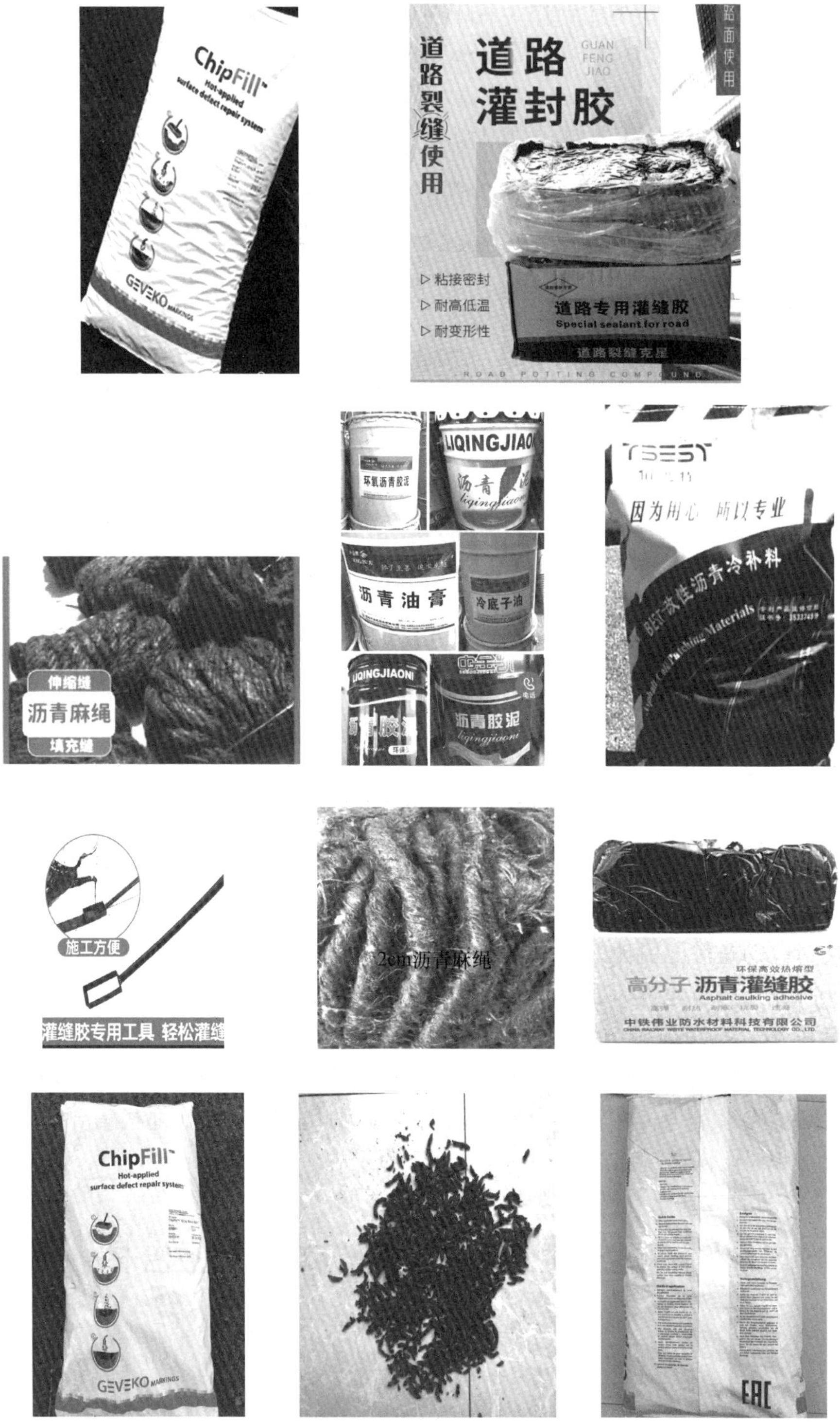

图 8-26　实物照片

图 8-27 现场试验照片

2. 施工工序

清理裂缝垃圾，填塞直径 2cm 沥青麻绳，把丹麦 Chip Fill 产品撒入裂缝后用煤气喷枪火烤 10～30s 即可，然后撒上防粘的石英砂，15～20min 后坚如磐石。对比国内的道路沥青灌缝料直接加热，具有时间短、固化快、硬度高的特点。

3. 试验对比

丹麦 Chip Fill 产品是直径 2mm，长 80～100mm 的颗粒，非常容易灌缝添加，即烤即干，10～15min（抗压强度达到 3～4MPa）可快速、简便施工，非常适合高速公路、省道、乡道沥青路面、飞机场跑道和沥青路面桥梁裂缝快速修补。

产品缺点：目前需要国外进口，时间成本和资金成本较高。有待国产化，为我国公路裂缝的补强加固修缮事业创出新的篇章。

施工单位：北京辉腾科创防水技术有限公司

试验时间：2022 年 10 月 6 日至 8 日

施工地点：吉林二道白河镇农心矿泉水饮料有限公司厂区内

使用方法：

用国外一家公司研发的一款能快速修补道路的神奇材料 Chip Fill 修补道路只需 20min，快速、高效还牢固。Chip Fill 其实是热塑性塑料，使用方法非常简单，气体燃烧器加热后，这些塑料颗粒就能很快融化并填补好受损路面。最后等它快速凝固冷却后，再撒上一层固化材料，整体路面不仅粘得牢固，而且有效地解决了修路造成的交通拥堵，让道路更加畅通。

8.6 地下室筏板渗漏维修工法浅析

唐东生[1] 刘 欢[2] 陈修荣[1]
（1. 衡阳盛唐高科防水工程公司；2. 湖南雨果建筑科技公司）

1. 工程概况

（1）本工程位于湖南省永州市，邻近湘江，地下室底板比湘江水位低 7m 左右，地下室底板面积约 11300m^2，主体竣工阶段即发现地下室负二层底板发生较多渗漏，特别是后浇带浇捣封闭后，正值汛期，渗漏现象呈发展态势，即增多增大。

（2）地下室内外温差较大，地下空间含水率达 90%以上，冷凝现象较为严重，地面普遍积水，局部低洼处积水达 15～25cm。将地面淤泥冲洗后，底板基面显现较多渗漏点或渗水线，有些部位析出白色钙质结晶物。当时现场状况如图 8-28 所示。

图 8-28 现场渗漏与积水照片

（3）经现场多次勘察，后浇带渗漏更为严重，两侧接合部位存在不连续状裂缝，中部也分布大量横向裂缝，渗漏处附着大量白色结晶析出物，大雨或暴雨后多处发现涌水，个别地方喷水达 20～50cm 高，后浇带渗漏状况如图 8-29 所示。

（4）地下室不同区域有多个柱根渗漏，经多次灌注发泡聚氨酯、注浆止水剂和封堵止水治理，均未见明显成效。渗漏的柱根周边有明显裂缝，附着较多白色钙质结晶物。邻近区域有多处渗漏孔洞，大暴雨后出现涌水。现场工况如图 8-30 所示。

（5）地下室筏板中部局部有不规则带状裂缝，并附着点状及块状白色结晶物，存在快渗或慢渗现象，如图 8-31 所示。

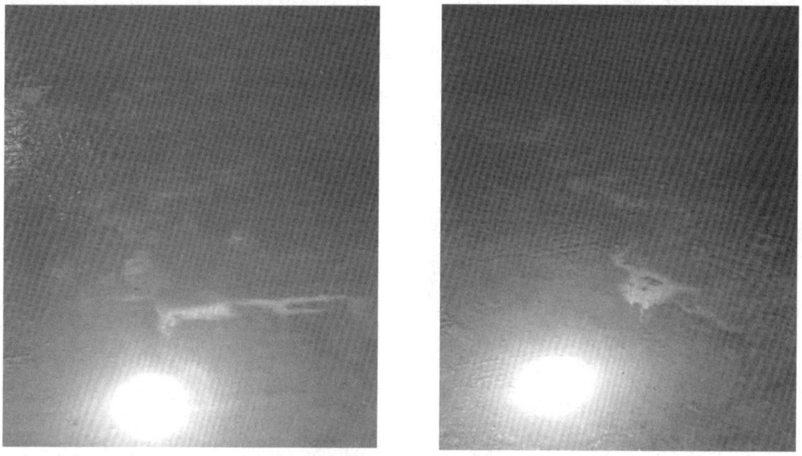

图 8-29 后浇带渗漏照片

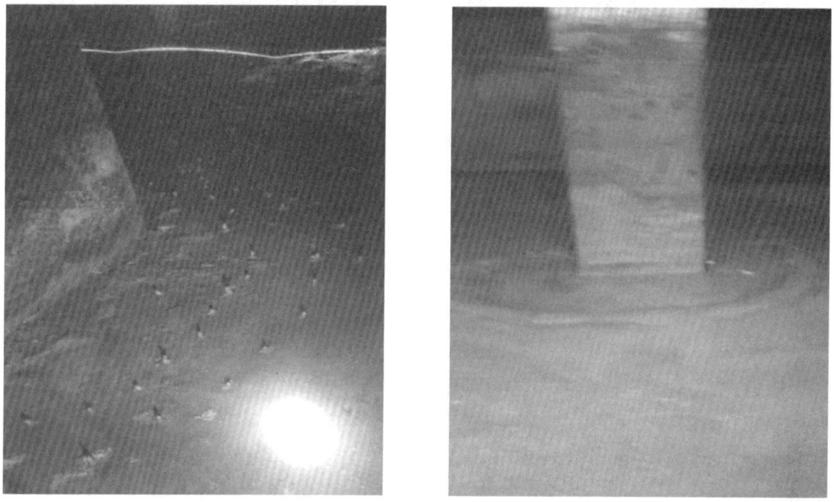

图 8-30 柱根渗漏照片

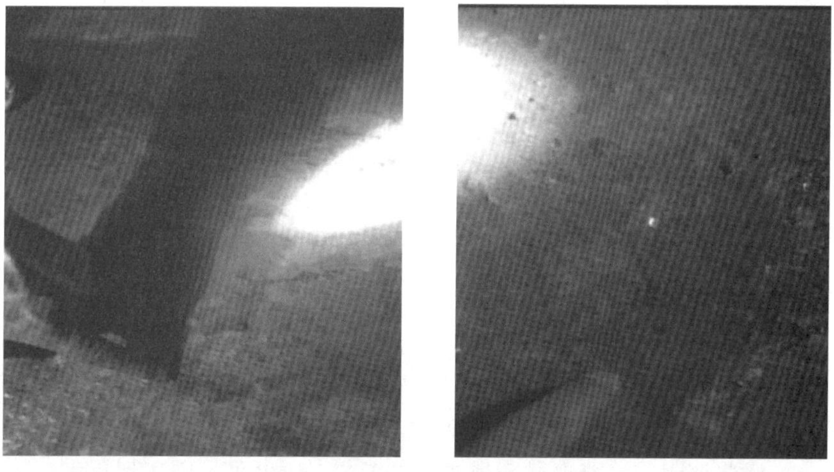

图 8-31 筏板局部裂缝与渗漏照片

（6）集水井、电梯井区域渗漏尤为严重，井内渗漏水长期呈满溢状态，每个集水井长期装有潜水泵日夜不停向外排水，个别集水井甚至装有3个潜水泵进行排水才能勉强满足排水要求，稍有停机水即外溢淹没地下室。经清理井内淤泥杂物，发现大多数集水井存在涌水现象，有2～3个集水井出现突涌现象，结构体存在严重破损。现场工况如图8-32所示。

图8-32　集水坑、电梯井渗漏与破损照片

2. 渗漏成因

（1）地下水位高：工程邻近湘江，地下室常年处于地下水的侵蚀，尤其是大雨或暴雨汛期，地下部位受压力水的严重威胁。

（2）基础不牢实：混凝土垫层下是素土夯实，回填土长期浸泡于水中，基础土层逐步软化，地下水上升侵蚀垫层，导致垫层局部渗漏开裂与破损。

（3）底板混凝土因多种因素影响，结构本体不够密实，局部存在微孔、小洞、裂纹、裂隙，抗渗抗裂功能较差。

（4）后浇带提前浇捣，两侧与先浇混凝土接合部位未完全按规范要求处理，后浇混凝土也不密实，导致后浇带两侧缝与中间部位出现裂隙渗水及局部点渗、面渗。

（5）电梯井外防水卷材局部失效，井内三向均存在微孔、小洞与裂缝，造成井坑渗水。

（6）施工缝内的金属止水板与混凝土黏附力不强，有些生成“绕缝漏”。有些止水板错位，失去挡水功能。

（7）底板抗浮锚杆（锚索）未达理想要求，局部裂隙渗水。

（8）混凝土3～5年内存在徐变，尤以前3年明显。徐变诱发结构变形，当上层结构达到4～5层时，结构变形应力较大，可能造成底板起拱开裂。

（9）前期注浆堵水，可能选材不当或施工工艺工法欠妥，未达到止水、防渗加固的目的。

3. 治理思路与治漏方案

1）迎水面再造截水帷幕：对地下室侧墙（外墙）5m以下与底板1m以下垂直钻孔ϕ22mm，间距1～2m（视工况决定）。孔的深度：侧墙伸至外墙面10cm左右，底板伸至垫层以下10cm左右。安装注浆管，泵压水中不分散剂PMA与水泥砂浆的混合浆料，固结软弱基础，填充基础空腔与间隙，提高基础强度，阻挡地下水对侧墙与底板垫层的侵蚀和威胁，即在侧墙与底板垫层迎水面再造一道挡水屏障。如图8-33、图8-34所示。

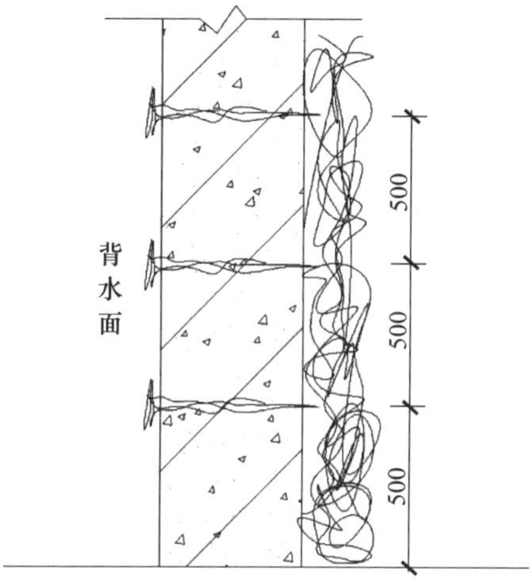

图8-33 侧墙壁后灌注PMA水中不分散砂浆示意图（单位：mm）

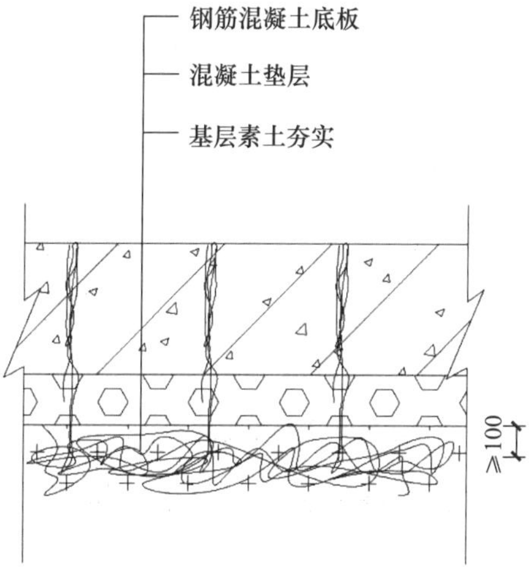

图8-34 底板灌注PMA水中不分散水泥砂浆示意图（单位：mm）

2）对底板垂直钻孔ϕ14mm，间距1m左右，深至垫层迎水面，安装ϕ8mm止水针头（牛头嘴），低压徐灌丙烯酸盐注浆液，对筏板内部与垫层内部进行密实处理。

3）确认无明水后，利用水泥干粉扫浆法或红外成像法精准定位渗漏源，对微孔、小洞、裂缝、裂隙进行灌注环氧注浆液与精细修补。

4）对底板面层与侧墙背水面整体喷涂CPS永凝液两遍，再分层抹压12mm厚

PMA 防渗抗裂砂浆封闭面层。

5）电梯井（坑）渗漏维修方案。

（1）喷水、涌水点钻孔压灌 PMA 水中不分散水泥砂浆进行壁后注浆，在迎水面再造挡水屏障。

（2）微孔、小洞、裂缝渗水，局部扩洞剔槽嵌填环氧防水砂浆修补。

（3）确认无明显渗水后，满面喷涂 3 遍 CPS 永凝液。

（4）满面分层抹压 PMA 聚合物砂浆 20mm 厚。

（5）刮涂 2mm 厚背水涂抗渗层。

6）柱根渗漏修补做法。

（1）无机帷幕注浆控制涌水渗漏。

（2）化学帷幕注浆控制明水渗漏。

（3）精细化学注浆控制微渗。

（4）沿柱根四周剔 V 形凹槽，宽 30mm，深 80mm，采用速凝“堵漏王”（内掺 20%CCCW 干粉）刮压凹槽三面止住明水，硬固后底部嵌填 20mm 厚 CPM 橡胶改性沥青密封膏。再填充韧性聚合物防水砂浆与板面平齐，表面再涂刷 1.5mm 厚环氧防水涂料一布三涂夹贴玻纤布增强，并对柱面上翻 25cm，如图 8-35 所示。

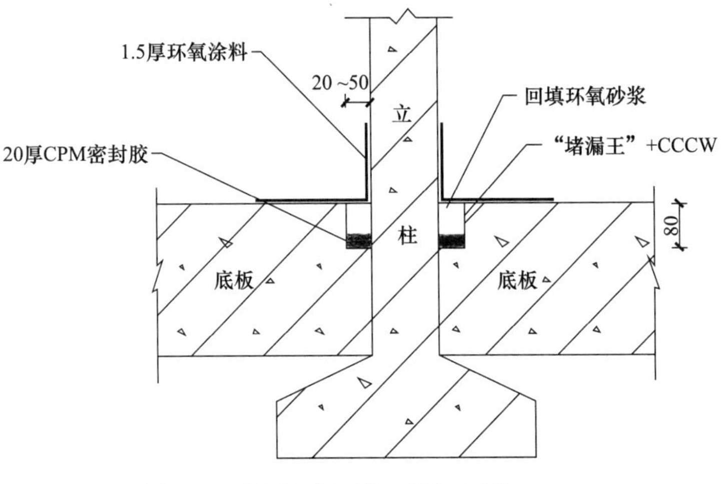

图 8-35　柱根渗水封堵示意图（单位：mm）

7）后浇带渗漏修缮做法。

（1）无机帷幕注浆控制涌水渗漏。

（2）化学帷幕注浆控制明水渗漏。

（3）精细化学注浆控制微渗。

（4）整个后浇带严重渗水，甚至涌水、喷水，则先剔除底板砂浆找平层，满带垂直钻 ϕ8mm 孔，深 100mm 左右，孔距 300～500mm，并安装直通铝管注浆嘴，低压慢灌水泥-水玻璃堵漏浆料，1h 后复灌 1～2 次环氧树脂注浆液，基本不渗后全面刮涂两遍 CCCW 渗透结晶型浆料，再抹压聚合物防水砂浆与原表面齐平，砂浆干硬能行走时，周边扩大 100mm，满面涂刷 1.5mm 厚环氧树脂防水涂料，如图 8-36 所示。

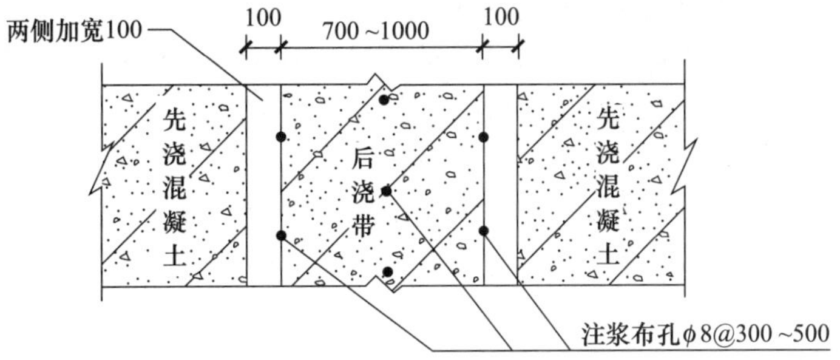

(a) 平面图

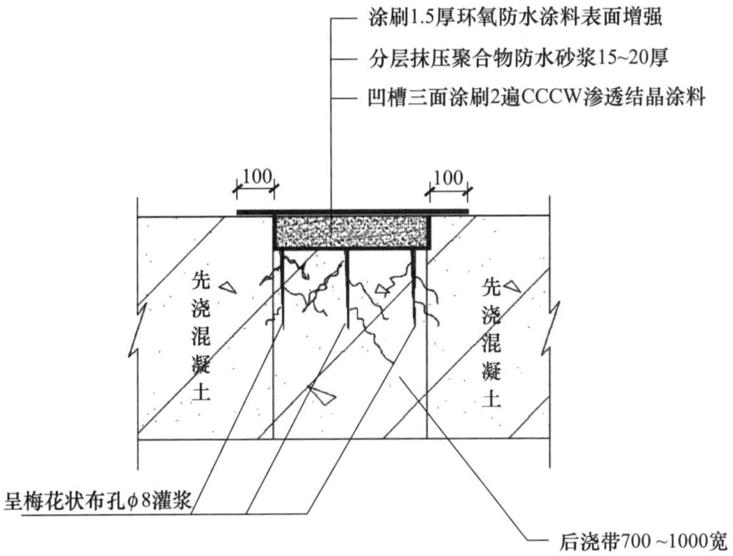

(b) 剖面图

图 8-36 严重渗漏后浇带修缮示意图（单位：mm）

8）做好疏水导排工作

（1）清理原有分格缝，用 1∶2.5 水泥砂浆将缝槽修补规整，确保放坡 0.5%～1%；

（2）分格缝间距以 4m 左右为宜，若分格缝密度太稀，应适量补加；

（3）缝内干铺陶粒或砾石；

（4）缝的上口 30mm 粉抹混合砂浆。分格缝起导水与释放变形应力的双重作用。

综上所述，渗漏严重的地下空间治理应设计合理，选材恰当，匠心施工。做到“防排截堵”相结合，因地制宜，刚柔相济，经济合理，进行综合治理。达到结构内部密实、面层坚实，耐水、耐磨、耐腐，争取与主体结构同寿命。

该地下室渗漏修缮，采用现今新材料、新工艺、新工法，10 多个省（区、市）的专业职工参与施工实践，汇聚各地精华，并将创新技术在全国多地开花结果。

4. 本工程采用的主要防水材料简介

本工程采用的主要防水材料包括 PMA 胶液、环氧树脂防水材料、聚脲注浆液、无机渗透结晶型防水材料、速凝堵漏王、聚合物防水砂浆。下面主要介绍前四者，速凝“堵漏王”、聚合物防水砂浆详见本书 8.2 节的相关内容。

（1）PMA胶液：是丙烯酸-丁腈共聚水胶体，是完全水解的聚丙烯酰胺（PAM）水胶体与丙烯酸类物质共聚而成的水性胶液。它遇水增稠，阻挡水分通过，并与结构体中Ca^{2+}、Mg^{2+}产生絮凝沉降物，以此充填结构中的微孔、小洞裂纹、裂隙。大量的活泼酰胺基逐步形成线状旋曲长链，生成三维网络体，充填堵塞水分子迁移，形成枝蔓状防水屏障。这种作用反复进行，使混凝土或水泥砂浆在有水环境中不分散、不离析。

PMA胶液掺适量水泥可直接做缝隙界面剂，也可做防水腻子。PMA掺入混凝土或水泥砂浆中，可形成韧性防水层。这类材料对环境无污染，对人体无毒害，而且施工方便，价格合理，受人青睐。

（2）环氧树脂防水材料：由环氧树脂、固化剂与助剂配制而成。它的显著特点是粘结强度大，渗透性好，耐水耐腐蚀，耐磨耐扰动。目前已衍生出环氧胶泥、环氧砂浆、环氧涂料、环氧胶黏剂、环氧注浆液、地坪环氧固结剂等。它已广泛应用于水利水电部门的渠道、堤坝抗渗加固，也大量用于建设行业地下空间的防渗堵漏。

该类材料原有缺陷：一是硬脆，二是只能在干燥基面施工。30多年来，经过中科院广州化灌研究所、长江科学院、华东水电院、南京科泰建筑灌浆科技公司等单位科技人员的深化研究，改善了环氧树脂防水材料脆性并提升了韧性，能在潮湿基面施工，扩大了应用范围，已成为防渗防护加固的可靠、可信的重要材料。

（3）聚脲注浆液：聚脲涂料传入我国后，首先用专用无气喷涂机施工，北京森聚科公司后来开发了手刷型聚脲涂料，并成功地用于防渗防腐工程；东方雨虹公司继京津高铁后承揽了京沪高铁全线的聚脲喷涂；其后广东隽隆公司开发了单液型聚脲注浆堵漏材料，高固含量，不收缩，并具高强延展性，有效提高变形缝的抗渗堵漏性能。

（4）无机渗透结晶型防水材料：二十世纪八十年代，浙江大学引进了美国桦青公司M1500水泥密实剂，并研发了HM1500；其后我国又引进了美国“膨内涨”和加拿大凯伦渗透结晶型（CCCW）粉剂材料；后来引进美国永凝公司的永凝液（DPS）。我国在消化国外技术的基础上，有50多家企业开发生产渗透型液剂或粉剂两类产品，而且成功解决许多地下建（构）筑物与地上池坑工程的渗漏难题。

5. 地下室底板渗漏维修施工技术

1）注浆前准备工作

（1）强化排水降水，并进行全面初步清理。

（2）安装隔离围挡和警示标牌，防范车辆或行人干扰。

（3）钻孔探查底板结构下的积水状况和脱空状况，依此数据设计注浆方案，并绘制施工详图。

（4）机具准备：380V/4000W活塞注浆泵2台、380V/3000W华式注浆泵2台（备机）、台式水钻2台、手提式水钻6台、手提电动注浆机6台、手提角磨机4台、电镐10把、搅拌器4台、制浆桶8个、膨胀式止浆塞50根、ϕ32mm钻头200根、ϕ50mm钻头100根、水钻加长杆20根、料桶50只、拖把扫帚及其他易损件若干。主要施工机械如图8-37、图8-38所示。

图 8-37 主要施工机械（一）

图 8-38 主要施工机械（二）

（5）材料准备：水下抗分散注浆料添加剂4500kg，P·O42.5普通硅酸盐水泥50t（暂定），“堵漏王”1000kg，高渗透环氧树脂注浆液1000kg，丙烯酸盐注浆液9000kg，聚脲注浆液1000kg，无机渗透结晶注浆料1000kg，渗透结晶母料3000kg，背水涂1000kg。

（6）人员准备：两个班组共22人。

2）后浇带、承台部位注浆操作技术要点

（1）对照底板结构施工图，避开后浇带钢板止水带，离后浇带外侧100～150mm宽，对后浇带两侧布孔，间距500～1000mm，钻ϕ32mm注浆孔至结构迎水面，并延伸500mm左右，如图8-39、图8-40所示。

图 8-39 后浇带、承台部位注浆操作（一）

图 8-40 后浇带、承台部位注浆操作（二）

（2）用木槌将高强 PVR 注浆管挤入注浆孔不小于 60mm 深，并挤紧装牢，打开节流阀泄水排气，尽量排出筏板下空腔层内的积水，并释放部分浮力，为后续注浆提供顺畅的进浆和防范爆板创造先机，如图 8-41、图 8-42 所示。

图 8-41　排除积水（一）

图 8-42　排除积水（二）

（3）配制浆料：水泥胶料中掺入 5%PMA 水下不分散剂，水灰比 0.3～0.35，充分搅拌均匀，静置 10min 后搅拌一次方可使用，如图 8-43、图 8-44 所示。

图 8-43　配制浆料（一）

图 8-44　配制浆料（二）

（4）按照制定的注浆方案编号，逐孔灌注制备好的浆料，控制注浆压力0.2MPa低压徐灌。

（5）打开进浆孔相邻的2～3个注浆管节流阀引水排气，连续压浆直至相邻的注浆孔有浆料溢出，立即关闭节流阀，并恒压顶浆3min左右，关闭节流阀，随即移至下一个注浆孔注浆，以此循环操作。

（6）遇到压力骤升而进浆量变小，可能注浆通道暂时堵塞，可适当提升注浆压力，利用浆液的劈裂效应，将注浆通道顶通，以便注浆顺利进行。

（7）如注浆量异常超出设计的注浆量，即可判定为窜浆现象，应采用间歇法或跳仓法进行注浆操作，以确保底板下的浆料充盈饱满。

（8）如出现吃浆较快，而相邻引浆孔长时间未冒浆的情况，可在注浆孔1m左右重新开孔引浆泄压，利用引浆技术，将浆料导入需注浆封闭区域，如图8-45、图8-46所示。

图8-45　引浆（一）

图8-46　引浆（二）

（9）注浆完成后，间隔2h采用电动注浆机灌注丙烯酸盐注浆液，在迎水面再造一道防水层。注浆时宜低压徐灌、逐孔复灌，确保布浆饱满，形成连续封闭屏障。

（10）每次注浆收工前，及时将地面的残浆清除，再用清水将地面冲洗干净，并将灌浆机械设施清擦干净。

3）集水井、电梯井等池坑渗漏修缮施工技术

（1）针对池坑一般的点渗、线漏，适当凿槽扩洞，干净后，先嵌填速凝“堵漏王”（内掺20%CCCW粉剂）压实止水，再填充聚合物韧性防水砂浆，与表面平齐。

（2）流水、涌水、喷水处，视实况钻孔，先注水溶性聚氨酯止水，再灌注PMA水泥浆，使结构体内部密实，并在迎水面的岩土中再造一层截水帷幕。

（3）池坑内部三面，用背负式农药喷雾器来回喷射2～3遍CPS永凝液或M1500水泥密封剂。

（4）在上述基础上，池坑内部三面再分层抹压 12mm 厚聚合物防水砂浆。

4）背水面化学注浆（逆作法）施工操作技术

（1）距裂缝 20～30mm 宽，斜角 30°，缝两端各外延不小于 500mm 长，向裂缝中部钻 ϕ12mm 注浆孔，深至结构板厚 2/3。

（2）埋设止水针头并拧紧锁口，个别松动针头用速凝胶泥固定。

（3）采用专用单液电动化学注浆机压灌清洁水，清洗缝内灰尘等杂物，劈通注浆与湿润通道。

（4）采用顶浆法低压徐灌高弹聚脲（Ⅰ型）止水胶，缝口溢胶后，间隔 2～4h 复灌一次，确保缝内浆液饱满密实。

（5）注浆过程中，发现有窜浆或跑浆现象，应立即停机，采用间隙注浆法进行施作。

（6）原已注浆部位复漏严重的区域，宜钻孔至迎水面，采用点阵法布孔，先灌注无机抗收缩水泥注浆料进行填充注浆，间隔 2～3h 后，灌注高渗透环氧注浆料，在迎水面再造防水层，以此构成长效耐水的防水体系。

（7）确认注浆部位无渗漏后，撤除止水针头，用高强止水胶泥封堵止水孔。

（8）隐性裂缝修补要点：

① 采用点阵式布孔，沿裂缝骑缝钻孔至迎水面；

② 灌注清洁水，劈通注浆通道，冲洗和湿润注浆区域；

③ 压灌无机抗收缩水泥注浆料，进行压密填充灌浆；

④ 2～3h 后，压灌丙烯酸盐堵漏胶，在迎水面再造防水层；

⑤ 确认止水胶凝胶后，撤除止水针头，用高强止水胶泥封堵止水孔。

5）结构严重损毁部位修复技术

对结构严重损毁部位，采用高渗透环氧及密钉法从结构密实处布孔，往损毁中部逐圈缩小进行精细化学注浆加固，利用高渗透环氧树脂的加固性能，对损毁构造进行补强，间隔 24h 进行多次复灌，视渗漏量及进浆量适度调整固化时间，确保注浆料构造内饱满充盈，如图 8-47～图 8-50 所示。

图 8-47　结构严重损毁部位修复（一）

图 8-48　结构严重损毁部位修复（二）

图 8-49 结构严重损毁部位修复（三）

图 8-50 结构严重损毁部位修复（四）

确认无明水渗漏后，在构造损毁破拆部位装模浇筑高强抗收缩细石混凝土，修复严重损毁的构造。养护到期后拆模，适度打磨修复平整，如图 8-51、图 8-52 所示。

图 8-51 养护到期后处理（一）

图 8-52 养护到期后处理（二）

彻底浸润基面，刮涂 2mm 厚渗透结晶防水涂层，涂层表干后刮抹 20mm 厚 PMA 聚合物防水砂浆，最后涂布 2mm 厚背水涂料覆盖于井壁，提升井壁抗渗防护功能，如图 8-53、图 8-54 所示。

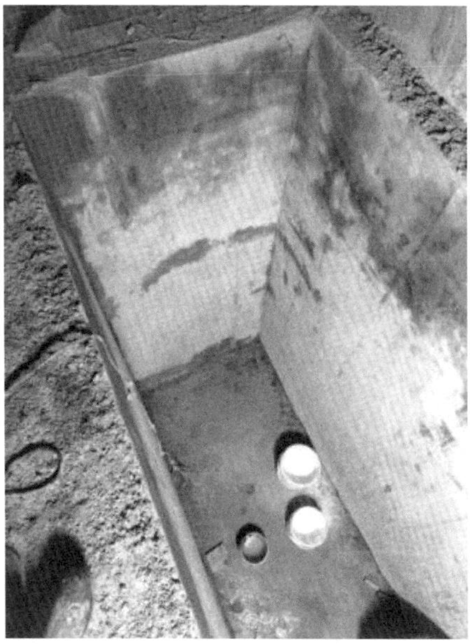

图 8-53 提升井壁抗渗防护（一）

图 8-54 提升井壁抗渗防护（二）

8.7 水电站地下厂房大体积混凝土的缺陷修复和效果检测措施

陈森森 李 康 孙宇航 孙晨让 顾生丰 王 军
（南京康泰建筑灌浆科技有限公司）

1. 前言

杨房沟水电站位于四川省凉山彝族自治州木里县境内（部分工程区域位于甘孜州九龙县境内）的雅砻江中游河段雅砻江镇上游约 6km 处，是雅砻江中游河段一库七级开发的第六级，上距孟底沟水电站 37km，下距卡拉水电站 33km。

2. 主体工程概况

地下厂房的引水发电厂房系统主要由输水工程、发电（地下）工程、升压变电工程等组成，主要建（构）筑物有电站进水口、压力管道、尾水连接管、尾水出口、主副厂房、主变室、尾水调压室、尾水洞检修闸门室、母线洞、出线洞等。

该工程渗漏水表现形式呈现出以不规则裂缝为主的不同种类缺陷，其中较为严重的部位为输水系统结构裂缝及厂房系统结构裂缝，勘察统计现场裂缝总长度超过 8000m，严重影响水电站部分结构和设备的正常安全运行，如图 8-55、图 8-56 所示。

3. 大体积混凝土结构裂缝排查、检测及治理措施

1）大体积混凝土裂缝类别等缺陷排查检测措施

处理大体积混凝土裂缝前须先对裂缝进行检测并且进行分类，确定裂缝宽度及深度，通常检测裂缝的方式大致分为 3 类：采用裂缝宽度比对用的菲林卡、混凝土缺陷检

测仪及抽芯钻孔。裂缝宽度检测通常采用裂缝宽度比对菲林卡进行目视检测识别，但一般结构内部裂缝较大，外部裂缝较小，菲林卡只能识别结构表面缝宽，无法识别内部裂缝结构（图 8-57）。对裂缝深度检测，混凝土缺陷检测仪通常应用于对结构厚度较小的小体积混凝土进行缝深检测，缝内有碎渣影响检测效果（图 8-58、图 8-59）；抽芯钻孔通常又对主体结构破坏性较大且无法探测斜向裂缝走向（图 8-60、图 8-61），附大体积混凝土结构裂缝示意图（图 8-62）。

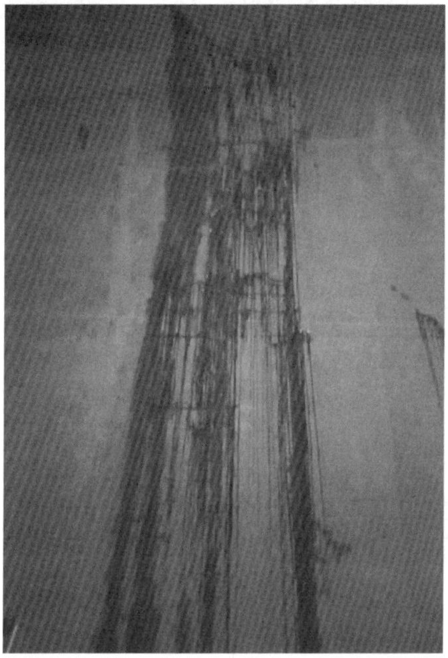

图 8-55　结构裂缝（一）

图 8-56　结构裂缝（二）

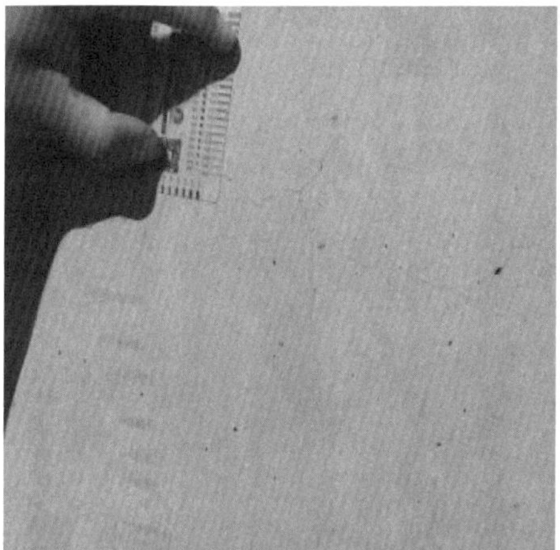

图 8-57　菲林卡检测裂缝

图 8-58　裂缝深度检测

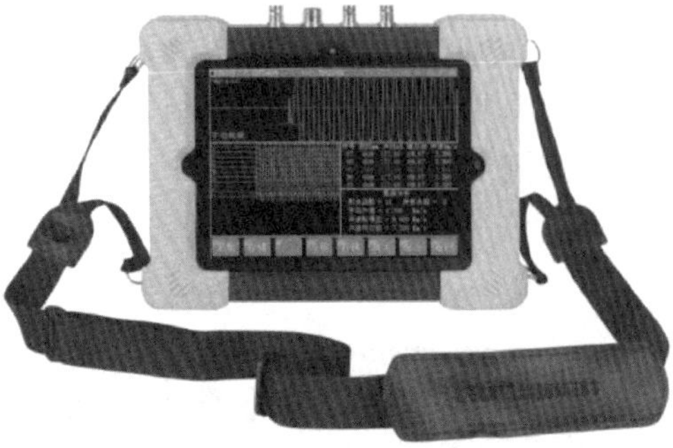

图 8-59 混凝土缺陷检测仪

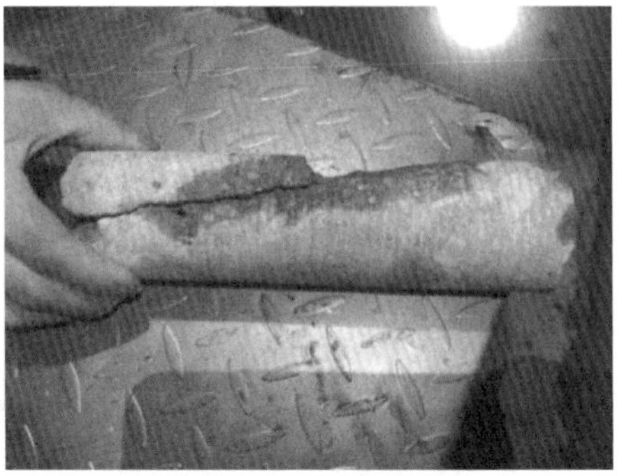

图 8-60 抽芯钻孔对主体的结构破坏

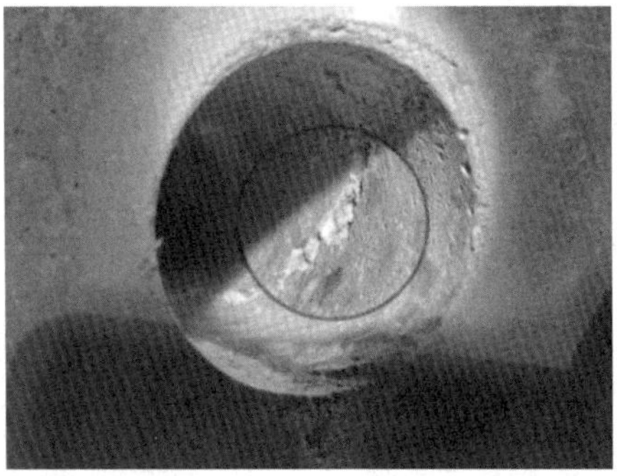

图 8-61 斜向裂缝

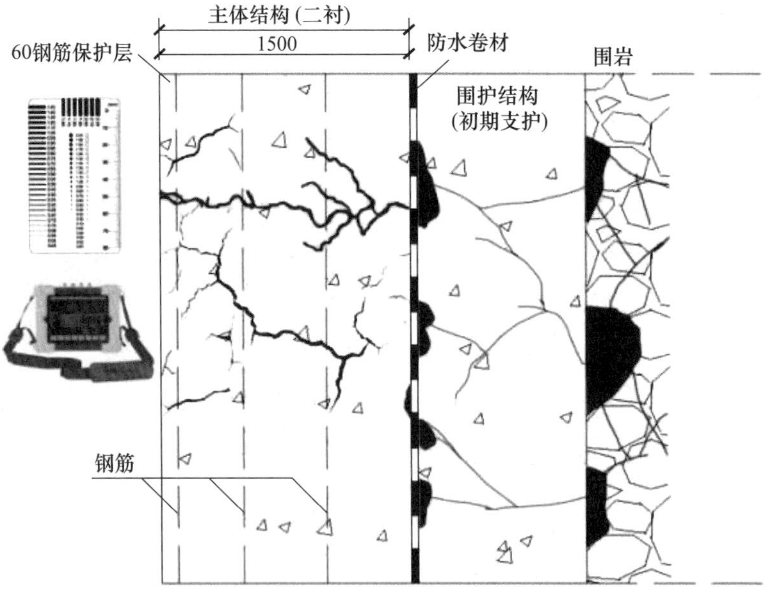

图 8-62 大体积混凝土结构裂缝示意图（单位：mm）

我公司自主研发的压水压密性试验检测法，对被测结构破坏较小的同时不受混凝土结构厚度影响，不破损结构内钢筋，能够对大体积混凝土结构裂缝状况进行检测。以结构厚度 1500mm 的大体积混凝土为例，在裂缝两侧交替布置深浅孔，使用长度 1000mm、直径 14mm 的钻杆进行浅孔作业，孔深至主体结构深度的 1/3 左右。考虑到直径较小的钻杆进行深孔作业时难打孔且易折断，先使用直径为 28mm 左右的钻杆进行深孔作业，孔深钻至结构的 2/3 到 3/4，再使用直径为 14mm 的钻杆斜着打入 28mm 孔径内（图 8-63）。

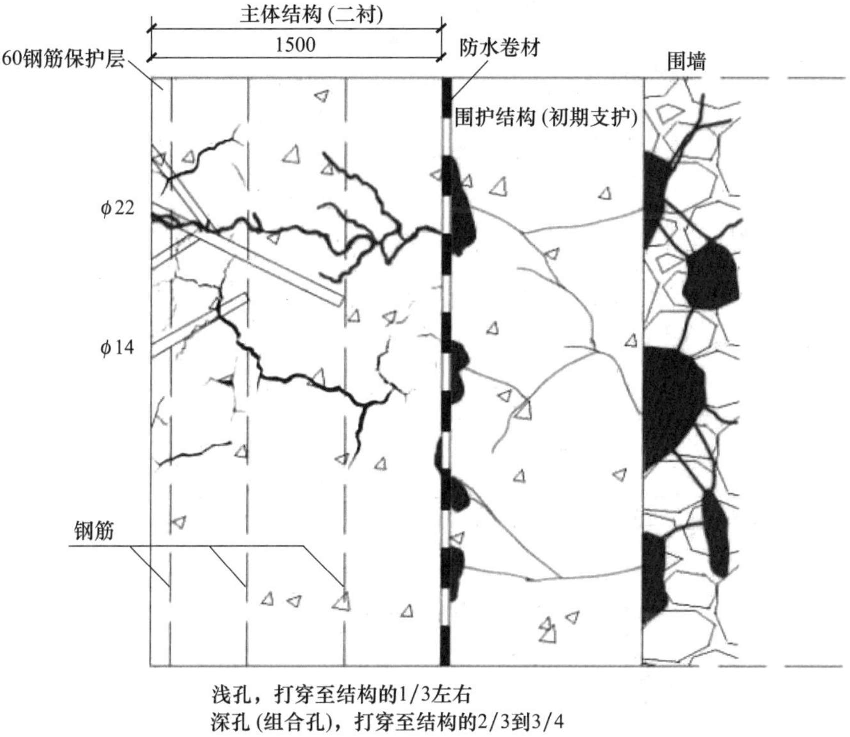

图 8-63 压水压密性试验检测（单位：mm）

采用 KT-CSS-3A（Ⅱ型）耐潮湿非垂挂型高强度环氧砂浆封堵 28mm 口径注浆口，其余 14mm 口径注浆口安装注浆嘴进行主体结构压水压密性试验检测，将目视不可见的裂缝从结构内表面暴露出来（图 8-64），或者通过压水后水的消耗量来判断裂缝的情况。

混凝土结构内裂缝检测完毕后使用长度 2000mm、直径 28mm 左右的钻杆垂直钻孔，孔深至围岩层，安装新型快速安装注浆嘴装置，使用高压螺杆注浆泵对结构壁后进行压水压密性试验，通过此试验将主体结构内贯穿裂缝暴露出来（图 8-65）。

2）大体积混凝土结构裂缝综合治理措施

混凝土结构裂缝根据裂缝宽度和深度大小分为 A、B、C、D 四类等级，针对不同缺陷等级制定相对应的施工方案，结合地下结构的不同使用功能和使用环境，采用针对性的新方法、新工艺和新材料进行综合整治，如图 8-66 所示。

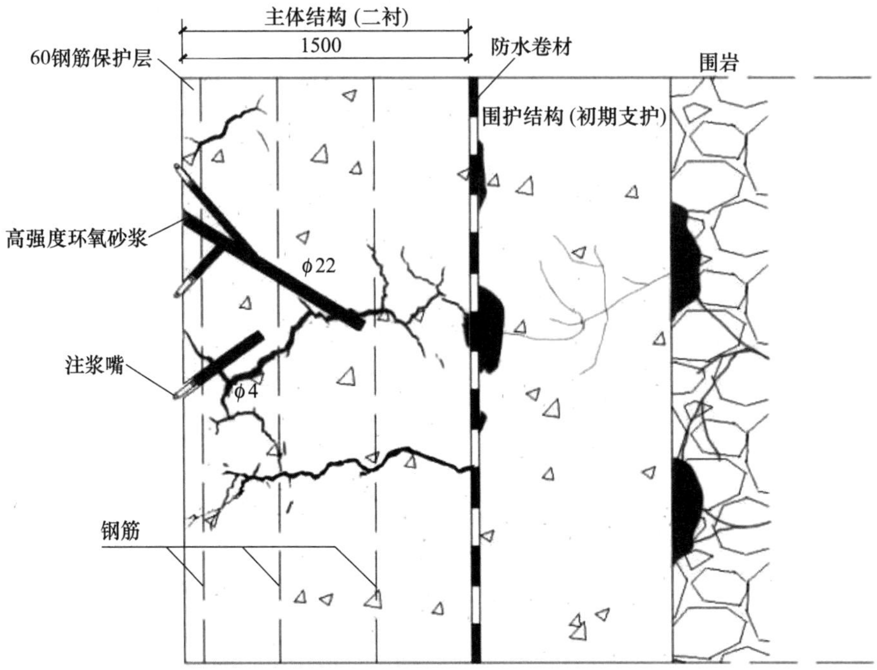

图 8-64　裂缝暴露（单位：mm）

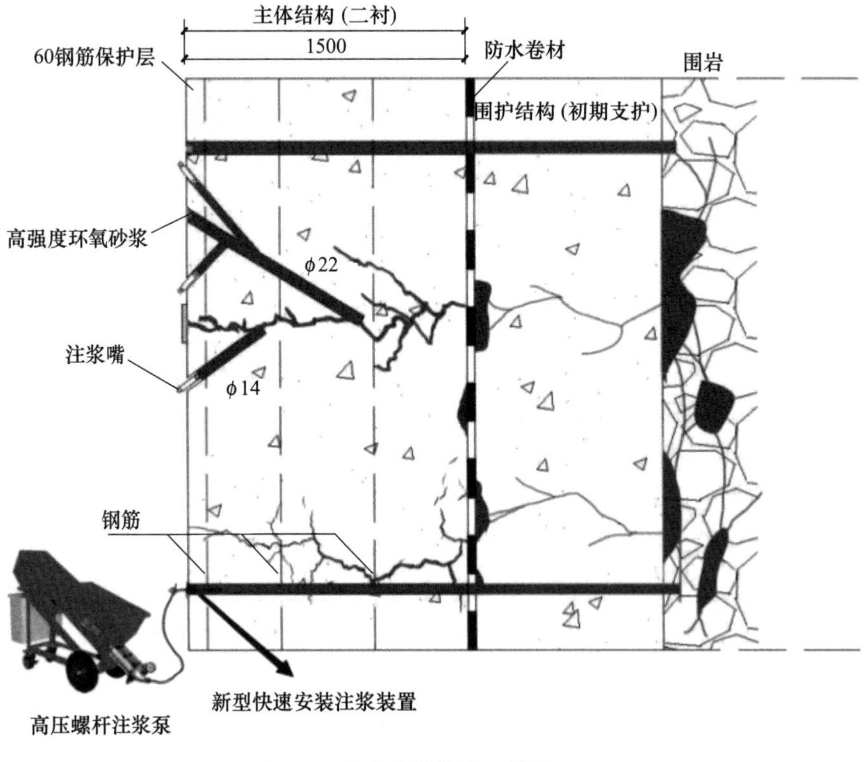

图 8-65　贯穿裂缝暴露（单位：mm）

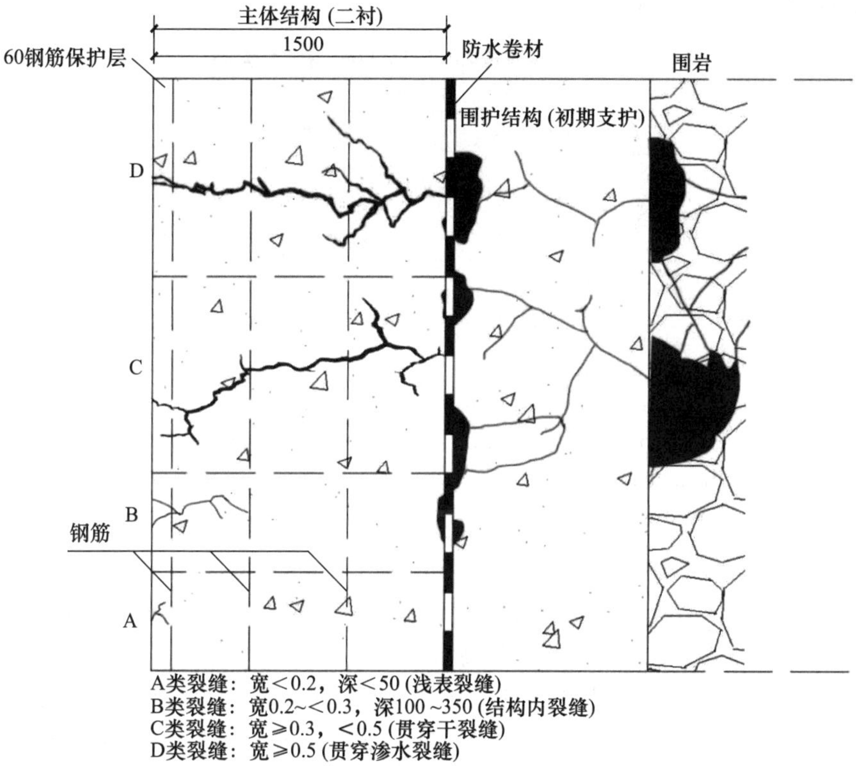

图 8-66 大体积混凝土结构裂缝综合治理（单位：mm）

根据不同缺陷等级的混凝土裂缝制定相对应的施工方案：

(1) A 类裂缝（图 8-67）

裂缝宽度小于 0.2mm，深度小于 50mm 的浅表裂缝，在表面用手持式打磨机打磨，把碳化层、氧化层、污染层打磨清理干净，沿着裂缝切 V 形槽，宽度 2～3cm，深度 1cm，需在缝口涂刷高渗透低黏度环氧 KT-CSS-4F 作为底涂，宽度为 15～20cm，涂刷厚度为 1mm 的增厚环氧涂料 KT-CSS-3A（Ⅱ型）环氧腻子进行封闭。

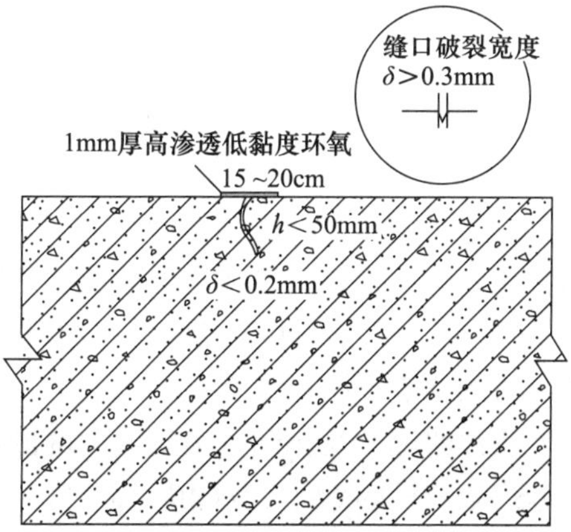

图 8-67 A 类裂缝

（2）B类裂缝（图8-68）

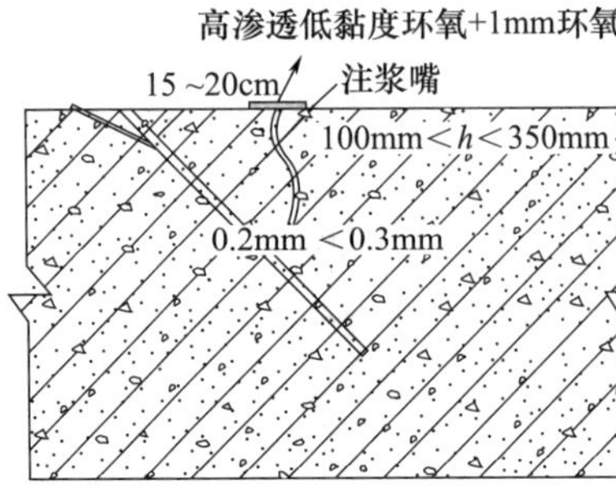

图8-68　B类裂缝

缝宽大于等于0.2mm，小于0.3mm，缝深100～350mm的结构内裂缝，对其表面进行打磨，对裂缝表面进行切V形槽处理，宽度2～3cm，深度1cm，用KT-CSS-3A（Ⅱ型）封缝，因裂缝检测只能以抽查为主，并不能全部探明每一条裂缝深度，为防止裂缝较深，还是使用组合法打孔，使用14mm孔径钻杆先钻浅孔，深度20～30cm，再钻深孔，深度50～80cm，安装专用注浆嘴，采用低压、慢灌、快速固化，分序分次控制灌浆工法，灌注KT-CSS-4F耐潮湿高渗透改性环氧结构胶，KT-CSS-4F能够灌进0.1mm的裂缝中。若能够灌注则证明缝隙大于0.1mm，反之则证明深孔部位无裂缝或裂缝宽度小于0.1mm；通过灌注KT-CSS-4F耐潮湿高渗透改性环氧结构胶，完全能够达到国家混凝土结构加固设计规范中对宽度大于0.2mm裂缝的灌胶封闭质量的要求。在裂缝15～20cm范围两侧涂刷高渗透低黏度环氧KT-CSS-4F作为底涂，宽度为15～20cm，涂刷厚度为1mm的增厚环氧涂料KT-CSS-3A（Ⅱ型）环氧腻子。高渗透低黏度环氧结构胶KT-CSS-4F具有3%～5%的延伸率，有一定的韧性，可以抗裂缝在重力荷载或其他环境造成裂缝细小变化。

（3）C类裂缝（图8-69）

缝宽大于等于0.3mm，小于0.5mm的贯穿干裂缝，骑缝切V形槽，宽度20mm，深度20mm，将槽清洗干净用KT-CSS-3A（Ⅱ型）封缝，斜向裂缝两侧交替钻孔，使用长度1000mm、直径14mm的钻杆进行浅孔作业，孔深钻至结构深度的1/3左右，考虑到口径较小的钻杆进行深孔作业时易折断，先使用长度1500mm、直径22mm的钻杆进行深孔作业，深孔孔深钻至结构的2/3到3/4，再使用长度350mm、直径14mm的钻杆斜着打入22mm孔径内，安装注浆嘴。

待快硬水泥具备强度后进行化学灌浆，灌KT-CSS-18（Ⅲ型）（具有10%～15%的延伸率，有一定的韧性和弹性，可以抵抗裂缝在重力荷载或其他环境造成裂缝变化）灌浆压力为0.3～0.5MPa，先浅孔后深孔，浅孔注浆可以起到对结构裂缝的表层的粘接封闭作用，为深孔压力注浆时的饱满度提供保障。

待浆液固化后，凿除外露注浆嘴，用钢丝刷清理缝面两侧，清理完后，需在缝口涂刷高渗透低黏度环氧KT-CSS-4F作为底涂，宽度为15～20cm，涂刷厚度为2mm的增厚环氧涂料KT-CCSS-3A（Ⅱ型）环氧腻子。

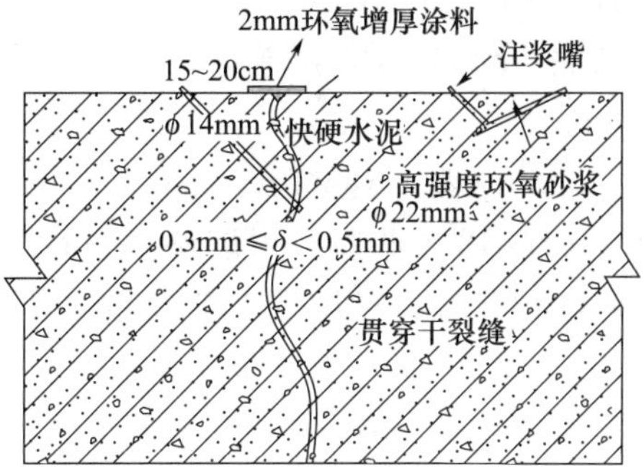

图 8-69　C 类裂缝

（4）D 类裂缝（图 8-70）

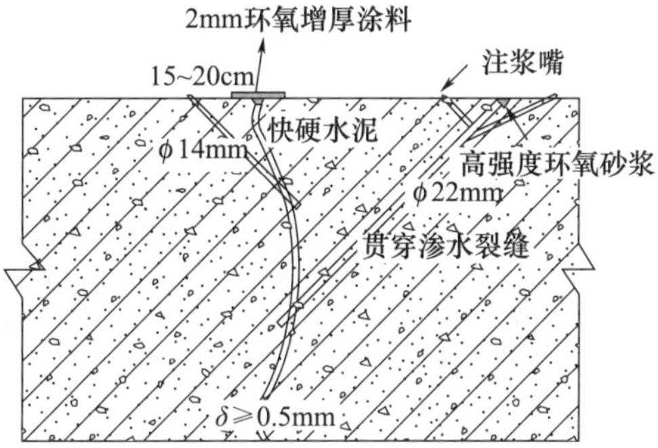

图 8-70　D 类底板裂缝

缝宽大于等于 0.5mm 的主体结构贯穿渗水裂缝，若渗水裂缝出现在需要进行固结灌浆防渗的钢筋混凝土上，则应先堵水再凿槽封缝，然后化学灌浆处理。具体措施如下：

① 堵水：先进行渗水裂缝壁后围岩的钻孔压水检查，若压水检查显示围岩透水率符合设计标准，但混凝土衬砌裂缝仍有渗水流出，则沿渗水或渗浆裂缝两侧各 4m 范围内按间距 0.2m 左右布设化学灌浆孔（裂缝密集部位可视现场吸浆和堵水情况，现场确定间距），斜向裂缝钻孔，孔径 14mm，深度 50cm 左右，安装专用注浆嘴；再采用风钻垂直钻孔，垂直入岩 2m 以内，大体积混凝土结构外围岩内灌注低聚合物水泥基特种灌浆材料，按照配比对浆液进行搅拌、灌注，灌浆压力控制在 0.8～1.0MPa；结束指标为稳压 3min，耗量不小于 0.2L/min，关闭进浆阀。大体积混凝土结构内采用低压、慢灌、快速固化，分序分次 KT-CSS 控制灌浆工法，确保灌浆饱满度达到规范要求。

② 清洗缝面：待大体积混凝土结构壁后注浆 24h 后，若结构面无渗水或渗浆现象，则对其裂缝表面进行打磨，宽度控制在 5～10cm，将表面的碳化层及其他杂物打磨干净。

③ 凿槽：采用石材雕刻机沿缝雕刻 U 形槽，槽深 3cm 左右，槽宽 2cm 左右，并将槽清洗干净。

④ 埋注浆嘴：用快硬水泥临时封缝，斜向裂缝钻孔，孔径 14mm，浅孔的孔深控制

在结构的1/3左右，深孔的孔深控制在结构的2/3到3/4，安装注浆嘴。

⑤ 封缝：表面涂刷厚度为2mm的增厚环氧涂料KT-CCSS-3A（Ⅱ型）环氧腻子作为底涂，宽度控制在5～6cm。

⑥ 灌浆：待KT-CCSS-3A（Ⅱ型）环氧腻子固化后，具备一定强度后开始对其进行灌浆，灌浆材料采用KT-CSS-18（Ⅲ型）耐潮湿型改性环氧结构胶，具有10%～15%的延伸率，有一定的韧性和弹性，可以抗裂缝在重力荷载或其他环境造成裂缝变化，灌浆压力控制在0.3～0.5MPa，深浅孔布置，先浅孔后深孔，深孔采用粗孔和细孔组合的灌浆工艺，采用低压、慢灌、快速固化，分序分次控制灌浆工法，确保灌浆饱满度达到规范要求。

⑦ 表面修复处理：待浆液固化后，敲除外露针头，并用钢丝刷清理缝面两侧，清理完后，在缝口涂刷高渗透低黏度环氧KT-CSS-4F作为底涂，宽度为15～20cm，涂刷厚度为2mm的增厚环氧涂料CH-CSS-3A（Ⅱ型）环氧腻子。以上工法如图8-71、图8-72所示。

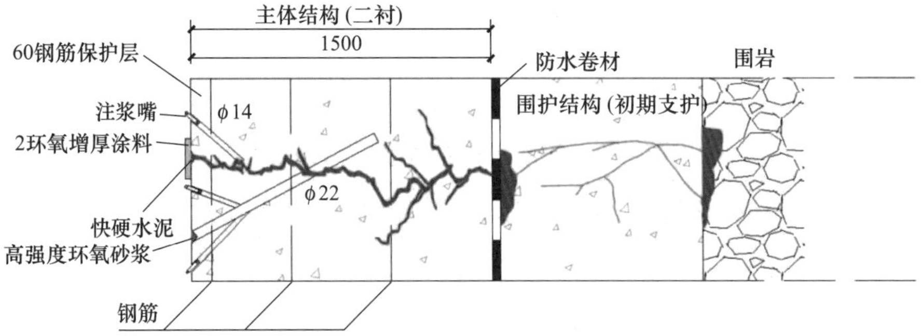

图8-71　D类侧墙裂缝（单位：mm）

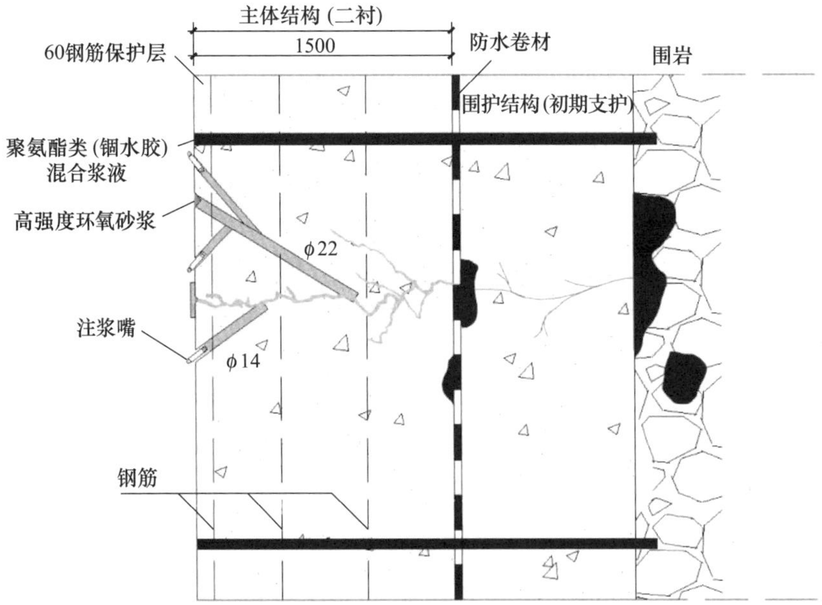

图8-72　D类裂缝结构内及壁后注浆（单位：mm）

3）大体积混凝土裂缝灌浆后饱满度效果检测措施

待大体积混凝土结构裂缝灌浆处理完毕后，在原打孔部位左右两侧继续布置深浅孔进行压水压密性试验检测结构内裂缝注浆饱满度。若结构内能够持续进水且结构面无渗漏水现象，则证明结构背后仍有空腔存在；若结构内能够持续进水且结构面有渗漏水现象，则证明结构内仍有裂缝未全部处理；若稳压 3min 耗水量不超 3mL，则证明主体结构内渗漏水得以解决，如图 8-73 所示。

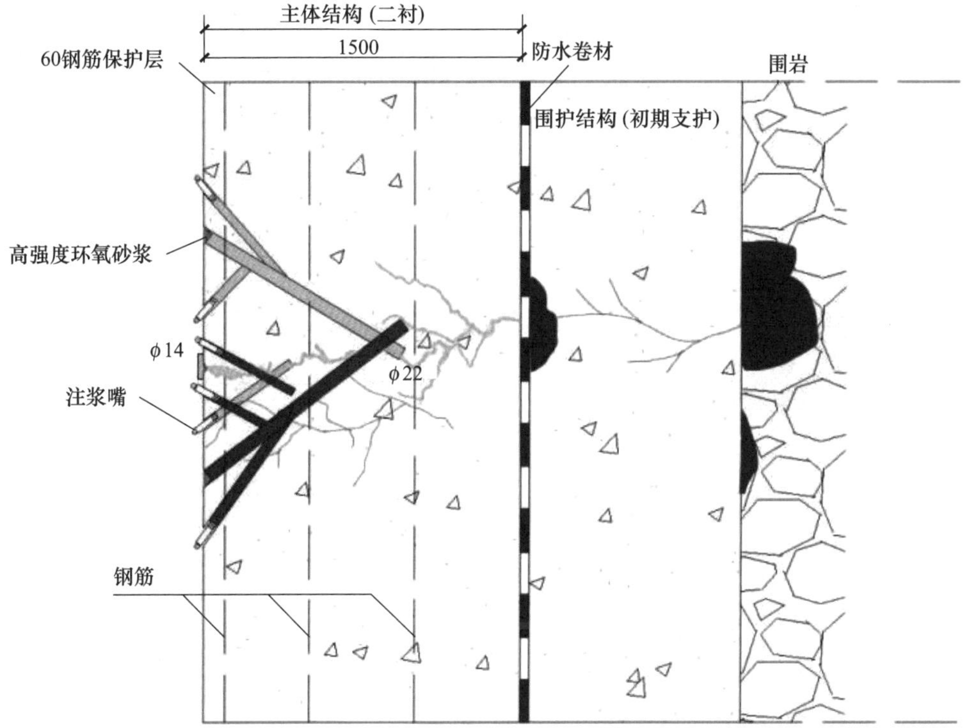

图 8-73　大体积混凝土裂缝结构（单位：mm）

在确认主体结构裂缝饱满度达到要求后，对主体结构壁后进行压水压密性试验检测其结构壁后注浆饱满度，使用风钻垂直钻孔，孔深至围岩层 1000mm，安装新型快速安装注浆嘴装置，使用高压螺杆注浆泵对结构壁后进行压水压密性试验。若结构面出现渗漏水现象，则证明大体积混凝土结构内仍然有贯穿裂缝，若稳压 3min 耗水量不超 3mL，则证明结构内缺陷已得以解决，如图 8-74 所示。

通常针对大体积混凝土裂缝检测的手段多以抽芯钻孔取样为主，但往往抽芯钻孔对主体结构的破坏性较大且结构内裂缝走向无法探明，通过我公司自行研发的压水压密性试验，切实有效地保护了大体积混凝土内的钢筋结构，彻底解决了大体积混凝土结构内裂缝走向不可测等问题（图 8-75、图 8-76）。

4. 大体积混凝土结构裂缝治理和检测效果验证

选择针对性的新工艺、新材料和新检测手段，利用材料复合、工法组合、设备配合、工艺融合，进行水电站地下厂房大体积混凝土的缺陷修复和效果检测措施，经业主、甲方和第三方检测机构验收质量合格，通水后 20 个月，放空水后结构表面无开裂和渗漏现象，从而能直观证明大体积混凝土修复和检测技术的效果显著。

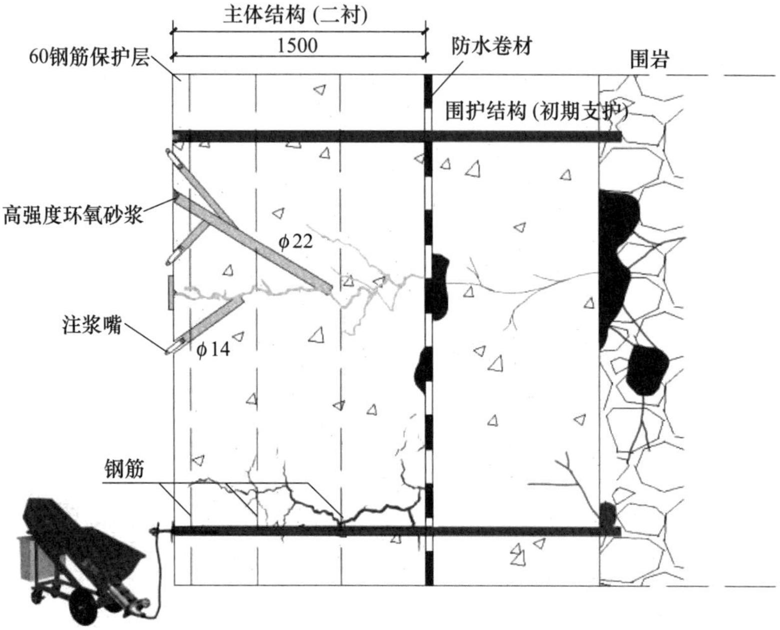

图 8-74　大体积混凝土裂缝结构（单位：mm）

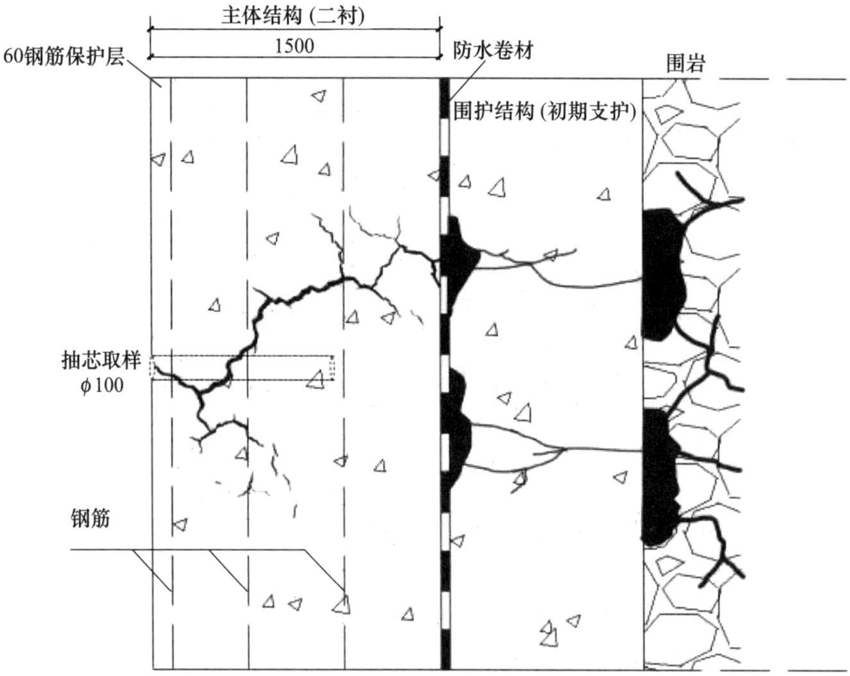

图 8-75　裂缝处理前抽芯钻孔示意图（单位：mm）

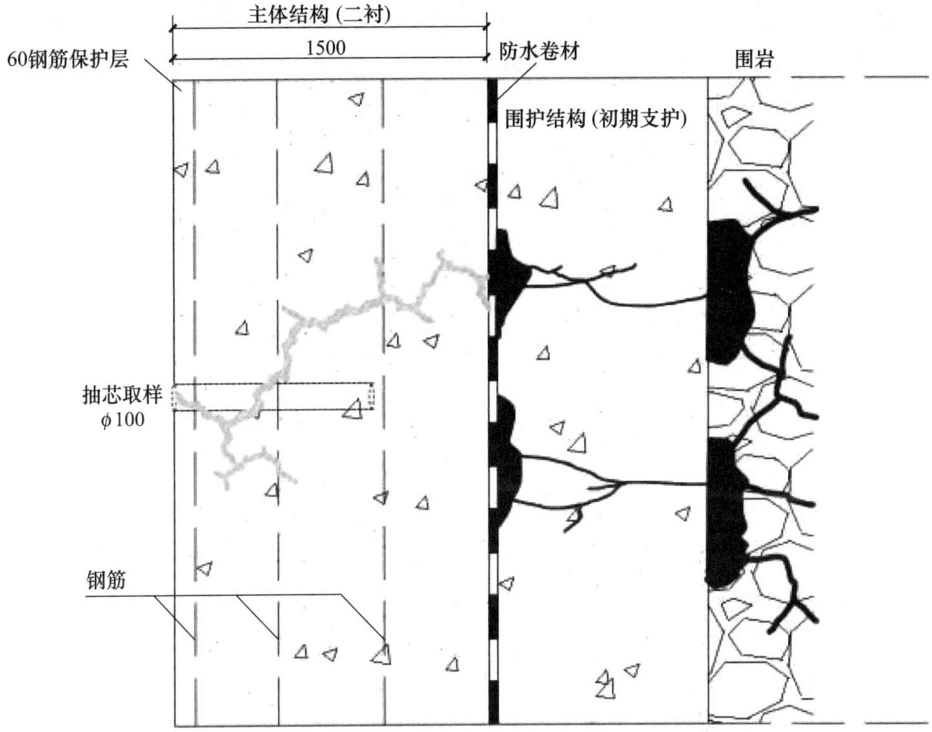

图 8-76 裂缝处理后抽芯钻孔示意图（单位：mm）

此技术措施还运用于水库大坝、港口码头、地铁车站、部队洞库等具有大体积混凝土缺陷的修复施工和效果检测。采用该技术，已经对多项大体积混凝土缺陷修复施工和效果检测项目进行了成功应用，并且获得了多项国家发明专利，为同类工程提供了借鉴。

8.8 灌浆与涂膜增强复合治漏新工法

易启洪 丁 力 周 攀
（四川童燊防水工程有限公司）

我公司原是一个为土建防水、防水堵漏服务的小企业，经过 10 多年的艰苦奋斗，已成长为一个集科研、生产、营销与施工于一体的上规模的防水行业的综合性企业。产品广销邻近多个省（市），施工遍布各地。无论是生产还是施工，我们都在前人的基础上，汲取精华、淘汰落后、创新发展。

经过多年的实践探索，我们认定“灌浆与面层涂膜增强相结合”是根治渗漏有效的科学工法。下面简介这种工法，供同行参考。

1. 踏勘先行

充分了解工程的水文地质状况、当地气候特点，找出渗漏原因，对症下药，优选合适材料，精准确定工艺工法，在调查研究的基础上，编制个性化的治漏方案。

2. 复合工法施工流程

复合工法施工流程如图 8-77 所示。

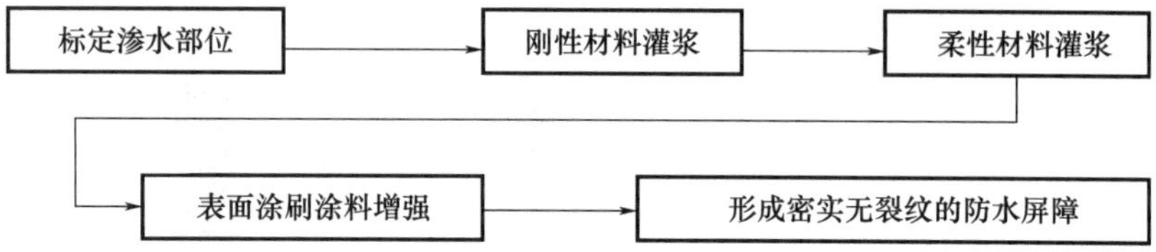

图 8-77　复合工法施工流程

3. 优选合适材料

(1) 改性水泥：采用 P·O 42.5 水泥，掺 10%钠质膨润土，用适量水玻璃调节凝固时间。低压注入，使它扩散，充填结构体内的微孔小洞及裂隙，密实结构体。若裂缝太小，可采用超细水泥。这是一类廉价无污染的材料。

(2) 童燊多功能灌浆剂：水性促进剂，有机材料，能将基体中的各组分固结为主体网状结构，形成密实有筋结石体，提升抗渗、加固、耐腐功能。

(3) 蠕变弹性体材料：由聚醚等多种化合物制成，注入基体后形成超级黏弹体，当基体变形时能自行修复破损部位。

(4) TS-06 童燊聚脲涂料：由异氰酸酯与端氨基树脂聚合而成，多数产品为双组分喷涂材料，也有手刷型涂料。该涂料凝结快，在 30s 内可固化成膜。涂膜机械力学性能好，延伸率可达 500%以上，拉伸强度达 2.5MPa 左右，粘结力强，撕裂强度大于等于 75MPa，耐酸碱盐侵蚀，是一种优良的防水防腐材料。

(5) 童燊无漏宝：是一种单组分速凝无机粉剂，现场掺适量清洁水拌和成胶浆，涂刷面层或填充微小孔洞及裂隙，1～3min 可硬固，止水堵漏。

4. 治漏主要机械设备

我公司配有多种防水施工机械设备，有些是自制的。注浆施工常用电锤、角磨机、制浆搅拌机、电动注浆机、液压灌浆机等。童燊灌浆机 TS-G01、TS-G02 如图 8-78、图 8-79 所示。

5. 工程治漏加固案例：某柱基承台堵漏工艺工法

某工程柱多、承台多，基础软弱，岩土松散，水量丰富，加之承台本身混凝土存在微孔小洞及裂纹，导致严重渗水，治理方案如下。

1) 承台周围刚性材料灌浆

(1) 基面清理：搬移堆放物，铲除浮浆浮渣，清扫干净。

(2) 查找湿点，精准确定渗漏部位，做好标志。

(3) 布孔：围绕承台四周布孔，间距 1.0～1.5m，根据岩土状态确定具体孔距尺寸。

图 8-78 TS-G01 实物
（整机质量 120kg）

图 8-79 TS-G02 实物
（整机质量 50kg）

（4）钻孔：直径 20～25mm，垂直钻入土体 1.0～1.8m，根据岩土实况，确定钻孔实际深度。要求垂直度偏差不大于 1%。

（5）清孔、护孔：钻孔后，将孔内杂物清除干净，并覆薄膜或薄板保护，防止杂物入孔。

（6）安装注浆花管：耐压金属管，管上钻 ϕ3～5mm 出浆孔，间距 100～200mm，并带有控制开关，放入孔内深度不小于 90%。管与基体之间的空隙用“无漏宝”密封锚固。管顶装有连接阀门，阀门应高出地面 200mm，如图 8-80 所示。

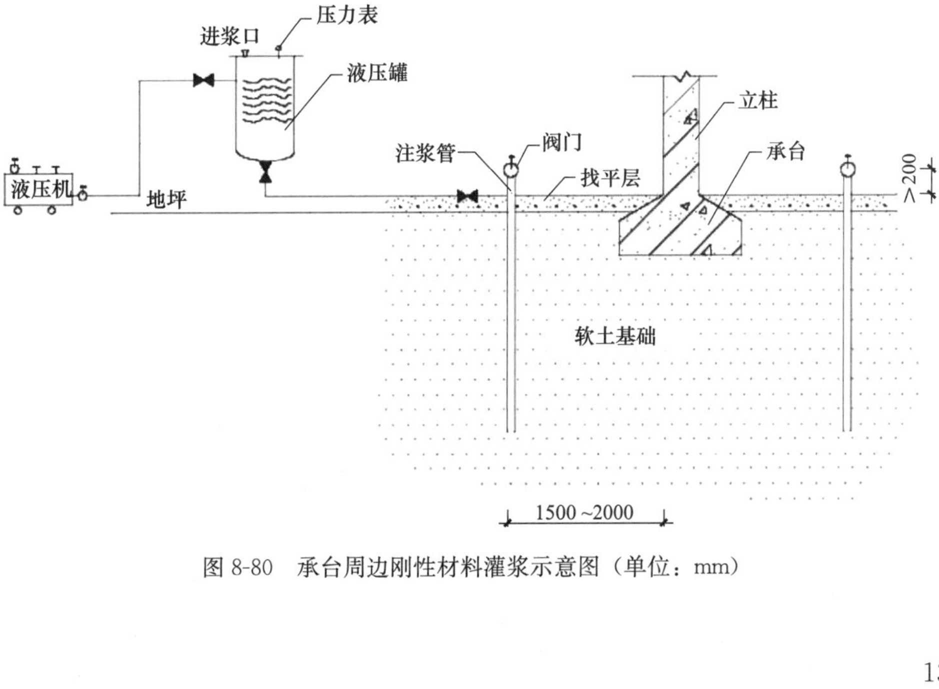

图 8-80 承台周边刚性材料灌浆示意图（单位：mm）

（7）配制浆料：浆料配比（水玻璃适量）为水泥：促进剂：膨润土：水为 100：2～3：10：40～100，混合搅拌 5min 左右。

（8）灌浆：①安装调试注浆机，确定合适压力（0.6～1.0MPa）；②平面从一端向另一端推进，斜面自下而上推进，将混合浆料缓慢注入基体中，让其自由扩散、填充，并挤走孔隙中的水分与空气，劈裂通道，使浆料充填基土所有空隙，视实况复灌 1～2 次，当压力缓慢下降或进浆逐步减小，恒压 5min 左右终止灌注；③灌浆中密切关注压力变化与浆料扩散状况，邻孔出现跑气冒泡现象时应立即停止灌注，调节压力与寻找原因，再开机注浆。稳定的灌浆料流出后可终止注浆，让其自然固结。

（9）观察检查注浆效果。

（10）拆嘴：浆料干固，不渗水时，将高出地面的注浆管切割平整齐基面。

此一轮灌浆，主要目的是固结松软基础，使基础密实，提升基础强度与承载能力。

2）钢筋混凝土承台柔性材料灌浆注浆工艺

现场踏勘，漏点定位，布孔钻孔，拆管找平等程序与前文基本相同。不同工艺工法如下：

（1）承台结构体是钢筋混凝土：①清理时面层的浮浆浮渣要剔铲干净；②布孔距离适当缩小，一般为 200～300mm；③钻孔深度为平台高度的 1/3～2/3，孔径为 ϕ10～14mm，与缝线呈 45°夹角，并穿过缝线；④注浆压力一般为 0.3～0.5MPa。

（2）灌注蠕变形弹性体材料，而且需复灌 1～2 次，以适应结构变形，规避开裂。

3）面部增强

（1）刷涂或滚涂 1.5mm 厚聚脲防水涂料，三遍成活，上下遍涂布方向应相互垂直。

（2）阶梯形承台的立面，自下而上也满施涂料。

（3）涂膜起防渗防腐防护作用。

以上做法如图 8-81、图 8-82 所示。

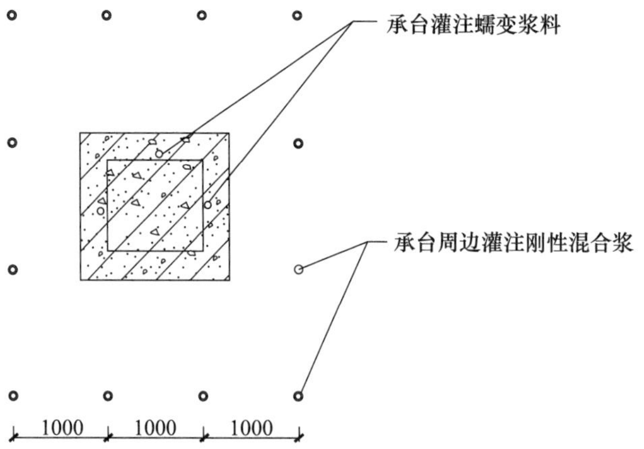

图 8-81　柔性材料灌浆注浆工艺（单位：mm）

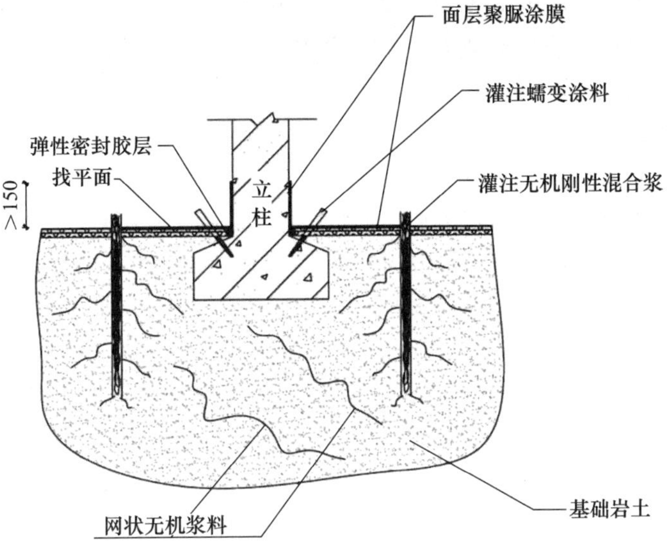

图 8-82 面部增强工艺（单位：mm）

4）承台修缮效果

所有渗漏承台修缮竣工后，达到无渗漏现象；岩土基础的积蓄水与气体被挤压出去，内部空隙被无机混合料填充密实；混凝土承台获得密实加固，提升了抗渗功能；整体地面聚脲涂膜增强了抗渗与防腐防护能力。以上做法获得业主好评。

8.9 混凝土掺防裂抗渗耐久防水核材早期抗裂性及耐久性研究

耿晓滨[1] 杨宪伟[1] 田正宏[2] 孙 啸[2]

（1. 江苏汉普顿新材料科技有限公司；2. 河海大学水利水电学院）

1. 引言

收缩变形引起的早期开裂是混凝土结构十分普遍的问题，这主要是两方面因素造成的。从混凝土配合比及原材料方面来看，混凝土施工中往往掺加大量外加剂、矿物掺和料以保证可施工性要求，这经常带来混凝土成型收缩量增大的负面影响[1-2]。从施工及养护操作来看，工艺仍严重依赖人工作业，工效低，受人为因素干扰大，非规范操作时有发生，质量取决于工人责任心和现场管理水平，这些情况均易导致混凝土过多的收缩变形。

为解决这一问题，研究人员一方面在水泥基复合材料中添加纤维，利用纤维乱向分布形成的网络结构限制混凝土收缩，起到增韧、抗裂效果[3-5]。另一方面通过添加复合掺和料形成纤维复合抗裂材料以改善混凝土自身抗渗与抗裂性能，这被证明是显著有效的[6-8]。正是基于纤维和复合粉剂两方面的增强效果，HPT-X 防裂抗渗耐久防水核材被开发出来，但是目前关于这种核材对混凝土早龄期抗裂效果和耐久性方面的试验研究还不全面。鉴于混凝土收缩开裂多发于早龄期，因此本文通过平板诱导开裂试验对含HPT-X的混凝土早期抗裂性能进行研究，并结合各项耐久性试验，对HPT-X的作用机理和应用特点进行研究分析。

2. 试验材料与方法

1）原材料

试验采用P·O 42.5普通硅酸盐水泥和Ⅰ级粉煤灰，所检测物理化学试验结果（表8-1、表8-2）分别满足《通用硅酸盐水泥》（GB 175—2007）和《用于水泥和混凝土中的粉煤灰》（GB/T 1596—2005）① 标准要求；细骨料为人工砂，砂细度模数为2.61，属2区中砂；粗骨料为5～20mm连续级配人工碎石；减水剂为聚羧酸系高效减水剂；HPT-X防裂抗渗耐久防水核材包括聚酯纤维和复合粉剂两部分，其中聚酯纤维长度12mm，直径20μm，密度1.36g/cm^3，抗拉强度大于600MPa，断裂伸长率30%～40%，掺量0.6kg/m^3；复合粉剂密度1.05g/cm^3，掺量0.4kg/m^3。试验按C35混凝土配合比设计，如表8-3所示，其中复合粉剂和聚酯纤维掺量为常规应用配比，采用该配比主要为了研究HPT-X对混凝土抗裂性能及耐久性的影响。需要说明的是对不同配比混凝土性能状况和配合比优化设计并不是本节讨论的重点，将在此后的工作中另行研究。

表8-1　化学成分检测结果（质量分数，%）

材料	CaO	SiO_2	Al_2O_3	Fe_2O_3	MgO	SO_3	碱含量	LOI
P·O 42.5	63.27	15.34	5.40	3.22	0.84	2.25	0.78	4.24
Ⅰ级粉煤灰	6.35	50.19	33.96	3.45	0.60	0.77	1.13	0.95

注：LOI为烧失量。

表8-2　水泥品质检测结果

检测项目	密度（g/cm^3）	细度（%）	比表面积（m^2/kg）	安定性	标准稠度（%）	凝结时间（min）	
						初凝	终凝
P·O 42.5	3.06	0.4	311	合格	27.0	268	309
Ⅰ级粉煤灰	2.27	8.5	307	—	—	—	—

表8-3　试验混凝土配合比

配比编号	单位混凝土材料用量（kg/m^3）							
	水泥	粉煤灰	水	砂	石	减水剂	复合粉剂	聚酯纤维
CO	390	51	176	793	1030	2.7	—	—
HPT-X	390	51	176	793	1030	2.7	0.4	0.6

2）试验方法

（1）早期抗裂性能试验：采用中国工程建设标准化协会标准《用于混凝土中的防裂抗渗复合材料》（T/CECS 10001—2017）中附录A“掺入防裂抗渗复合材料的混凝土早

① 本项目进行时，GB/T 1596—2005适用，未被GB/T 1596—2017替代。本项目其余标准同。

期开裂性能测定”方法进行。该方法主要用来比较不同原材料、不同配合比混凝土早期防裂性的相对优劣，可反映混凝土塑性收缩、自收缩和干燥收缩引起的混凝土早期开裂倾向。刀口模诱导开裂试验采用模具尺寸为 800mm×600mm×100mm。试件设定在模具表面中心上方 10cm，风速为 5m/s 左右。从混凝土加水搅拌开始计算，(24±0.5) h 后观察裂缝数量，并测量裂缝长度和宽度，计算平均开裂面积。裂缝测量采用武汉博泰斯科技有限公司的 PTS-E40 裂缝综合测试仪以及四十倍放大镜进行。

(2) 宏观力学性能试验：混凝土压力泌水试验参考规范《水工混凝土试验规程》(SL 352—2006) 中第 3.5 条的泌水率试验，仪器采用无锡建仪仪器机械有限公司生产的 SY-2 型混凝土压力泌水仪。抗压试验与劈裂抗拉试验分别依据规范《普通混凝土力学性能试验方法标准》(GB/T 50081—2002) 相关规定进行，试验机械采用上海三思纵横机械制造有限公司的 WAW-1000 型微机控制电液伺服万能试验机。

(3) 耐久性试验：相对渗水高度试验根据《水工混凝土试验规程》(SL 352—2006) 中第 4.22 条混凝土相对渗透性试验规程进行；抗冻性、抗氯离子侵蚀、抗碳化、抗硫酸盐侵蚀试验分别根据《普通混凝土长期性能和耐久性能试验方法标准》(GB/T 50082—2009) 中第 4.3 条盐冻法、第 7.2 条电通量法、第 11 章碳化试验、第 14 章抗硫酸盐侵蚀试验规程进行。

3. 试验结果

1) 刀口模诱导开裂试验

刀口模诱导开裂试验结果如图 8-83 所示，由图可知相较于 HPT-X 混凝土，基准混凝土 (CO) 在裂缝诱导器处开裂明显，裂缝数目多且宽度较大，中部甚至呈局部贯穿状。裂缝宽度和长度分布统计如表 8-4 所示，CO 混凝土宽大裂缝 2 条，中等宽度裂缝 2 条，小裂缝 2 条，最大裂缝宽度 0.67mm；HPT-X 混凝土中等宽度裂缝 1 条，小裂缝 1 条，最大裂缝宽度 0.17mm。可见添加防裂抗渗耐久防水核材后，裂缝宽度相比基准混凝土有明显缩小，同时，裂缝总长度降低 72%，总开裂面积减小 88%，早期开裂现象得到缓解。

(a) CO　　(b) HPT-X

图 8-83　早期开裂裂缝分布状况

表 8-4　裂缝开裂宽度和长度分布统计

裂缝宽度（mm）	CO		HPT-X	
	数量（个）	长度（mm）	数量（个）	长度（mm）
0.5≤b<0.7	2	580	0	0
0.3≤b<0.5	1	365	0	0
0.1<b<0.3	1	240	1	370
≤0.1	2	335	1	70
合计	6	1520	2	420
裂缝总面积 A（mm^2）	576.35		69.17	
裂缝降低率 η（%）	—		88.0	

2）宏观力学性能试验

泌水性和强度如表 8-5 所示，掺入防裂抗渗耐久防水核材后，混凝土泌水现象得到缓解，保水能力提高了 40.9%。同时，加入复合粉剂后 7d 抗压强度有所降低，证明早期反应速率慢，后期通过火山灰反应，28d 强度缓慢增长，与基准差别不大。聚酯纤维的加入能在拌和物中形成网状结构体系，且纤维断裂伸长率在 35%～45%，具备一定韧性，7d 和 28d 劈裂抗拉强度较基准分布提高了 12.2%和 6.9%。

表 8-5　混凝土泌水率和强度

试样	泌水率（%）	抗压强度（MPa）		抗拉强度（MPa）	
		7d	28d	7d	28d
CO	6.1	38.9	45.9	2.96	3.48
HPT-X	3.6	34.4	42.2	3.32	3.72

3）相对渗透性试验

相对渗透性试验试件的渗水高度线如图 8-84 所示，相较于 CO 混凝土，HPT-X 混凝土在同渗透水压下渗水高度下降明显，其中 CO 混凝土渗水高度线基本水平，HPT-X 混凝土试件边壁渗水高度较大而中部渗水高度较低且均低于 CO 混凝土。具体渗水高度与相对渗透系数如表 8-6 所示。添加 HPT-X 后，混凝土平均渗水高度降低 56.2%，相对渗透系数也相应降低 80.7%，渗透性能得到明显加强。

(a) CO　　(b) HPT-X

图 8-84　混凝土 28d 相对渗水试验劈裂截面形貌

表 8-6　渗透高度与相对渗透系数结果

配合比编号	抗渗试验结果		相对渗透系数（cm/h）
	最大水压力（MPa）	平均渗水高度（cm）	
JZ	1.2	7.15	2.70×10^{-6}
JZA	1.2	3.13	0.52×10^{-6}

4）抗冻性试验

试件抗冻性试验完成后表面状态如图 8-85 所示，CO 混凝土外表面产生多处细微开裂并发生剥落。反之，HPT-X 混凝土表面冻融剥落状态略好，粗糙度也较低。125 次冻融循环后的最终平均质量损失：CO 为 1116.4g，HPT-X 为 1067.9g。HPT-X 混凝土在冻融破坏质量损失方面优于 CO 混凝土，质量损失降低了 4.3%，试件抗冻性能略微提高。

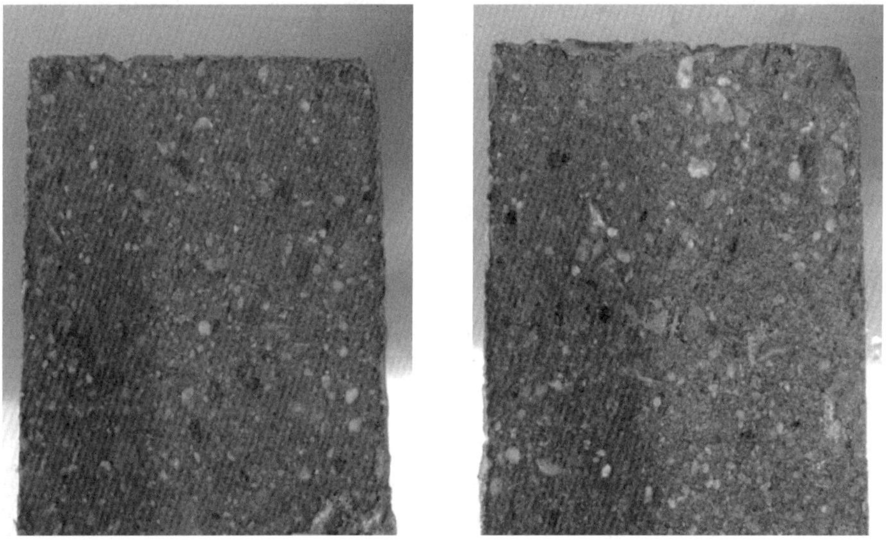

(a) CO　　(b) HPT-X

图 8-85　试件冻融 125 次循环结束后表面状态

5）氯离子电通量试验

氯离子电通量试验结果汇总如表 8-7 所示，可以看出从始至终 HPT-X 混凝土的氯离子电流值均低于 CO 混凝土。剔除离差较大电通量值后，最终结果平均后 CO 电通量为 943.595C，HPT-X 电通量为 677.591C，相较 CO 混凝土降低 28.2%，氯离子通量的降低辅证了添加 HPT-X 后试件渗透性能提高。

表 8-7　氯离子电通量结果

电流值	HPT-X 通道 1	HPT-X 通道 2	HPT-X 通道 3	CO 通道 4	CO 通道 5	CO 通道 6
平均值（mA）	34.0063	37.6349	32.6357	47.6575	49.1511	59.7981
实测电量（C）	662.918	733.655	636.200	929.036	958.153	1165.700
平均电量（C）	677.591			943.595		

6）抗碳化试验

碳化试验试件劈裂显色效果如图 8-86 所示，通过酚酞遇碱变色来反映试件内部未遭受碳化的碱性部分，可以发现 HPT-X 混凝土显色区域面积大于 CO 混凝土，外圈碳化边缘的深度也略小于 CO 混凝土。最终试件碳化深度如表 8-8 所示，可以看出随着时间的行进，3d、7d、14d 时 HPT-X 混凝土的碳化深度较 CO 混凝土下降越发明显，其中 3d 下降 9.1%，7d 下降 21.4%，14d 下降 23.3%，照此趋势可以推断 HPT-X 混凝土的抗碳化性能随龄期提升。

(a) CO　　(b) HPT-X

图 8-86　碳化试验劈裂显色状态

表 8-8　碳化深度结果

碳化时间	CO	HPT-X
	碳化深度（mm）	碳化深度（mm）
3d	1.1	1.0
7d	1.4	1.1
14d	3.0	2.3

7）抗硫酸盐侵蚀试验

该试验通过不同养护环境下抗压强度的变化来表征试件的抗硫酸盐侵蚀性，抗硫酸盐侵蚀试件强度变化如表 8-9 所示，测试了 15 与 30 次循环，耐蚀系数如表 8-10 所示。其中 15 次循环 HPT-X 混凝土的耐蚀系数为 97.76%，较 CO 混凝土提升 10.2%；30 次循环时耐蚀系数为 90.47%，较 CO 混凝土提升 4.86%，可见 HPT-X 提升了试件的抗硫酸盐腐蚀性能。

表 8-9　硫酸盐侵蚀试验强度变化

编号	养护条件	龄期	抗压强度（MPa）	龄期	抗压强度（MPa）
CO-BY	标养	（28+15）d	49.44	（28+30）d	52.03
HPT-X-BY	标养	（28+15）d	44.23	（28+30）d	47.93
CO-LSY	KS15	标 28d+KS15d	43.86	标 28d+KS30d	44.89
HPT-X-LSY	KS15	标 28d+KS15d	43.24	标 28d+KS30d	43.36

表 8-10 耐蚀系数

项目	KS15	KS30
CO 耐蚀系数（%）	88.71	86.28
HPT-X 耐蚀系数（%）	97.76	90.47

4. 机理分析

为分析防裂抗渗耐久防水核材对混凝土早期抗裂增益效果的机理，首先从混凝土的泌水率和强度性能入手，由表 8-5 可知，掺入防裂抗渗耐久防水核材后，混凝土泌水现象得到缓解，保水能力提高了 40.98%。胶凝物与骨料不易排斥离析，混凝土和易性好，从而减少混凝土后期整体微裂缝，提高抗渗性能。同时，加入复合粉剂后 7d 强度有所降低，证明早期反应速率慢，可缓解水化过程剧烈放热引发的温度裂缝，后期通过火山灰反应，28d 强度缓慢增长，与基准差别不大。聚酯纤维的加入能在拌和物中形成网状结构体系，且纤维断裂伸长率在 35%～45%，具备一定韧性，7d 和 28d 劈裂抗拉强度较基准分布提高了 12.2%和 6.9%。

混凝土相对渗透性试验中可见劈裂断面（图 8-87），CO 混凝土断面凹凸不平，多沿水泥浆与骨料的接合面劈开；HPT-X 混凝土断面较平整，断裂面贯穿骨料颗粒。可见掺入防裂抗渗耐久防水核材后水泥浆与骨料的薄弱界面区明显减小，而劈开骨料界面面积增大，说明防裂抗渗耐久防水核材能增强水泥浆-骨料的界面区结合性能，提高粘结力，对混凝土受拉破坏起较好的抵抗作用。同时，当混凝土微裂缝产生时，乱向分布的细微直径（22μm）聚酯纤维对混凝土裂缝扩展和延伸起桥接和阻隔作用，有效限制裂缝进一步发展。

结合宏观性能试验结果分析，可知掺入防裂抗渗耐久防水核材后，混凝土保水能力提高导致干缩微裂缝消失，从源头上控制干缩裂缝的扩展和延伸；同时水泥浆-骨料界面结合性能增强，使抗拉强度提高，有效缓解了混凝土受拉破坏。这些有益作用使混凝土的各项耐久性指标都有不同程度的增长。

5. 结论

（1）防裂抗渗耐久防水核材的掺入能明显减少混凝土早期开裂风险，其宽大裂缝数量显著减小，裂缝总开裂面积相比较基准混凝土减小 88%；保水能力提高 40.9%，早期（7d）抗拉性能提高 12.2%。

（2）防裂抗渗耐久防水核材对混凝土耐久性有提升作用，其中抗渗性、抗氯离子侵蚀改善明显，抗碳化、抗冻、抗硫酸盐侵蚀略有调高。

（3）抗裂机理上，防裂抗渗耐久防水核材的掺入提高了保水能力，防止干缩微裂缝产生，同时纤维对微裂缝的开展和延伸有限制作用；骨料界面区粘结能力得到提升，结构更为密实，提高了抗拉性能，抵抗干缩开裂。

综上所述，本文发现掺入 HPT-X 防裂抗渗耐久防水核材后混凝土抗裂收缩性能得到有效提高，同时结合宏观性能试验做出机理探讨，对 HPT-X 混凝土耐久性相关性能做出评估。

参考文献

[1] WANG X F, ZHENG J L. Influence of Compounded Mineral Admixtures on Shrinkage and Early-Age Cracking Behaviors of Concrete [J]. Advanced Materials Research, 2012, 450-451.

[2] TAZAWA E I, MIYAZAWA S. Influence of cement and admixture on autogenous shrinkage of cement paste [J]. Cement & Concrete Research, 1995, 25 (2): 281-7.

[3] ÇAVDAR A. A study on the effects of high temperature on mechanical properties of fiber reinforced cementitious composites [J]. Composites Part B, 2012, 43 (5): 2452-2463.

[4] KANG Q, FANG Y, DENG H. Mechanical Properties and Crack-Resistance of Cement Mortar with Basalt/Polypropylene Hybrid Fiber [J]. Materials Review, 2011.

[5] SOE K T, ZHANG Y X, ZHANG L C. Material properties of a new hybrid fibre-reinforced engineered cementitious composite [J]. Construction & Building Materials, 2013, 43 (3): 399-407.

[6] 范小春，陈允伟，胡宜昌．无机聚合物橡胶混凝土基本力学性能试验研究 [J]．硅酸盐通报，2016，35 (9)：2701-9.

[7] 耿飞，钱春香，樊建平．纤维和膨胀剂对混凝土收缩性能的影响 [J]．混凝土与水泥制品，2003，(5)：33-35.

[8] 高慧婷，张亮，张颖．微硅粉和聚丙烯纤维对混凝土抗裂性研究 [J]．吉林建筑大学学报，2011，28 (2)：69-71.

8.10 高渗透环氧在防水、防腐、加固与修缮工程中的应用及优势

刘　宇　叶　强　叶林宏

（广州永科新材料科技有限公司）

1. 高渗透环氧的发展历程

1）中化-798（第一代）

叶林宏先生在中国科学院广州化学所跟随我国化学灌浆材料的创始人之一叶作舟先生从事改性环氧化学灌浆材料的研究，研发出“中化-798”化灌浆材料，其成果荣获中国科学院科技进步奖一等奖、第二届国际专利与新技术新产品展金奖、中国专利优秀奖。

2）中化-798-Ⅱ（第二代）

叶林宏先生担任中国科学院广州分院副院长期间，主持国家自然科学基金课题、广东省自然科学基金项目，完成了对高渗透环氧化学灌浆的改进与升级。

3）高渗透改性环氧防水防腐涂料 KH 系列（中化-798-Ⅲ）（第三代）

首创将高渗透环氧产品用于防水、防腐涂料领域。

前三代获奖及证书如图 8-87、图 8-88 所示。

前三代产品体系存在的环保缺陷：

（1）糠醛具有致癌性和中等毒性且刺激性气味极大——严重限制了该体系的应

用，如相对密闭的施工场所和环保要求较高的场所，对人员健康和环境易造成较大的危害。

图 8-87　前三代产品获奖证书（一）

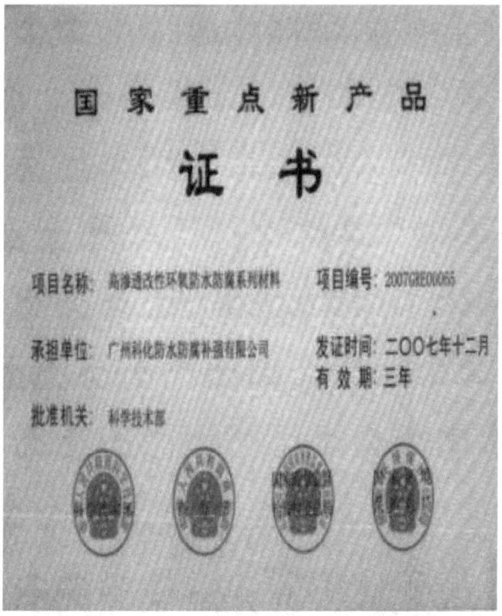

图 8-88　前三代产品获奖证书（二）

（2）糠醛本身对材料的性能有至关重要的影响，在配方中的作用犹如混凝土中粗骨料的作用，去掉后会对材料的强度和性能造成重大的损失。

4）第四代产品：环保型高渗透改性环氧材料 YK 系列（中化-798-Ⅳ）

（1）环保型高渗透改性环氧防腐防水涂料。

（2）环保型高渗透改性环氧灌浆补强材料。

（3）无溶剂环氧防腐防水涂料。

（4）环保型快固化多功能改性环氧材料。

（5）环保型止水补强环氧灌浆材料。

（6）YK 系列环氧砂浆、环氧腻子。

2. 高渗透环氧性能特点介绍

1）高渗透环氧的定义

（1）对涂料，指符合《环氧树脂防水涂料》（JC/T 2217—2014）要求，并在混凝土板上涂刷后，能够自然渗透到 2mm 以上深度的环氧防腐防水涂料。

（2）对化学灌浆，指符合《混凝土裂缝用环氧树脂灌浆材料》（JC/T 1041—2007）要求，并能够灌入 $K=10^{-6}\sim10^{-8}$ cm/s 的大坝基础泥化夹层中，能够使"土质"变为"岩性"的化学灌浆。

2）高渗透环氧的优势

（1）优势一：高渗透性与植根式防护

① 实现立体联防、内外联防——2mm 以上的渗透固结增强层（强度提高 30%以上），渗透剖面放大图及其特点，如图 8-89 所示。

② 实现对混凝土原位渗入—固结—增强或缺陷修复。

③ 实现对混凝土内部孔隙及外表面的封闭。

④ 起到对上层涂料或卷材高强度的界面粘接作用。贴膜式传统涂料如图 8-90 所示，植根式渗入固结型涂料如图 8-91 所示。

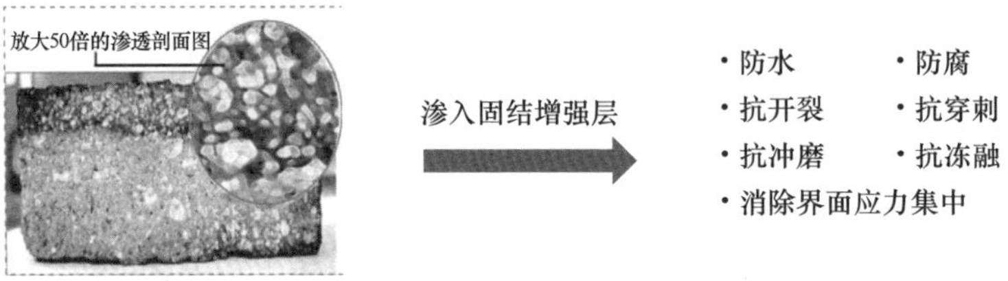

图 8-89　渗透剖面放大图及其特点

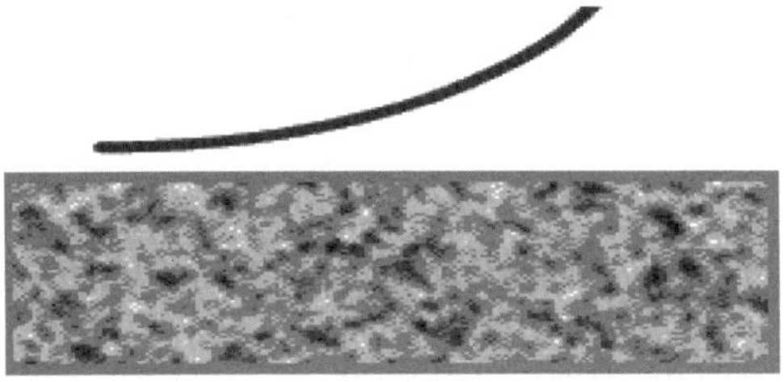

图 8-90　传统涂料（贴膜式）

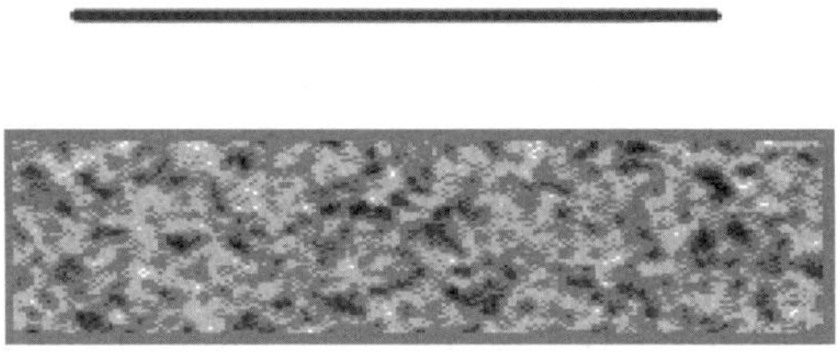

图 8-91　渗入固结型涂料（植根式）

对化灌工程，采用化学灌浆的方式代替大坝基础开挖回填方法进行加固，节省大量投资成本和时间工期。二滩岩芯偏光显微镜照片如图 8-92 所示，泥化夹层灌前与灌后对比如图 8-93 所示。

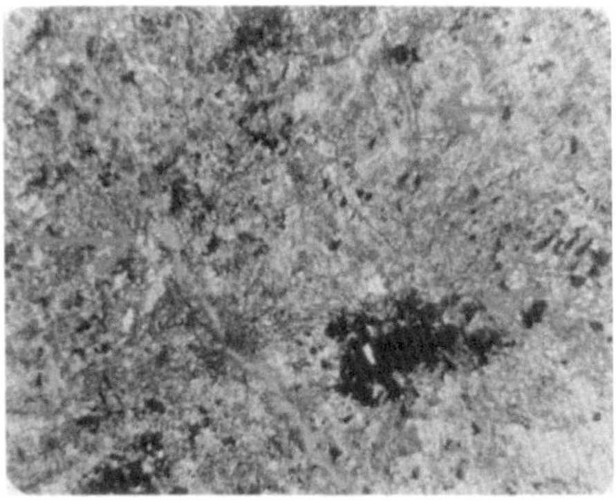

图 8-92　二滩岩芯偏光显微镜照片

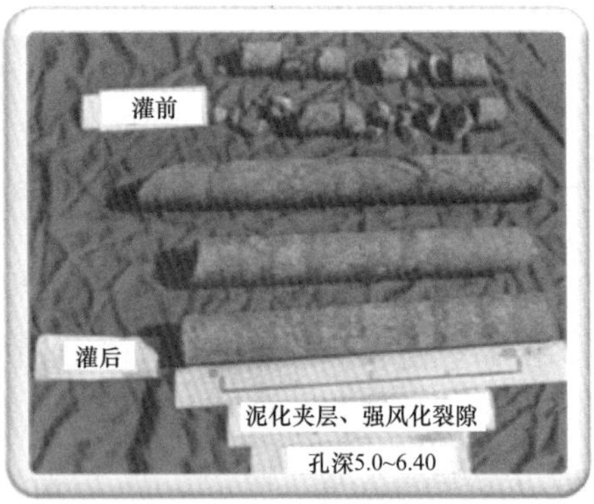

图 8-93　泥化夹层灌前与灌后对比

(2) 优势二：高耐久性

抗离子渗透能力大幅提高，见图 8-94、图 8-95。高耐久性统计见表 8-11。

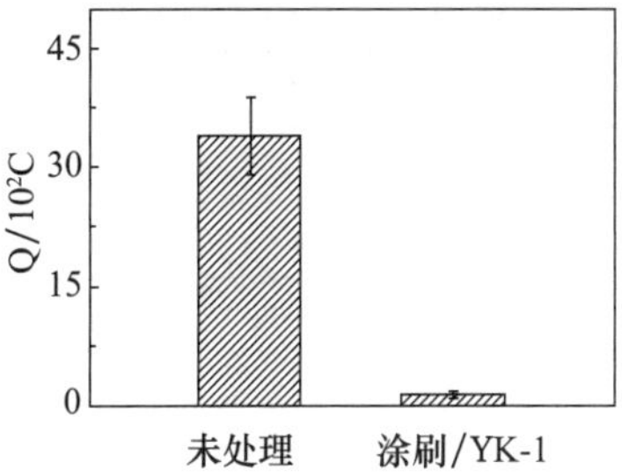

图 8-94 基面未处理氯离子渗透力

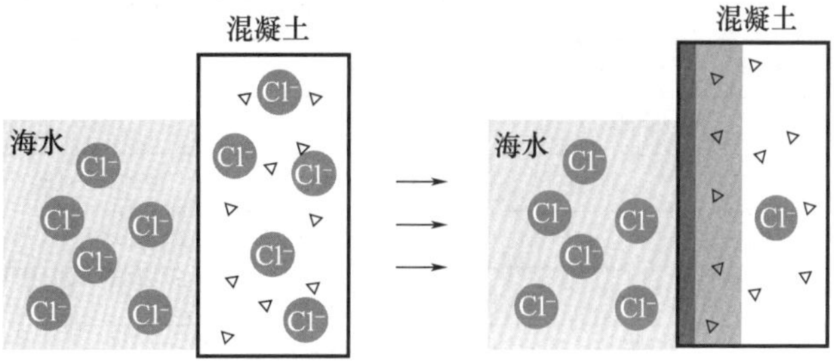

图 8-95 混凝土基面涂刷 YK-1 后，抗氯离子渗透力提高

表 8-11 高耐久性统计

工程名称	施工完成时间	用途	效果
中科院广化所中试车间	1991 年 9 月	新建车间大面积渗漏治理，满涂 3 遍	29 年仍无渗漏
广州分院机关住宅屋面	1992 年 10 月	屋面渗漏治理，满涂 3 遍	28 年仍无渗漏
广东省昆虫所试验楼	1996 年 4 月	屋面防水，满涂 2 遍	24 年仍无渗漏
广东省微生物所试验与生产基地	1999 年 10 月	屋面、地下室新做防水	21 年仍无渗漏
广东省科技厅与广州分院高层住宅	1997 年 8 月	屋面与地下室防水	23 年仍无渗漏
广州地铁公园前站车站	1997 年 10 月	裂缝灌浆补强	23 年仍无渗漏
广州地铁 4 号线 28 千米高架桥面	2006 年	与自粘卷材组成复合防水	14 年仍无渗漏
广州地铁 2 号线大修	2008 年	灌浆补强、渗水面涂刷	12 年仍无渗漏
广州开发区电镀厂污水池	2008 年 10 月	池内壁替代环氧玻璃钢防腐	使用 5 年后该厂搬迁，5 年内无渗漏、无脱皮

（3）优势三：高粘接性（图 8-96、表 8-12、表 8-13）

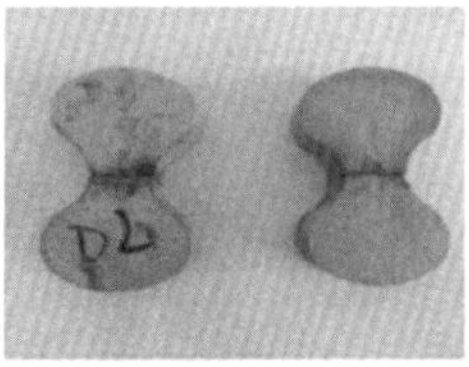

8字模粘接测试：

混凝土基材破坏

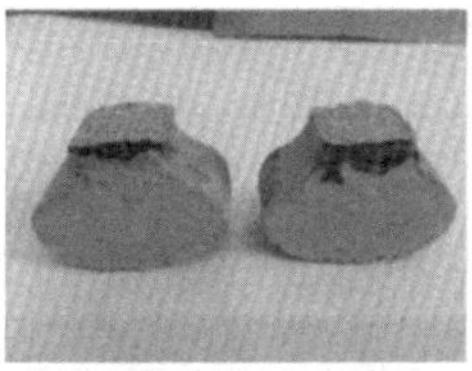

项目	强度
粘接方式	渗入植根式
干燥基面粘接强度	≥4.0MPa
潮湿基面粘接强度	≥3.0MPa

拉拔粘接测试：

混凝土基材破坏

图 8-96 混凝土 8 字模粘接强度与抗拔粘接测试情况结果

表 8-12 高渗透改性环氧防腐防水涂料性能指标

序号	试验项目	性能指标
1	固体含量	69%
2	初始黏度	≤30MPa·s
3	柔韧性	涂层无开裂
4	粘接强度（干基面）	5.2MPa
5	粘接强度（潮湿基面）	4.0MPa
6	粘接强度（浸水处理）	4.2MPa
7	粘接强度（热处理）	4.7MPa
8	涂层抗渗压力	1.2MPa
9	抗冻性	涂层无开裂、起皮、剥落
10	耐酸性	涂层无开裂、起皮、剥落
11	耐碱性	涂层无开裂、起皮、剥落
12	耐盐性	涂层无开裂、起皮、剥落
13	抗冲击性（落球法）	涂层无开裂、脱落
14	渗透性	＞2mm

检验标准：《环氧树脂防水涂料》（JC/T 2217—2014）。

表 8-13 高渗透改性环氧化学灌浆材料性能指标

序号	试验项目	性能指标
1	浆液密度	1.13
2	初始黏度	≤30MPa·s
3	可操作时间	330min
4	抗压强度	85MPa
5	拉伸剪切强度	13MPa
6	抗拉强度	20MPa
7	粘接强度（干粘接）	4.5MPa
8	粘接强度（湿粘接）	3.6MPa
9	抗渗压力	1.3MPa
10	抗渗压力比	433%

检验标准：《混凝土裂缝用环氧树脂灌浆材料》（JC/T 1041—2007）。

（4）优势四：高性价比（表 8-14）

表 8-14 几种防水涂料每平方米造价对比

项目	价格（元/kg）	用量（kg/m^2）	施工费用（元/m^2）	工程造价（元/m^2）
高渗透环氧	48	0.5	3	27
聚氨酯	14	2.8	5	44.2
聚脲	50	2.0	5	105
水泥基渗透结晶	30	1.2	3	39

（5）其他优势

① 施工方便性：对于高渗透环氧防腐防水涂料而言，对混凝土基面的平整度要求不高，对含水量要求也不高，无明水的潮湿基面可直接施工。

② 防水防腐＋界面粘接剂多功能性：不单节省了一道底涂，还可以提高其上层材料与混凝土基层的粘接强度。

常用模式为：高渗透环氧＋各种卷材；
　　　　　　高渗透环氧＋聚氨酯涂料；
　　　　　　高渗透环氧＋聚脲涂料；
　　　　　　高渗透环氧＋丙烯酸酯涂料。

3. 高渗透环氧应用领域介绍

由于具有优异的高渗透性、高耐久性、高粘接性能的优势，在防水、防腐、灌浆加固与缺陷修缮方面已应用于十大领域：①高铁与地铁；②高速公路；③水电大坝与水利工程；④海港码头；⑤桥梁；⑥隧道；⑦城市管廊；⑧污水处理；⑨文物保护；⑩民用建筑及房地产。

1）水利水电（坝基原位加固）

高渗透改性环氧化学灌浆，在国家二十多个水电大坝工程中实施了化学灌浆“原位加固”以代替“开挖回填”的方法，取得圆满成功。

2）水利水电（水电大坝的修复）

李家峡大坝泄洪洞维修如图 8-97 所示。龙羊峡大坝泄洪洞维修如图 8-98 所示。

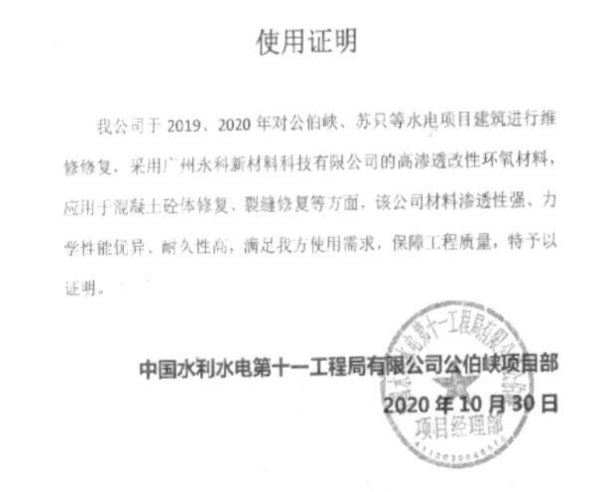

使用证明

我公司于 2019、2020 年对公伯峡、苏只等水电项目建筑进行维修修复，采用广州永科新材料科技有限公司的高渗透改性环氧材料，应用于混凝土砼体修复、裂缝修复等方面，该公司材料渗透性强、力学性能优异、耐久性高，满足我方使用需求，保障工程质量，特予以证明。

中国水利水电第十一工程局有限公司公伯峡项目部
2020 年 10 月 30 日

图 8-97　李家峡大坝泄洪洞维修

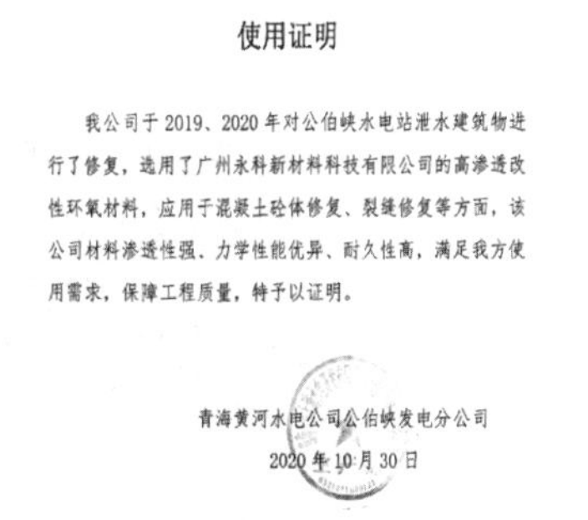

使用证明

我公司于 2019、2020 年对公伯峡水电站泄水建筑物进行了修复，选用了广州永科新材料科技有限公司的高渗透改性环氧材料，应用于混凝土砼体修复、裂缝修复等方面，该公司材料渗透性强、力学性能优异、耐久性高，满足我方使用需求，保障工程质量，特予以证明。

青海黄河水电公司公伯峡发电分公司
2020 年 10 月 30 日

图 8-98　龙羊峡大坝泄洪洞维修

3）水利水电（输水干渠的防水、修复与加固）

南水北调边坡修复工程如图 8-99 所示。都江堰修复工程如图 8-100 所示。

图 8-99　南水北调边坡修复工程

图 8-100　都江堰修复工程

4）高铁工程

高渗透环氧＋聚脲防护系统在京沪高铁建设工程中的应用见表 8-15。

表 8-15　高渗透环氧＋聚脲防护系统在京沪高铁建设工程中的应用

YK-1 高渗透环氧按京沪高铁《暂行技术条件》要求检测数据			
检测单位	干粘结强（MPa）	湿粘结强度（MPa）	技术要求（MPa）
铁道部铁道科学研究院	3.7	4.2	≥2.5
广东省建材检测中心	4.7	4.0	≥2.5

基层处理剂重要性的再认识：

（1）封闭功能；

（2）提高聚脲与混凝土基面粘接强度功能；

（3）防水功能；

（4）补强功能；

（5）抗冲磨功能；

（6）可在潮湿基面施工的功能。

5）地铁工程（盾构管片防水防腐，图 8-101）

图 8-101　广州、深圳、天津、南宁、合肥、乌鲁木齐等地铁施工面积共达 300 万 m^2 以上

6）地铁工程（地铁高架桥梁）

鉴于原选用材料施工工艺与进度满足不了工期要求，广州地铁 4 号线高架桥 25km 路段复合防护系统改为采用高渗透改性环氧防水底涂＋高分子自粘卷材组成新的复合防水方案，如图 8-102所示。在多雨季节保证了施工进度和质量要求，并节约造价 100 多万元。

图 8-102　广州地铁 4 号线高架桥面防水施工

7）高速公路

沈阳二环高速桥面使用高渗透改性环氧代替改性乳化沥青做防水层，做法是在混凝土桥面基层用高渗透改性环氧涂刷两遍，如图 8-103 所示。第一遍涂完后约 0.5～1h 涂第二遍，总用量 0.5kg/m^2，随后进行沥青混凝土桥面铺装。

开创了高速公路桥面用环氧材料替代传统的改性沥青防水层的应用。

图 8-103　沈阳二环高速桥面防水施工

8）海港码头防腐工程

广东某海军基地码头防腐工程、珠海神华集团码头防腐工程见图 8-104。

图 8-104　广东某海军基地码头防腐工程、珠海神华集团码头防腐工程

9）桥梁工程

辽宁葫芦岛兴城桥梁防腐工程（高渗透环氧＋无溶剂环氧复合防腐系统），如图 8-105所示。

图 8-105　辽宁葫芦岛兴城桥梁防腐工程

10）隧道工程

广州黄沙—芳村过江沉管隧道：主要对沉管顶板和侧墙进行内防式抗渗防水治理，经沉管试水、试压和浮运等考验，验证了高渗透环氧防护体系的有效性与可靠性、持久性。黄沙—芳村过江沉管隧道用环氧内涂抗渗如 8-106 所示。

新疆某隧道防水工程（高渗透环氧＋无溶剂环氧复合防水体系），如图 8-107 所示。

图 8-106　黄沙—芳村过江沉管隧道用环氧内涂抗渗

图 8-107　新疆某隧道防水工程

11）污水处理池、蓄水池等的综合防腐防水处理（图 8-108～图 8-110）

12）文物保护

文物地库侧墙、地板的严重渗漏，内环境湿度达 90％以上，在不拆除地板条件下，通过注浆和涂刷，完成了库内全封闭防渗防潮维护体系，彻底根治了渗漏，空气湿度控制在 35％以下。

图 8-108 汕尾生活污水处理池防腐工程

图 8-109 广州电镀厂污水处理池防腐工程

图 8-110 新疆额河养殖池防水防腐工程

13）民用住宅、厂房的混凝土结构防水（图 8-111～图 8-113）

图 8-111 广州某楼盘侧墙防水

图 8-112 江西某地产楼盘地下室顶面外防水

图 8-113　中科院广州分院楼顶面屋面防水

4. 高渗透环氧在病害工程治理中的应用与耐久性优势

1）广州地铁渗漏治理三区段耐久性对比

广州地铁公园前站三个区段出现严重裂缝及大面积渗漏，地铁公司分别采用了三种材料对三个渗漏区段进行了对比性化学灌浆治理，其治理效果见表 8-16。

表 8-16　治理效果

治理区段	1 区段	2 区段	3 区段
使用材料	非渗透性 环氧化灌浆材	高渗透改性 环氧化灌浆材	聚氨酯 化灌浆材
治理效果	5 年 6 个月 复漏	23 年后 仍无任何渗漏	2 年 3 个月 复漏

2）中科院广州分院宿舍楼顶渗漏水治理（图 8-114）

3）中科院广州分院三栋宿舍楼楼顶出现渗漏水，1990 年用高渗透环氧进行防水处理（图 8-115），至今 31 年无任何渗漏。

图 8-114　中科院广州分院宿舍屋顶用高渗环氧防渗

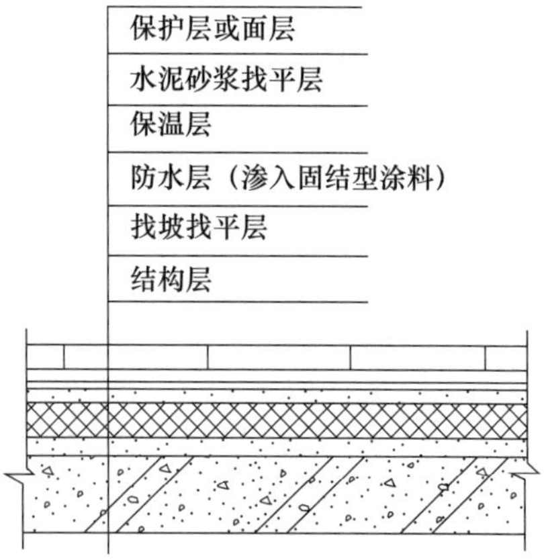

图 8-115　中科院广州分院宿舍屋顶用高渗环氧防渗构造示意图

说明：

(1) 对多层建筑，防水层采用高渗透环氧，同时起到渗入-封闭-固结的多功能全面防水的作用。

(2) 对高层建筑，防水层采用高渗透环氧上再添加卷材或柔性涂料这种刚柔结合的复合防水模式。其中高渗透环氧除了起到渗入-封闭-固结的多种作用，还起到上层材料的高性能界面粘结剂的作用。

4) 成都金融城某大厦地下室渗漏治理

该地下室约4万m^2，地下5层出现大量裂缝、冒水以及侧墙渗水，我公司提供治理方案后顺利完成施工试验，如图8-116所示。

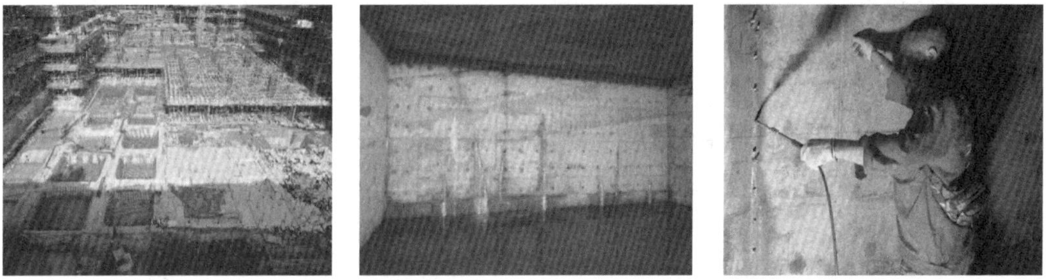

图8-116　成都金融城某大厦地下室渗漏采用高渗环氧治理

5) 防撞墙冻融破坏的治理修复

东北、新疆公路防撞墙，每年均遭受冻融破坏，用高渗透环氧治理（图8-117）后已5年仍然保持完好。

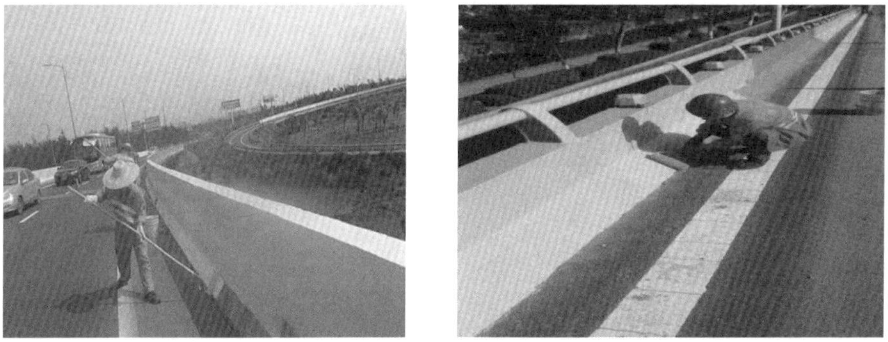

图8-117　东北、新疆公路防撞墙用高渗环氧防腐抗冻

6) 新建桥梁的裂缝修复

(1) 在湖南长湘高速公路桥面缺陷补强工程中的应用（图8-118）

湖南长湘大桥新浇混凝土养护后出现表层网状裂缝，业主方起初要求将混凝土层打掉重新浇筑，后采用YK系列高渗透改性环氧材料同时起到裂缝修复＋防水的作用，效果优异，获得了业主方的高度认可，大大节约了修复成本和缩短工期。

(2) 港珠澳大桥混凝土裂缝补强修复

港珠澳大桥用YK-3代替某国际名牌的环氧灌浆材料，解决了微细裂缝进口材料无法渗入的问题（同时材料价格也大大降低）。

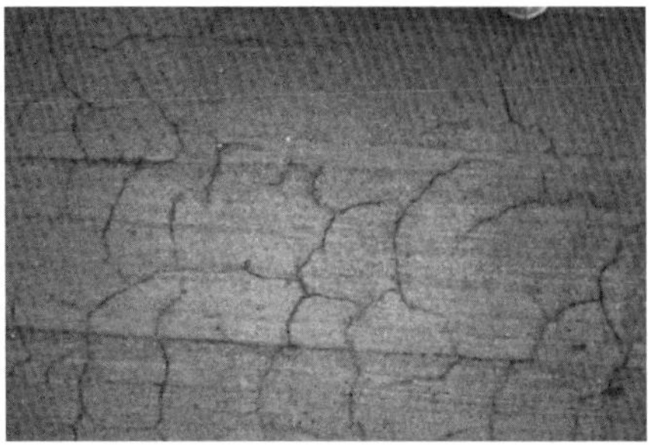

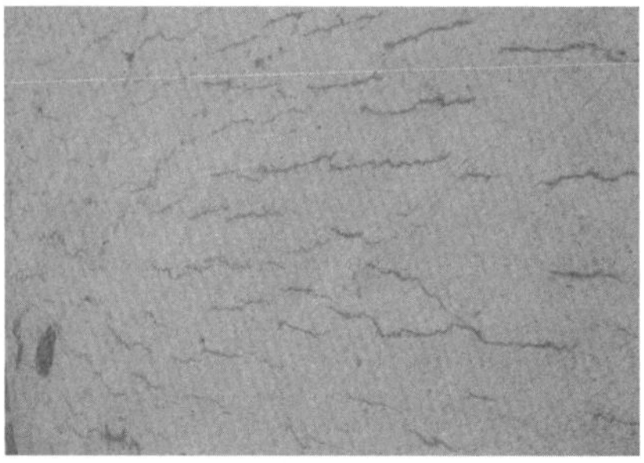

施工前

施工后（修复+防水双功能）

图 8-118　湖南长湘大桥新浇混凝土裂缝修复

7）南水北调东线工程表面混凝土脱落修复（图 8-119）

施工前

施工后（修复+防水双功能）

图 8-119　南水北调边坡用高渗环氧防水加固

8）都江堰干渠大修工程

基本治理方法：原决定将已使用 40 多年开裂严重的干渠上部的混凝土全部打掉，重新浇筑 20cm 的新混凝土，对裂缝先采用高渗透环氧灌浆进行修复，然后涂刷高渗透改性环氧防腐防水涂料 YK-1 两遍，用量合计 0.5kg/m^2，再浇筑 10cm 新混凝土，最后再涂刷两遍 YK-1，用量仍为 0.5kg/m^2，不仅节省了投资，也节省了大量工期，如图 8-120所示。

图 8-120 都江堰干渠用高渗环氧修复裂缝加涂刷 YK-1 涂料防渗加固

5. 产品的品牌承诺

(1) 产品技术性能指标国内外一流；

(2) 施工方便如同傻瓜相机；

(3) 环保要求符合国内外标准；

(4) 价格适中性价比高；

(5) 做好服务确保工程质量。

8.11 超级材料解决超级难题

丁 杰

(广东隽隆新型建材科技有限公司)

1. 前言

(1) 聚脲弹性体技术是在反应注射成型（Reaction Injection Molding，RIM）技术的基础上，于二十世纪七十年代中后期发展起来的。聚脲涂料发展经历三个阶段，第一个阶段是在B组分中使用羟基聚醚和醇类扩链剂，第二个阶段是在B组分使用羟基聚醚和胺类扩链剂，第三个阶段是在B组分中使用氨基聚醚和胺类扩链剂。在第一、二阶段中，为了提高反应活性，必须加入催化剂；第三阶段中则完全不同，它在B组分中使用了氨基聚醚和胺类扩链剂，与异氰酸酯组分（以下简称“A组分”）的反应活性极高，无须任何催化剂即可在室温（甚至0℃以下）瞬间完成反应，从而有效地克服喷涂聚脲弹性体过程中，因环境温度和湿度的影响而发泡、造成材料性能急剧下降的致命缺点。

聚脲涂料和一般的聚氨酯涂料一样都由A、B两组分组成。A组分：异氰酸酯预聚体（或半预聚体）。B组分：氨基聚醚、胺类扩链剂、颜填料以及助剂。涂料反应机理如下：

$$\longrightarrow R{-}NCO + R'{-}OH \qquad RHNCOOR' \quad \text{聚氨酯反应}$$

$$\longrightarrow R{-}NCO + R'{-}NH_2 \qquad RNHCONHR' \quad \text{聚脲反应}$$

由于涂膜中既有氨酯键又含有脲键，所以聚脲涂膜既有优异的强度和硬度，又富有很好的弹性和柔韧性。

（2）北京森聚柯高分子材料公司于2002年起开发聚脲涂料，于2006年创造性地开发了单组分聚脲新型材料与手刷工艺工法。

（3）聚脲涂料在我国的应用比较广泛：①军事防护；②混凝土防护防水涂料；③做混凝土与金属构件的防水防护涂料；④用于机械和汽车防腐防护涂装；⑤重防腐涂料。

聚脲涂料在应用中发现如下问题：反应速度快，固化时间短，易出现表面鼓泡、麻点；长期处于潮湿、阴冷的环境中易霉变；材料价格偏高等。

（4）广东隽隆新型建材科技公司在生产与应用喷涂聚脲、手刷聚脲的基础上，研发成功聚脲注浆液，并于2019年申报了专利，2021年国家专利局授予了发明专利（专利号：ZL202111064675.8）。

2. 聚脲注浆液是聚脲涂料的新一代高端产品

1）聚脲注浆液专利、性能检测报告如图8-121所示。

发明专利证书

广西壮族自治区产品质量检验研究院

检验报告

图8-121　聚脲注浆液专利、性能检测报告

2）聚脲注浆的优势与特点

（1）优越的环保性：隽隆聚脲注浆液具有超高固含量、无溶剂、无有机挥发物、无

毒并采用无污染的绿色注浆技术。

（2）杰出的耐候性、耐老化性能：隽隆聚脲注浆液有稳定的化学结构，交联密度高，可确保更长久的使用寿命。

（3）突出的理化性能：固化后吸水率极低（约0.4%），耐水泡；不透水性好，低温−35℃无裂纹，加热高温伸长率优良，定伸时老化（加热老化、人工气候老化）无裂纹及变形，热处理（80℃，168h）拉伸强度保持率和断裂伸长率优良，酸碱处理拉伸强度保持率和断裂伸长率优良。

（4）优异的物理性能：隽隆聚脲注浆液是“弹性体”，具有优良的弹性，断裂伸长率可达400%，可以适应盾构管片行车振动、变形缝不均匀沉降、温度裂缝和施工缝的热胀冷缩，避免变形导致的复漏。

（5）抗拉伸、补强加固：既有一定弹性又有一定抗拉强度，抗拉强度约2.3MPa，通过高压将隽隆聚脲注浆液注入混凝土质量缺陷渗漏水处并充填密实，在堵漏的同时可以提高质量缺陷处的抗拉强度。

（6）优异的水中粘结性能：与水反应固化，可以在水中充分固化，在潮湿面或水中混凝土界面具有较强粘结力，在压力下粘结力更优，克服了其他化学注浆堵漏材料潮湿面或水中混凝土界面粘结力较弱或无粘结力的问题。

（7）无溶不缩性能稳定：隽隆聚脲注浆液不添加有机溶剂，近100%固含，固化后不收缩，克服了其他化学注浆堵漏材料普遍后期收缩导致复漏的通病。

（8）复杂区域防护：隽隆聚脲注浆液其液态的属性便于平面、垂直面、曲面或角落等复杂区域的施工。

（9）操作便捷的施工：单液注浆，相对于双液注浆操作简便，注浆施工质量可控、稳定，通过线控单液注浆机，可以实现单液单人注浆，在保证质量的同时大大节省注浆人力。

（10）便于运输和存储：隽隆聚脲注浆液出厂为液体单组分，在现场直接注浆施工，因此可以提高物料的运输速度并节省施工场地的存储空间。

3）聚脲注浆液的适用范围

适用于如地铁、铁路、公路、市政、建筑、隧道、涵洞、水利、地下综合管廊、人防工程等所有混凝土结构渗漏注浆止漏，还可胜任环保要求高的混凝土结构，以及盾构管片、后浇带、变形缝等震动和变形较大结构的止漏注浆。

注意：伸缩缝止漏并不是依靠单一的材料、单一的工艺就能处理好，需要材料组合和工艺配套，做到“刚柔相济、堵防排结合、综合处理、多道设防”才能成功。

3. 聚脲注浆液产品性能

聚脲注浆液产品性能如表8-17所示。

表8-17 聚脲注浆液产品性能

序号	检测项目	指标值	检验结果	本项结论
1	固体含量（%）	≥98	99	合格
2	拉伸强度（MPa）	≥2.45	2.75	合格

续表

序号	检测项目	指标值	检验结果	本项结论
3	断裂伸长率（%）	≥500	590	合格
4	撕裂强度（N/mm）	≥15	22	合格
5	低温柔性	−35℃，无裂纹	−35℃，无裂纹	合格
6	不透水性（0.3MPa，120min）	不透水	不透水	合格
7	加热伸缩率（%）	−4.0～+1.0	−0.01	合格
8	粘结强度（MPa）	≥1.0	1.5	合格
9	吸水率（%）	≤5.0	2.8	合格
10	定伸时老化	无裂纹及变形	无裂纹及变形	合格
11	热处理（80℃，168h）	无裂纹及变形	无裂纹及变形	合格
12	碱处理［0.1%NaOH，饱和Ca(OH）溶液，168h］	无裂纹及变形	无裂纹及变形	合格
13	酸处理（2%H_2SO_4 溶液，168h）	无裂纹及变形	无裂纹及变形	合格
14	挥发性有机化合物（VOC，g/L）	≤200	30	合格
15	苯（mg/kg）	≤200	未检出	合格
16	甲苯+乙苯+二甲苯（g/kg）	≤5.0	未检出	合格
17	苯酚（mg/kg）	≤100	未检出	合格
18	蒽（mg/kg）	≤10	未检出	合格
19	游离 TDI（g/kg）	≤7.0	未检出	合格

4. 聚脲注浆施工工艺工法

1）注浆施工工艺

（1）清理洗缝：清理裂缝周边与缝中杂物及浮尘，确保缝隙洁净，无异物和浮尘；

（2）预埋注浆针头，间距 10～15cm 一个，裂缝交叉处 45°角增放一个注浆针头；

（3）止水加固注浆，待下一个注浆针头冒浆后，继续恒压 2～3s。

温馨提示：

（1）确保裂缝注浆到位，注浆不到位的地方需补注。

（2）遇到小裂缝，可以通过降低浓度增加注浆聚服流动性方式解决流动性的方式解决，如加入适量环保溶剂搅拌均匀。

（3）更换专用高压注浆设备。

聚脲注浆液施工工艺如图 8-122 所示。

聚脲注浆裂缝标准步骤归纳如下：

（1）沿裂缝两侧 45°打斜孔，打孔深度一定要穿过裂缝。

（2）用水冲洗孔内灰尘，有条件可以增加一台注浆机注水，让裂缝出水。其目的一是确保打孔精准，二是清洗孔内灰尘，增加注浆液的流动性。

（3）裂缝出浆后当时用铲刀清理，隔天敲打即可，孔大的需要用聚合物防水砂浆封漏针孔。

（4）顶板注浆的时候，裂缝大的注完浆后用“堵漏王”封堵裂缝。

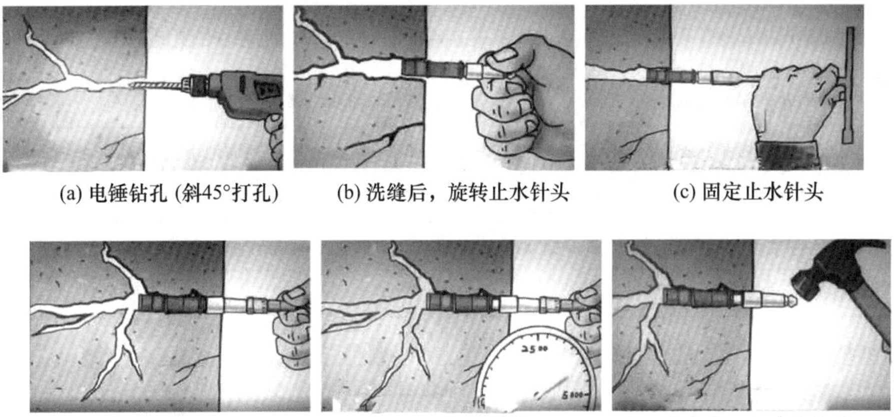

(a) 电锤钻孔 (斜45°打孔)　(b) 洗缝后，旋转止水针头　(c) 固定止水针头

(d) 连接注浆管　(e) 低压慢灌注浆　(f) 注浆完毕拆除注浆嘴

图 8-122　聚脲注浆液施工工艺

（5）施工完毕清洗注浆机用天那水即可。

2）细微裂缝注浆堵漏工法

（1）换大功率注浆机。

（2）适量添加环保溶剂油、乙酸乙酯稀释，切忌添加天那水溶剂，否则会导致不干。

（3）天冷低温的情况下适当预热注浆液。

（4）用手磨机切 U 形缝，用批刀刮聚脲胶浆填满缝槽。

5. 工程业绩

近十年来，我公司先后在广东、广西、湖南、安徽、四川、浙江、天津等省（区、市）及南沙群岛承接了 40 多项注浆堵漏工程。均圆满完成堵漏、防水、防护任务，得到业主认可。主要工程项目如表 8-18 所示。

表 8-18　主要工程项目

序号	建设项目及工程名称	甲方名称	工程主要内容	合同金额（万元）
1	郁南恒大翡翠龙庭	恒大集团	整体防水补漏	156
2	佛山南庄万科城	万科集团	整体防水补漏	385
3	东莞保利香槟国际	富利集团	地下负一、二层防水堵漏	60
4	深圳龙岗保达龙岗五联项目一期二标段	保利集团	地下负一、二、三层防水堵漏	125
5	花都保利水晶城	保利集团	地下负一层防水堵漏	75
6	保利新会西海岸	保利集团	整体防水补漏	45
7	惠州保利阳光城	保利集团	地下负一层防水堵漏	58
8	江门保利大都会	保利集团	地下负一层防水堵漏	78
9	花都保利悦庭	保利集团	楼层屋面地下负一层补漏	156

续表

序号	建设项目及工程名称	甲方名称	工程主要内容	合同金额（万元）
10	花都保利翡翠山	保利集团	楼层屋面地下负一层补漏	78
11	花都保利花城第一、二、三期	保利集团	楼层屋面地下负一层补漏	689
12	佛山保利紫山国际	保利集团	楼层屋面地下负一层补漏	120
13	佛山保利海德花园	保利集团	楼层屋面地下负一层补漏	150
14	江门保利新会	保利集团	楼层屋面地下负一层补漏	125
15	潮州庵埠碧桂园	碧桂园集团	地下车库侧壁底板	185
16	潮州沙溪碧桂园	碧桂园集团	整体防水补漏	225
17	粤东内湖碧桂园	碧桂园集团	整体防水补漏	256
18	潮州星钻园	恒大集团	整体防水补漏	236
19	潮州恒大	恒大集团	负一层新旧伸缩缝补漏	25
20	潮州恒大名都	恒大集团	负一层新旧伸缩缝补漏	82
21	珠海恒大海泉湾	恒大集团	屋面及屋面结构缝	125
22	花都融创滑雪场	融创集团	滑雪场与电梯口堵漏	85
23	南沙尼莱思克产业园	广州尼莱思克	整体防水补漏	889
24	广西河池体育馆	大元建设	整体防水补漏	289
25	黄埔有轨电车 1 号线	中铁二十二局	隧道侧壁顶板补漏	125
26	黄埔有轨电车隧道	中铁二十二局二公司	隧道注双液浆侧壁裂缝	450
27	肇庆管廊	中铁	预制管廊拼缝	356
28	广东石油炼化一体化项目	江苏天目建设集团	污水处理场伸缩缝渗漏治理	1000
29	汉溪长隆地铁站台	广州番禺地铁	隧道侧壁伸缩缝补漏	518
30	东莞地铁 1 号线莞太路呻心广场站	中铁三局	盾构管片伸缩缝补漏	499
31	长沙捞刀河过江电力隧道	佛山地铁	隧道侧壁伸缩缝补漏	215
32	长沙地铁三号、六号线延长线	中铁隧道局	盾构管片伸缩缝补漏	586
33	合肥地铁四号线延长线	中铁隧道局	盾构管片伸缩缝补漏	556
34	成都天府机场地下管廊	成都天府机场	管廊侧壁伸缩缝补漏	596
35	河南郑州火车站	郑州铁道局	车站人行通道伸缩缝补漏	25
36	杭州地铁七号、八号线，机场快线	中铁隧道局	盾构管片伸缩缝补漏	477
37	天津地铁十号线	中交集团	盾构管片伸缩缝补漏	323

部分项目案例如图 8-123 所示。

(a) 保利新会西海岸　(b) 潮州恒大　(c) 潮州恒大名都
(d) 珠海恒大海泉湾　(e) 郁南恒大翡翠龙庭　(f) 佛山南庄万科城
(g) 深圳龙岗保达龙岗五联项目　(h) 南沙尼莱思克产业圆　(i) 肇庆管廊
(j) 黄埔有轨电车1号线　(k) 深圳宝安机场北地铁20号线　(l) 中塑成都西部国际贸易中心

图 8-123　部分项目案例

8.12　丽江国际花园一期工程地下室渗漏治理新模式

成协钧
（广州天捷建设有限公司）

1. 工程概况

丽江国际花园一期工程位于广州市增城区，有高层、超高层商住楼。主体工程竣工后，因多种因素造成局部渗漏，2020 年 9 月起委托我公司承担渗漏修缮任务，修缮部分工程总价 224.3 万元。

修缮范围：地下室、水池、出入通道、排水沟、天面（屋面）、楼宇外墙等部位防水堵漏。现以地下室修缮为例，阐述渗漏治理新模式。修缮后达到合同要求，不渗不漏，业主满意。

2. 渗漏状况与原因分析

经现场踏勘，渗漏状况与渗漏原因剖析如下。

1）渗漏部位与状况

（1）车库底板渗漏面积约 1010m^2；

（2）人防出入口渗漏面积约 60m^2；

（3）16 个电梯井渗漏；

（4）地下室侧墙渗漏面积约 95m^2；

（5）地下室顶板 22 处渗漏；

（6）地下室变形缝渗漏 12 条；

（7）屋面局部渗漏；

（8）塔楼外墙 27 个窗边渗漏；

（9）外墙室内渗漏 10 多处；

（10）政务中心及商铺屋面与外墙局部渗漏。

以上渗漏处存在点漏、线漏与面渗，有些部位流水、涌水甚至喷水。

2）渗漏原因

（1）混凝土结构主体局部不够密实，存在微孔、小洞及部分裂缝，能透过水分子；新建工程 3～5 年内存在徐变，徐变应力引发新的裂缝。气候温差变化也引发新的裂缝；沿海地区的飓风或台风破坏力强，也是引起建筑物变形破损的原因之一。

（2）穿墙管、穿屋面管未预埋套管，管道安装后回填的水泥砂浆或细石混凝土不密实，大雨、暴雨、风雨时水分能透过回填层引起渗漏。

（3）变形缝内中埋止水带局部错位破损，密封材料与基体粘结不牢引起变形缝局部渗漏。沉降缝因地基变形引起剪切破坏导致渗漏。

（4）地下室车库渗漏原因如下：

① 排水沟放坡存在缺陷、分厢缝密度不够或处理不当，造成底板排水不畅通，车库地面水分未及时排至室外市政排水网络。

② 出入口斜道底板与两侧存在孔洞与裂缝，底板上口未做挡水坎或不规范，两侧平立面连接处未做导水沟，下端截水槽与集水井连接不顺畅，下雨时水不能及时排至室外。

③ 车库底板与侧墙连接处未开边缝或边缝不规范，墙根或墙面渗漏水不能顺畅地流入排水沟。

④ 底板未设分厢缝或分厢缝密度不够或导水受阻，地面积水，不能及时引入排水沟。

⑤ 柱根平立面连接处的接触界面缝未用密封膏密封缝隙。

⑥ 底板金刚砂找平层与底板结构层局部粘结不牢，存在渗水、窜水层。

⑦ 侧墙存在局部裂缝、微孔、小洞，侧墙水平施工缝防水措施不力或存在缺陷，造成局部施工缝渗水；侧墙模板拉筋松动、拉筋头防渗措施不当，导致部分拉筋周围渗水。

⑧ 车库顶板因结构受力变形与结构徐变，造成顶板局部裂缝渗水。

⑨ 室内外温度不平衡，室内抽风排气不良，导致冷凝水掉落地面。

⑩ 底板面层不平整，局部积水。

3. 地下室（两层，负二层为车库）渗漏治理工艺工法

排堵结合，适当注浆，密实密封，综合治理。

1）底板全面清理：清除杂物、泥浆，铲除浮浆浮渣，用压力水冲洗干净，让底板缺陷原形毕露，缺陷处做好标志。

2）全面疏通底板分厢缝、排水沟及边沟，必要时增设分厢缝与边沟。沟底放坡0.5%～1%。用聚合物防水砂浆将缝、沟三面修补规整，形成排水畅通的网络，将底板的积水、渗水及时排至集水坑，通过自控泵及时排入室外市政排水系统。

3）底板点漏、线漏修缮

（1）点漏处理：点湿、点渗，周边扩大10cm，干净后，刮涂两遍CCCW（渗透结晶型粉剂）浆料，硬固后用湿面可施工的环氧树脂涂料做1.5mm厚一布（玻纤布或无纺布）四涂增强防水层。涌水或喷水点，剔凿ϕ10cm、宽4cm深凹槽，干净后，先用速凝“堵漏王”按压止水，再回填聚合物防水砂浆或防水细石混凝土，表面刮一布三涂环氧涂料。此法完成后，仍然渗漏，应在漏点周围钻3个孔，压灌水泥-水玻璃注浆料封堵。

（2）线漏（缝漏）处理：

① 短小裂缝存在湿渍或缓慢渗水，骑缝剔槽2cm宽、3cm深，干净后，先刷一道CCCW浆液，随后嵌填压实聚合物防水砂浆刮平；

② 深长裂缝渗水流水，骑缝切槽3cm宽、5cm深，干净后，先刮压速凝“堵漏王”止水，再刷一道CCCW浆液，随后嵌填压实聚合物防水砂浆刮平；

③ 贯通裂缝涌水或喷水，骑缝剔槽5cm宽、5cm深，缝的两端分别延伸15cm长。沿缝两侧呈梅花状钻斜孔如图8-124所示，然后低压（0.3MPa左右）慢灌油溶性聚氨酯注浆堵漏液或环氧树脂注浆液。无渗水后，分层嵌填聚合物防水砂浆刮平，表面骑缝刮涂1.5mm厚、10cm宽一布四涂防水层。

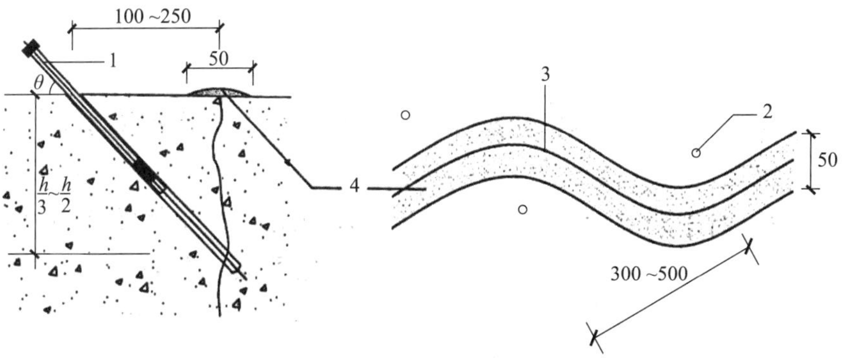

图8-124　钻孔注浆示意图（单位：mm）

1—注浆嘴；2—注浆止水钻孔；3—裂缝；4—聚合物防水砂浆

④ 施工缝渗漏治理：骑缝剔槽20～25mm宽，深1/3基体厚，用水冲洗干净；将CCCW粉料1份与速凝堵漏王粉料1份混合并干拌均匀，然后加清洁水拌匀成稠厚浆料，随即嵌入缝内约15mm深，并指压密实平整。干固15min后可进行后续施工；用水

将缝槽三面湿润后，随即嵌填 30mm 厚 CPS 弹性节点密封膏，挤压密实；接着挤压聚氨酯发泡剂至缝口负 15mm 处；对缝口挤注 15mm 厚 CPS 节点密封膏或聚氨酯密封胶；缝口表面增强处理：平面缝骑缝口刷涂 2mm 厚、250mm 宽环氧水泥涂料（中间夹贴一层 250mm 宽聚酯无纺布）加强；立面与拱顶刷涂环氧树脂防水涂料 2mm 厚增强。

以上做法如图 8-125 所示。

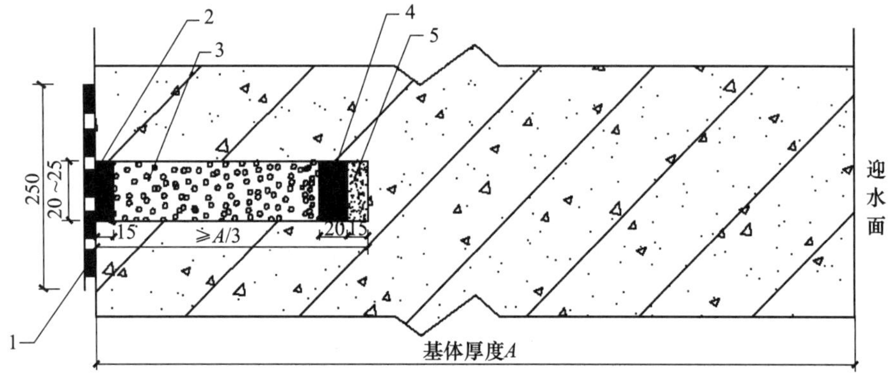

图 8-125　施工缝渗漏修缮示意图（单位：mm）

1—附加增强涂膜；2—聚氨酯密封胶；3—聚氨酯发泡剂；4—CPS 节点密封膏；5—CCCW 与“堵漏王”混合料

如果施工缝渗水特别严重，则先垂直钻孔，灌注水溶性聚氨酯堵漏剂止水，再实施图 8-125 措施。

⑤ 变形缝渗漏治理：剔槽至中埋止水带表面；安装止水针头穿过止水带 40mm，用速凝堵漏王锚固止水针头；以 0.2～0.3MPa 压力，灌注水溶性聚氨酯堵漏剂止水，4h 后灌注油溶性聚氨酯补强；挤注发泡聚氨酯填充空腔至内侧槽口留 30mm 凹槽；干燥、干净后，嵌填聚氨酯或聚硫弹性密封胶，并压实；制安_/_形镀锌薄板（0.5mm 厚）盖缝，盖缝时先在槽口两侧涂刷 2mm 厚聚氨酯涂料各 120mm 宽，固化后用钢钉（间距 300mm）锚固镀锌板，如图 8-126 所示。

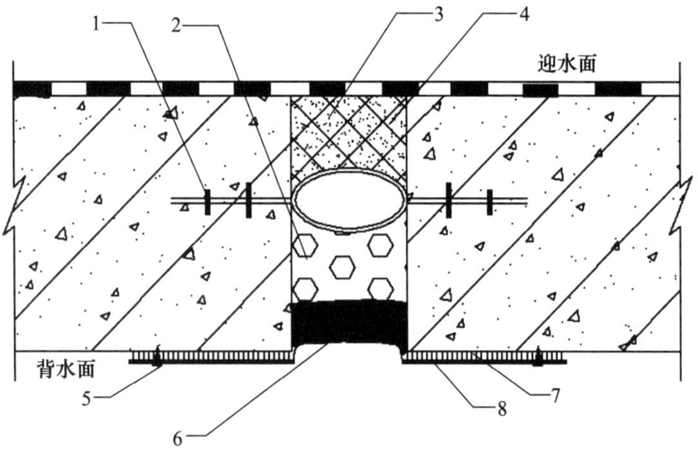

图 8-126　变形缝渗漏修缮示意图

1—中埋止水带；2—挤注聚氨酯发泡剂；3—挤塑泡沫板；4—注浆固结体；5—锚固钉；6—弹性密封胶；7—聚氨酯防水涂料 2mm 厚；8—0.5mm 厚_/_形镀锌盖缝板

修缮变形缝，在注浆止水后，也可安装阿拉丁、弹性橡胶体，再在背水面槽口嵌填弹性密封胶20～30mm厚，最后用能伸缩的钢板盖缝。

修补变形缝，还可采用张道真教授与吴兆圣先生倡导的新工艺、新工法。

4）电梯井渗漏治理

（1）剔凿井内三面表层至结构层，清理干净；

（2）全面刷涂两遍CCCW渗透结晶型防水浆料；

（3）参照图8-126“三漏”治理做法，修缮井内三面点漏、线漏、面渗；

（4）对井内三面全面抹压12mm厚环氧树脂聚合物防水砂浆，三遍成活。

5）出入口斜道三面清理干净后，参照图8-126做法，修缮好“三漏”；两侧面与底板连接处增设40mm宽、50mm深的排水槽，槽内三面刮压1.5mm厚CCCW渗透结晶型浆料；斜道底板抹压2mm厚环氧树脂防水涂料；出入口顶部做好挡水坎；下端做好截水槽，并与附近集水坑连通。

6）侧墙渗漏修缮

（1）参照图8-126的措施修缮好点漏、线漏、面渗；

（2）施工缝渗漏参照图8-125的办法修缮；

（3）立墙变形缝参照图8-126的措施处理；

（4）墙体模板拉筋头部分渗漏修缮：①松动的螺杆抽出拔掉，孔内干净后填充环氧砂浆，捣实刮平；②螺杆头部位渗漏，剔凹槽并清除金属锈皮，对拉筋头涂刷环氧涂料，干硬后回填环氧树脂防水砂浆，压实刮平。

7）车库顶板渗水修缮

（1）参照图8-126做法，逆向修补点漏、线漏、面渗；

（2）清理负一层楼面，利用图8-126方案修好孔洞与裂缝。

4. 地下室治漏施工操作注意事项

1）基面清理务必干净，清除所有浮浆、浮渣，并用压力水冲洗洁净，有利于后续修缮材料黏合牢固。

2）剔槽扩洞可手工錾凿，也可用手携式切割机先切缝后凿槽，还可用电钻先钻孔后剔铲。槽洞用聚合物防水砂浆修补规整。

3）孔洞与裂缝如果涌水或喷水，则先用速凝“堵漏王”刮压、手压止水，也可埋设导水管引流然后打木塞止水。

4）注浆可采用电动注浆机或手压注浆机注射浆料。化灌一般要求低压（0.2～0.5MPa）慢灌。孔径ϕ10mm左右，孔距20～50cm，视工况与注浆液的特性决定。注浆后进行观察，视实际情况可复注1～3次。

5）聚合物防水砂浆抹压应视厚度要求多遍成活，每遍厚度以5～6mm为宜，前遍与后遍抹压方向应相互垂直。抹压完成后应喷水湿养3d。

6）应文明施工，要求工完料净场地清，建筑垃圾及时运至指定地点堆放。所用工具、机具应及时清理干净。

7）应安全施工：一是工人应穿工作服、戴安全帽、穿平底防滑鞋上岗，危险作业应佩安全带；二是涂料、注浆液尽量不接触皮肤，严防溅入眼内，万一失误，须及时清洗，严重者及时就医；三是发生重大安全事故，必须及时上报，并保护好现场。

8）遵照设计要求与规范规程的规定，无论大小工作与任何部位，都需匠心作业、精心操作，达到不渗、不漏、经久耐用的目的。

9）如实做好施工记录，复杂部位、隐蔽工程应拍照或录相存档。

5. 结语

防水堵漏是一项系统工程，应遵循“设计是前提，材料是基础，施工是关键，管理是保证”的原则。治漏应查清渗漏原因，精准施策。优选材料，精心施工，匠心打造绿色环保、优质高效的工程，为我国防水事业多做创新贡献。

8.13 混凝土平屋面卷材防水层渗漏的原因及治理措施

王国湘

（湖南瑜金环保科技有限公司）

1. 前言

混凝土屋面有平屋面（坡度≤5%）与坡屋面两类，既有民用建筑、工业厂房、贮仓与公共建筑大多数是平屋面。平屋面有预制板拼装屋面与整体现浇屋顶。二十世纪六十年代至九十年代，民用拼装屋面板有 50～200cm 宽的多孔板，工业厂房有 1.5m 宽、6～9m 长的槽形屋面板或 F 形屋面板。10 多年来随着社会进步与建筑工业化的发展，预制屋面板朝着宽大平板（每室一块或每室二三块）的方向演变。

既有混凝土屋面，无论是整体现浇板还是预制拼装屋面，都存在不同程度的渗水、漏水，10 年前 80%渗漏率居高不下，近几年有所好转，但多种因素影响，屋面渗漏依然是建筑痛点之一。究竟原因何在？怎样治理？防水人探索了一些工法，我公司多年来的做法简介如下，供同行参考。

2. 渗漏原因

1）山墙（女儿墙）缺陷多，导致渗漏。

（1）山墙（女儿墙）多数是砖砌体，由于防水密封不严，下雨时墙体浸湿，久雨或大雨、暴雨时雨水积聚于墙体并窜流于墙体附近。

（2）山墙（女儿墙）卷材局部剥离翘边，存在渗水通道。

（3）有些高女儿墙墙面未做防水层，出现风雨时雨水浸入墙体。

（4）墙体与屋面板连接部位，多数未设边缝，温差变化引起墙体开裂或卷材破损。

（5）女儿墙在与屋面连接部位浇捣了圈梁（或压顶梁），混凝土圈梁（或压顶梁）与砖砌墙体收缩系数不同，存在界面缝隙，绝大多数未做缝隙密封，找坡层与隔热层中的湿气和积水侵入墙体界面缝，进而导致屋顶内墙缝水。长沙某小区屋顶因梁的界面缝渗漏，虽然屋面第一年做了双层 3mm 厚 SBS 卷材，第二年被迫铲除原有防水层，重新密实缝隙，再做防水层。后回填复原，不到一年浪费投资超过 60 元/m^2。

2）屋面分格缝存在渗水病害

（1）分格缝（又叫分厢缝、分仓缝）的作用：一是规避温差引起的基层开裂，二是释放变形应力。屋面规范要求其间距不大于6m，实践中有些大于6m，即缝距密度太稀引起基层开裂。

（2）分格缝的位置应设置于板面应力集中部位，若设于屋梁中部是不起作用的。但不少屋面分格缝所处位置不当，变形时引起基层开裂。

（3）分格缝处应增设底层空铺层，但不少屋面将卷材满粘横跨缝隙，板面冷缩时在缝隙部位拉裂。

（4）分格缝内应嵌填弹性好、粘结力强的密封膏，但不少屋面的密封膏在低温－5℃时就脆裂；有些密封膏与基体黏附力差，使用1～2年就与基体剥离，失去防渗功能。

（5）保温层上的找平层分格缝的宽度宜为5～20mm，但有些屋面分格缝宽为30～40mm，浪费材料；有些缝宽2～4mm，热胀时挤压破损。

（6）屋面女儿墙/围护墙/间墙与平面连接处应设边缝，缝宽宜为20～30mm，但很多屋面未设边缝，热胀时顶推墙体，冷缩时拉裂防水层。

3）穿屋面管道根部不密实造成渗水

（1）穿屋面管道宜设塑料（金属）套管，实践证明套管与屋面板同时浇捣，然后安装管道，95％～100％不会发生渗漏。反之，预留不规则的孔洞，安装管道后回填细石混凝土或1∶3水泥砂浆，90％的管根渗水。

（2）管根防水附加层应做在管根与结构板连接部位，若做在保温板砂浆找平层上是不起作用的。某屋面把附加层做在砂浆找平层上，19根管根18个渗水。

（3）屋面卷材在管根上翻250mm高，仅起防溅作用。若金属箍过于繁杂，反而阻挡雨水排放。

4）平口变形缝容易渗漏

（1）在缝两侧凿毛，植筋浇筑钢筋混凝土卷边，其接触界面能透过水分子。

（2）变形缝上口不嵌填弹性密封膏，仅铺盖板，其搭接部位易发生渗漏。

5）防水层上现浇40mm厚细石混凝土做保护层，缺陷较多，导致渗水

（1）板面存在微孔、小洞与裂缝，雨水侵入防水层，通过防水层的缺陷处渗入顶层室内。

（2）保护层分格缝存在缺陷，雨水通过缝隙浸入顶层室内。

（3）保护层本体不构成一道防水，如果未做可靠的防水层，必然造成顶层渗漏。

（4）混凝土保护层中的钢筋网应放置于板的上表面下10mm处，若置于板的下部，则气候变化引起板的上表面开裂。

混凝土保护层中有关细部节点存在孔隙、缝隙，也造成顶层渗水。

综上所述，屋顶设计欠妥，选材不当，节点密封不严，施工马虎，质量监控不严，是屋顶渗漏的主要原因。

3. 渗漏治理措施

1）仔细勘察现场，找出屋面缺陷与渗漏通道，做好标志与记录，对症下药，制定合理的治漏方案，确保防水耐久性达到一级设防要求。

2）清理与疏通排水系统，使屋顶排水畅通，达到无积水隐患。若排水管密度不够，

必要时应增设排水设施。

3）选用耐久性达 20 年以上、绿色环保、与原防水层相容的卷材或涂料修缮屋面。防水层应有足够厚度，要求改性沥青卷材厚度≥6mm，高分子卷材厚度≥2mm，高分子弹性防水涂膜≥2.7mm。屋面用密封胶（膏）选用弹性好的丁基胶、聚氨酯胶、聚硫胶、改性硅酮胶或耐候硅酮胶。

4）挑选有一定经验的施工队伍与职业工人，按照国家规范规程的规定匠心施工，并能灵活创新，做好工程。

5）做好细部节点密实密封是根治屋面渗漏的重中之重。

（1）穿屋面管道：渗漏严重的出屋面管道，沿管周围凿凹槽（宽 5cm 左右），深至结构板表面，清理干净，按图 8-127 要求做好密封膏嵌填与附加增强层，然后回填复原。

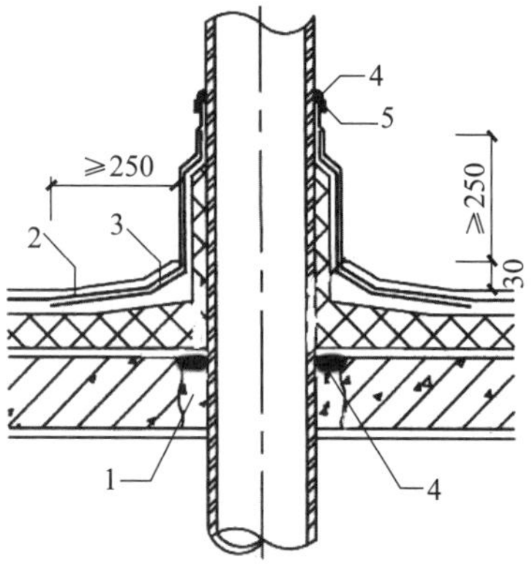

图 8-127　伸出屋面管道

1—细石混凝土；2—卷材防水层；3—附加层；4—密封材料；5—金属箍

其中附加层最好选用 2mm 厚聚氨酯涂料夹贴一层玻纤布或聚酯无纺布。

（2）变形缝渗漏，参照图 8-128、图 8-129 要求修缮。

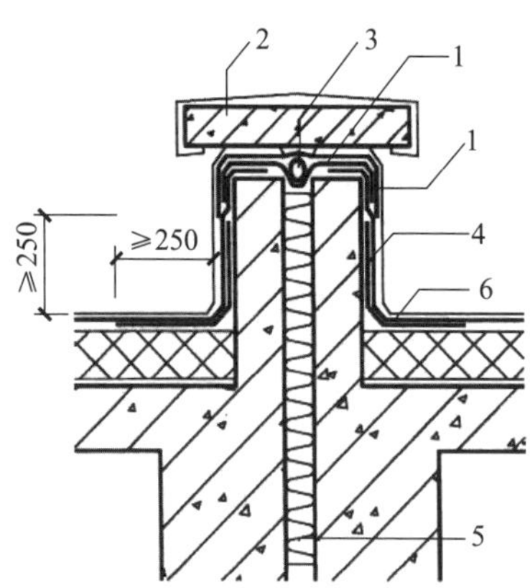

图 8-128　等高变形缝（单位：mm）

1—卷材封盖；2—混凝土盖板；
3—衬垫材料；4—附加层；
5—不燃保温材料；6—防水层

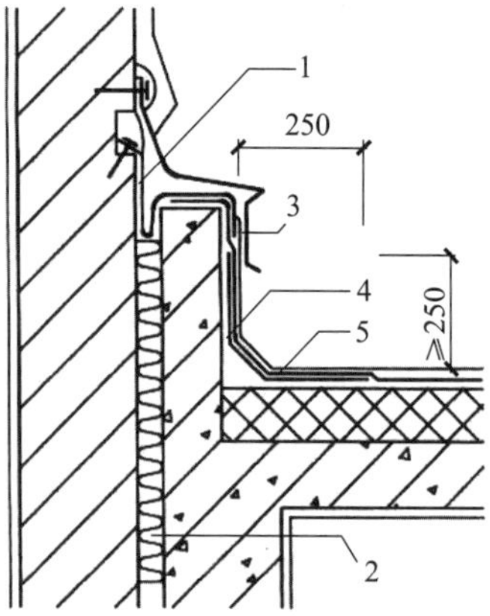

图 8-129　高低跨变形缝（单位：mm）

1—卷材封盖；2—不燃保温材料；
3—金属盖板；4—附加层；
5—防水层

（3）水落口渗漏参照图 8-130、图 8-131 修缮。

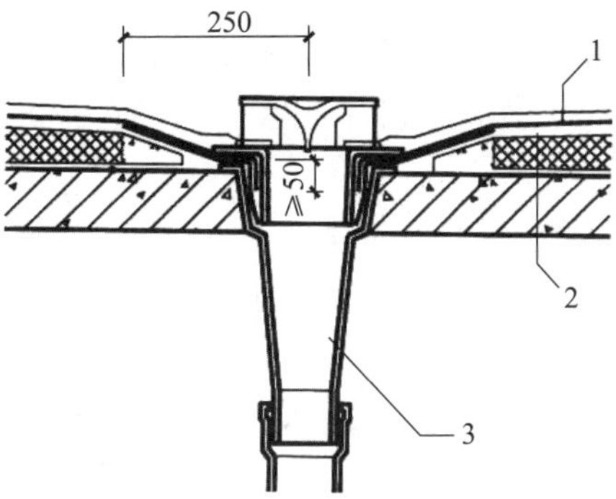

图 8-130 直式水落口（单位：mm）

1—防水层；2—附加层；3—水落斗

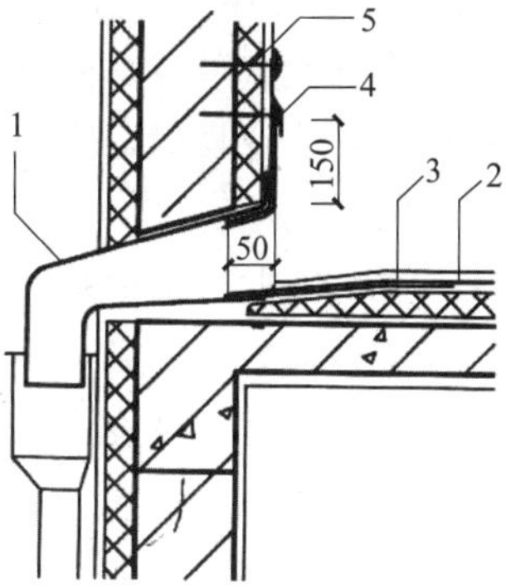

图 8-131 横式水落口（单位：mm）

1—水落斗；2—防水层；3—附加层；
4—密封材料；5—水泥钉

（4）分格缝渗漏修补：若原有嵌缝胶脆裂或剥离，铲除缝内材料，清理干净后重新嵌填弹性好的密封胶，槽口上面干铺（只粘一边）一层 100～150mm 宽卷材，再做大面防水层，如图 8-132 所示。

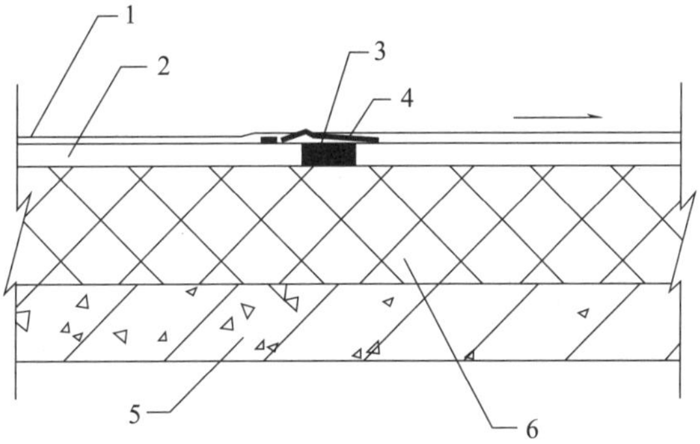

图 8-132 分格缝修补示意图（单位：mm）

1—主防水层；2—找平层；3—弹性密封膏嵌分格缝；4—空铺（只粘一边）100～150 宽卷材；
5—混凝土屋面板；6—找坡保温层

（5）女儿墙（山墙）渗漏修补做法

① 平立面连接处未设边缝的，应补开边缝（宽 30mm 左右，深至结构板面），清理干净后嵌填弹性密封膏，再覆盖耐候性好的 2mm 厚丙烯酸涂料夹贴一层玻纤布（无纺布）增强层。

② 高女儿墙墙面喷（刷）2mm 厚浅色丙烯酸涂料。

③ 压顶干净后，刷（滚）2mm 厚浅色丙烯酸涂料，并做好鹰嘴滴水。

④ 墙体有圈梁或压顶梁的部位渗水，对界面缝凿 V 形槽，干净后嵌填弹性密封膏封闭，并骑缝做 2mm 厚 150mm 宽涂料夹贴一层玻纤布（无纺布）增强。

（6）凸出屋面反梁过水孔洞渗水，干净后，涂刷 2mm 厚 JS 水泥基涂料修补。

(7) 屋面设备基座渗漏，干净后刮涂 2mm 厚环氧树脂防水涂料防渗防腐。

6) 外露型防水层屋面大面积渗漏维修工艺工法

(1) 局部渗漏严重区域，周边扩大 50cm 范围，钻孔 ϕ10mm，孔距 1～1.5m，孔深至屋面结构板，安装注浆嘴，低压（0.2MPa 左右）慢灌改性水泥浆（内掺水泥量 15% 高分子乳液）堵漏。

(2) 在上述基础上，整个屋面清理干净，原防水层的表面缺陷逐一修补，最后满面铺贴与原防水层相容的卷材或满面喷涂与原涂膜相容的防水涂料。注意面层防水层的厚度应符合国家规范规程一级设防要求。

综上所述，屋面渗漏维修应遵循“合理设计＋优选材料＋匠心作业＋严格质控”的原则，因地制宜，才能达到优质、高效的目的。

8.14 改性剂对非固化橡胶沥青防水涂料性能的影响研究

李培任

（广西神宇新材料有限公司）

非固化橡胶沥青防水涂料由合成高聚物、优质沥青及其助剂经过一定的工艺制备而成，是一种长期处于不固化状态的黏性膏状体，固含量超过 99%，具有十分优异的流变性、自愈性、满粘性、蠕变性和施工应用环境适应性。这些特点使其既可以封闭基层的毛细孔洞和细微裂缝[1]，又可以和上层的沥青防水卷材实现满粘，能够有效解决防水层窜水、漏水的问题。

非固化橡胶沥青防水涂料的施工应用是非常便捷且高效的，通过加热装置将其加热到一定温度热熔以后，既可机械喷涂施工，又可刮涂施工，且冬期或雨期均可照常进行施工作业，也可在低温施工。其喷涂施工没有限定最低施工温度，是一种极好的低温施工防水材料[2]。由于非固化橡胶沥青防水涂料和防水卷材搭配组成的涂卷复合防水体系可以取长补短[3]，使防水系统既具有卷材厚薄均匀、力学性能突出的优点，又具有涂膜防水层的基层适应能力强、整体密封满粘的优点，受到设计师、甲方、监理以及业主单位的青睐，目前在建筑防水工程中得到广泛的认可和好评。

本研究选用不同类型的合成高聚物、高温助剂等改性剂对基质沥青进行改性，研制出具有良好粘结性能、蠕变性能和施工性能的非固化橡胶沥青防水涂料，探究了各个改性剂组分以及不同添加量对涂料黏度性能的影响。

1. 试验部分

(1) 主要原材料

沥青（70＃）：茂名石化。SBS：411（LG 化学）。粉末丁苯橡胶 SBR：52%胶含量，高氏科工贸。温控改性剂：TL-828，泰利新材。软化油：A18，万泓九鼎石油。重钙粉：600 目，广西贺州市科隆粉体有限公司。

(2) 主要仪器设备

KDL5000N 双臂电子万能试验机：扬州市江都区凯德试验机械。

JJ-120W电动搅拌机：金坛区西城新瑞仪器厂。

DR-5低温柔性试验一体机：沧州昊锐试验仪器有限公司。

ZNHW智能控温电热套：上海力辰邦西仪器科技有限公司。

电子天平：上海瑶新电子科技有限公司。

（3）涂料制备

本研究中非固化橡胶沥青防水涂料的制备工艺流程如下：将沥青、基础油加入改性罐中，加热升温110～125℃，在缓慢搅拌条件下加入配方比例的SBS和SBR，加热升温175～185℃范围内搅拌改性2～3h，按配方比例加入温控改性剂和抗氧化剂，温度控制在180～185℃，继续搅拌改性1h，加入配方量的重钙，搅拌1～2h，直至混合均匀后出料即为非固化橡胶沥青防水涂料。

（4）性能测试

非固化橡胶沥青防水涂料的性能参照《非固化橡胶沥青防水涂料》（JC/T 2428—2017）的要求进行样品制备、养护及性能测试。

2. 结果与讨论

（1）SBS型号及添加量对非固化橡胶沥青防水涂料性能的影响

SBS是由苯乙烯和丁二烯为单体的嵌段共聚物，兼具塑料和橡胶的特性，具有优良的抗拉强度，其低温性能良好，电解性优良，易于加工，是我国目前消费量最大的热塑性弹性体。根据苯乙烯-丁二烯的嵌段结构组成形式，可以将SBS分为星形和线形。由于星形SBS中苯乙烯-丁二烯单体互相偶联形成了三维网络结构，强度更大，改性效果要优于线形SBS，但加工难度较大。本研究选用的SBS为LG化学生产的星形SBS，牌号为LG-411。SBS改性剂添加量对非固化橡胶沥青防水涂料性能的影响如表8-19所示。

表8-19　SBS改性剂掺量对非固化橡胶沥青防水涂料性能的影响

项目	温度（℃）	SBS添加量（%）				
		0.5	1	3	5	7
黏度（mPa·s）	140	2804	3426	3986	5309	7234
	160	1650	2593	3050	4878	6543
耐热性		65℃滑动1mm	65℃合格	67℃合格	75℃合格	85℃合格
低温柔性		−20℃合格	−22℃合格	−25℃合格	−28℃合格	−30℃合格

由表8-19可以看出，随着SBS添加量的增加，非固化橡胶沥青防水涂料的耐热性能和黏度均有所提升，当添加量在3%以内时，黏度和耐热性能缓慢上升，随着添加量的进一步增加，涂料的黏度和耐热性能的提升呈快速上升趋势，黏度过大会增加施工的难度并降低施工的效率，综合考虑成本、施工应用性能和物料性能指标等因素，SBS的添加量不超过1%为宜。

（2）粉末丁苯橡胶对涂料性能的影响

SBR是由丁二烯与苯乙烯为单体合成的丁苯橡胶，其物理机械性能、加工性能及制品的使用性能接近天然橡胶，具有耐磨、耐热、耐老化的特点。将SBR添加到沥青中制备的SBR改性沥青具有优异的低温延度和低温应力耗散能力，应用于非固化防水涂料中可以改善其延伸性和粘结性能，而且价格相对低廉，材料来源广泛。

本研究选用的SBR为山东高氏科工贸生产的52%胶含量产品。SBR改性剂添加量对非固化橡胶沥青防水涂料性能的影响如表8-20所示。

表8-20　SBR改性剂对非固化橡胶沥青防水涂料性能的影响

项目	温度（℃）	SBR添加量（%）				
		2	4	6	8	10
黏度（mPa·s）	140	1308	1664	3426	4241	5810
	160	950	1188	2593	2865	3566
延伸性（mm）		22	35	40	72	102
低温柔性		−18℃合格	−20℃合格	−22℃合格	−25℃合格	−29℃合格
耐热性		60℃合格	65℃合格	69℃合格	76℃合格	80℃合格

由表8-20可知，随着改性剂SBR添加量的递增，非固化橡胶沥青防水涂料的黏度、延伸性、低温柔性和耐热性均有明显的改善，在延伸性和黏度的增长幅度要明显优于SBS改性剂，而在低温柔性和耐热性指标上，改善效果要差于SBS改性剂，当SBR添加量超过6%时，黏度急剧增加。综上，SBR的添加量为4%～6%较为合适。

（3）温控改性剂对涂料性能的影响

温控改性剂（TL-828）是一种广泛应用于涂料的低分子量聚乙烯均聚物或共聚物，状态为粉状，具有良好的耐热性，可以在不明显增加非固化防水涂料黏度的情况下显著改善涂料的高温性能，同时不影响涂料的低温性能。

由表8-21可以看出，温控剂的增加可以明显改善非固化防水涂料的耐热性能，同时随着温控改性剂的增加，涂料黏度先上升后下降，温控助剂对涂料的低温以及延伸性影响较小，当加入2%温控改性剂时，可以达到标准的要求。

表8-21　温控改性剂掺量对非固化防水涂料性能的影响

项目	温度（℃）	温控改性剂添加量（%）				
		0	1	2	3	4
黏度（mPa·s）	140	1580	1682	2188	2030	1840
	160	958	1188	1976	1772	1550
延伸性（mm）		44	54	62	66	71
低温柔性		−22℃合格	−22℃合格	−22℃合格	−22℃合格	−22℃合格
耐热性		60℃合格	63℃合格	65℃合格	70℃合格	75℃合格

3. 结论

本文研究沥青改性剂的种类及添加量对非固化沥青防水涂料性能的影响：①SBS和SBR作为合成橡胶类改性剂均能很好地改善涂料的综合性能，但添加量超过一定幅度，均会导致涂料的黏度急剧上升，影响涂料的施工应用性能。SBR对非固化橡胶沥青防水涂料的延伸性和粘结性能的改善作用更明显。②温控改性剂可以在不大幅增加涂料黏度的情况下明显提升涂料的耐热性能，其对涂料的低温性能基本没有影响。③不同类型、不同添加量的改性剂通过合理优化的工艺，可以制备出优异物理性能和施工应用性能的非固化橡胶沥青防水涂料。

参考文献

[1] 董洲，王文斌，孟赟，等．非固化橡胶沥青防水涂料的制备及其性能研究［J］．中国建筑防水，2017（10）：6-8，19.

[2] 褚建军，沈春林．非固化橡胶沥青防水涂料产品研发与工程应用［J］．新型建筑材料，2015（8）：56-58，69.

[3] 贺行洋，郑襄南，陈威，等．非固化橡胶沥青防水涂料的研究进展［J］．建材世界，2019，40（5）：5-8，11.

8.15 某区政府政务大厅顶部公用厨房渗漏微创修复技术

陈修荣　唐　灿　唐东生
（衡阳盛唐高科防水工程公司）

公用厨房使用面积大、功能多样、富水环境、油污损害，属于渗漏高发区域。常规治理采用破拆开挖的方案（砸砖法）进行渗漏治理，不但造价高成本大，而且工期较长，并产生大量建筑垃圾及噪声扰民。衡阳某政府政务中心的公用厨房置于二楼，渗漏严重。我们采用不砸砖（不开挖）的方案治漏，既快又好地进行渗漏修缮。现简介如下，供同行参考。

1. 工程概况

（1）本工程为某政府政务中心公用厨房，位于区政府政务楼二楼，下方为政务大厅，主体结构为现浇框架结构，楼板展开面积 104.77m^2。厨房设有售卖区、清洗区、操作区、存储区各一间，如图 8-133 所示。

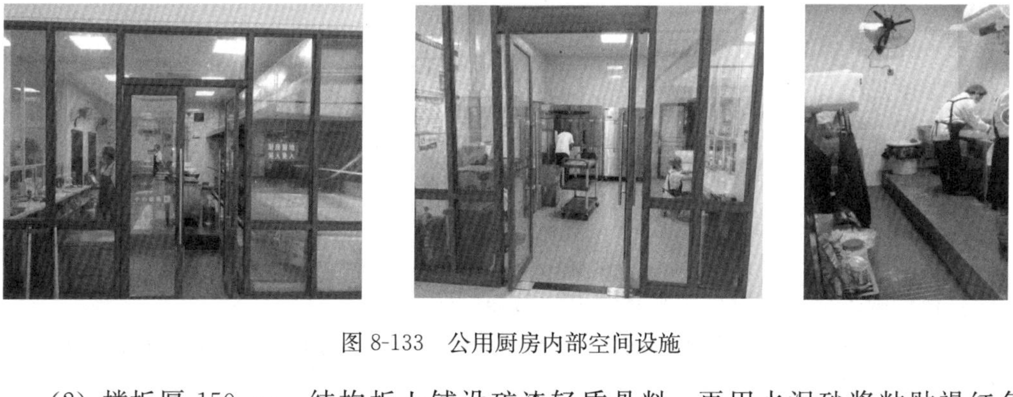

图 8-133　公用厨房内部空间设施

（2）楼板厚 150mm，结构板上铺设矿渣轻质骨料，再用水泥砂浆粘贴褐红色 300mm×300mm 的透水砖饰面。设两纵一横三条单向找坡排水沟。南向布设灶台，北向布设熟食制作区，各区间设有大小不一的蒸柜、消毒柜、冰柜等。售卖区及储存区，地面铺贴 600mm×600mm 浅灰色地砖饰面。

（3）隔墙采用轻质砖砌填充墙，墙根未设踢脚板，渗漏现象自投入使用以来逐年增多，现发展为弥漫性渗漏，经背水面灌注发泡聚氨酯注浆料进行修复，但未见明显成效。背水面梯房墙身有大量泛碱起皮现象，局部区域有明水流出。吊顶内局部区域呈弥漫性渗漏状态，导致吊顶起皮霉变。背水面现状如图 8-134 所示。

图 8-134　背水面现状

2. 渗漏成因

（1）墙体根部未设踢脚板，逐年积聚楼面的水分而产生窜水渗漏。

（2）原防水层设防不当，未采用多道设防。材料不能耐受长期富水浸泡，不能抵抗油污、洗涤剂、除污剂的化学侵蚀，防水层过早失效，造成构造大范围渗漏。

（3）原防水层施工工艺不严谨、细致，造成窜水，形成弥漫性渗漏。

（4）未重视防排结合，填充层未采取二次排水预防，构造内形成积水时不能及时排出，造成构造内积水逐年积聚，加剧了渗漏发生的概率。

（5）厨房未在设施及设备集中区进行结构加强，设备荷载超重服役，炒菜区温差促使构造温度形变加剧，导致结构开裂形成贯通裂缝，使渗漏呈发展态势。

3. 治理措施

（1）遵循“封、堵、截、排”的治理原则，对本工程进行全方位的综合性治理，以达到“标本兼治、长防久固”的目标。

（2）采用红外热成像法，先排查给排水系统是否存在因破损造成的渗漏，如给排水系统存在因破损应首先对给排水管线进行局部更换。

（3）吊顶内在背水面对应提台填充区开设排水孔，将构造内的蓄存水引入主排水管。

（4）对地面与设施采用“油污净”或“洗洁精”清除表面油烟污物。

（5）对门口挡水坎及围护墙根设置注浆孔，灌注无机渗透结晶型注浆液 M1500 或 DSP 永凝液，利用其结晶体密实砂浆砌筑缝及砖砌筑体，截断渗漏通道。

（6）在背水面沿渗漏处的裂缝骑缝布孔至结构厚度2/3处，灌注高渗透环氧注浆液，再用环氧胶泥对结构缺陷刮涂盖缝，修复楼板结构的防水功能。

（7）用小型切割机及专用勾刀将各细部节点及地砖拼缝进行扩缝，对缝槽喷M1500或DSP永凝液，随后采用PMA丁腈聚合物胶泥封盖切缝及各细部节点。

（8）在泄水孔的位置安装二次引流管将水导入主排水管，防范构造内日后积水。

4. 施工程序与操作要点

（1）沿墙根及门槛斜向钻孔至墙根与楼板接合部，间距300～500mm，埋设止水针头，用电动注浆机低压徐灌M1500或CPS无机渗透结晶型胶浆，密实砌筑体，修复围护构造主体防水功能，如图8-135所示。

（2）沿墙体渗漏处外延300mm宽铲除泛碱起皮腻子及砂浆抹灰层至结构体表面，打磨去除浮浆残渣，刷涂界面剂，然后分层抹20mm厚PMA聚合物抗裂抗渗砂浆防水层，砂浆中夹铺一层耐碱玻纤布，将墙根整体封闭，如图8-136所示。

图8-135　修复围护构造主体防水功能

图8-136　对墙根的整体封闭

（3）砂浆硬固后喷雾湿养并激活自愈渗透结晶活性基团，基面整体再刮涂两遍背水涂涂料，确保防水防潮层达到耐久年限。

（4）疏通排水沟，放坡0.5%～1%，用CCCW胶浆修补规整，确保排水通畅。

（5）所有管根、地漏周边嵌填密封胶，再抹压聚合物砂浆封盖密封胶，表面刷涂高强聚脲涂料，形成可靠的防渗防腐节点。

（6）从背水面适当部位开孔，安装ϕ30mmPVC管，做长期引流排水，消除构造内的积水。

（7）以间距1.0m呈梅花状布孔至楼板结构的迎水面，低压徐灌渗透结晶注浆料，密实楼板细微裂缝、孔洞等缺陷，修复楼板结构的防水功能。

（8）楼面地板铺贴的拼接缝，采用手提式小型切割机切割砖缝至砂浆铺贴层接合部，用勾刀将缝内残渣浮浆清理干净；将免砸砖渗透结晶修复液A、B组分混合均匀，用斜嘴壶逐条灌入地砖拼缝内，必须确保每条拼缝“吸饱喝足”、无溢出砖面为止。确认修复浸渍饱满并表固后，用PMA丁腈聚合物胶泥将地面拼缝嵌填饱满密实。最后用稀释的草酸洗涤地面碱性污渍，随即用清洁水冲洗三遍。

现场施工操作如图 8-137 所示。

图 8-137　现场施工操作

5. 结语

本工程经我公司采用的微创综合修复技术进行治理，两名技工用一天半时间完成了施工任务，造价成本只有破拆法的四分之一，施工迅捷、无噪声扰民，不产生大量建筑垃圾，经蓄水试验不渗不漏，得到业主高度评价。

8.16 太阳能与坡屋面一体化构造方案

张道真 王 蕾
（深圳大学建筑设计研究院有限公司）

太阳能热水器的蓄热板已经模块化，呈简单的扁平箱板状，与黏附于蜂窝铝板上的太阳能光电板相仿。为叙述方便，本文将两者一并简称为太阳能板。

1. 提出问题

利用坡屋面安装太阳能板，已经很普遍，但仍然存在初期投资和经营成本尚不能完全满足经济利益的需求。

传统屋面，由于存在保温层、持钉层、柔性防水层、止下滑系统，若安装太阳能板，需要处理大量锚固节点之连续密封问题。费工费时导致投资增加，而且难以维护维修，甚至可以说，至今尚无好节点。

此外，与块瓦交界之周边，高度依赖工人技术水平及责任心，必须使用高等级技术工人，成本自然上升。

2. 解决方案

1）要旨

去除块瓦面层，代之以太阳能板。该板由于完成模块化升级，可安装在标准化的“支架”上，形成屋面全覆盖。如此，增加了吸纳太阳能的有效面积，也省去了邻瓦周边的节点处理。

标准“支架”与屋面之间的固定点，大大少于传统支架的直锚点。

2）优点

全覆盖太阳能板兼具架空隔热的功能，且通风好，夏日隔热，简单有效。若同时采用内保温或内通风绝热系统，则使坡屋面完全从令人尴尬的外保温夹心饼式的构造中解放出来。

没有了外保温的坡屋面，构造层类的合理性大大提高了。首先，完全消除了滞留暗水的构造层（这一点很重要），其次，可取消持钉层，再进一步，主防水层可优化成全刚自防水（主要是内掺CCCW防水剂）。如此，回避了止下滑锚筋穿透柔性防水层，也化解了锚固点对柔性防水层可能造成的破损。坡屋面，不积水，则不漏。若再消除了暗水，则渗漏减少了一大半。板厚在300mm以内的内掺CCCW防水剂，投资比外涂CCCW防水剂基本持平。

3. 具体构造

1）光电板整体构造简约，且没有贮罐，故以蓄热板为例。太阳能板与纵向金属檩条组成架空通风隔热系统，如图8-138之a，檐部敞开，脊部及横向管线槽均可即时将热空气散走。其平面见图8-139有关部分。

2）全刚自防水屋面板：板厚不小于180mm，C25混凝土，内掺天然无机活性硅质系自修复防水剂或CCCW防水剂，上表面刮涂4mm厚益胶泥压实抹光，详见图8-139之1、2节点。

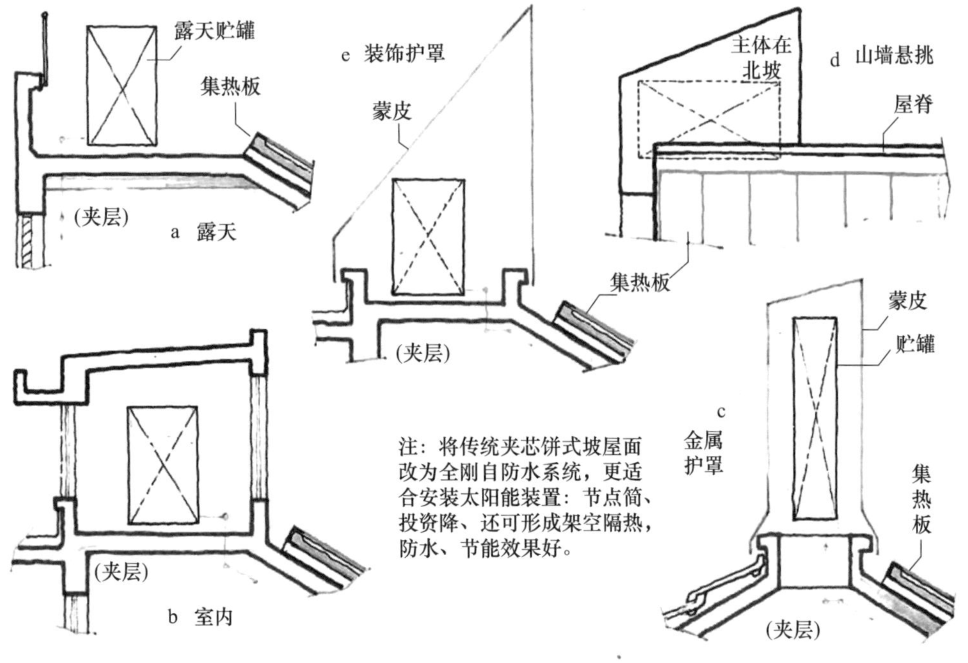

图 8-138 坡屋面太阳能集热器模块系统方案

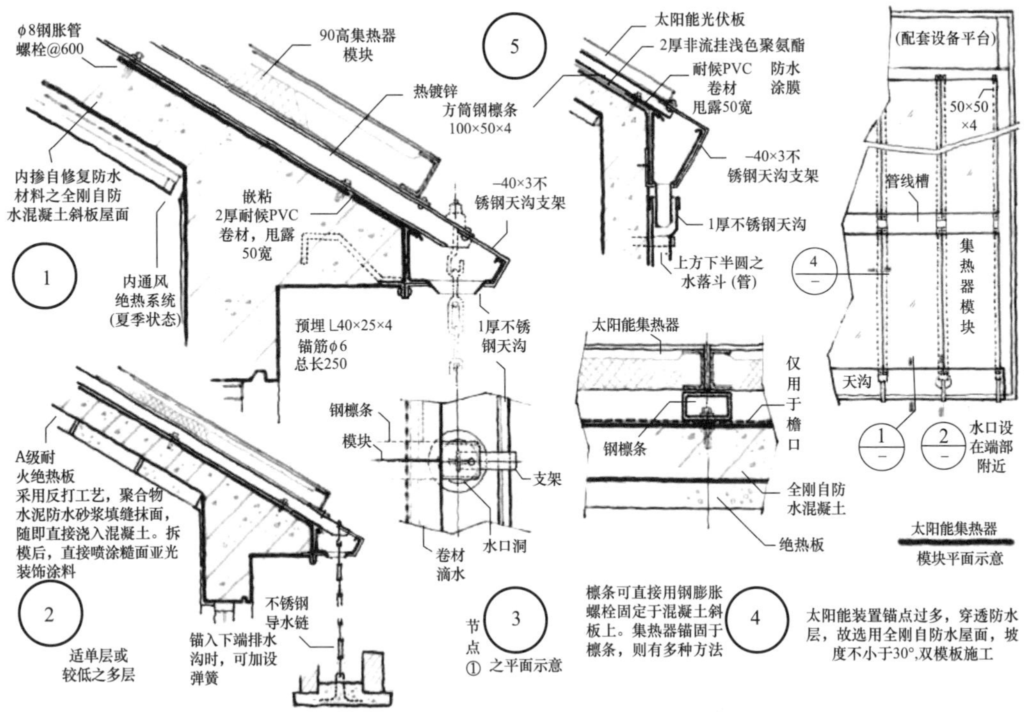

图 8-139 太阳能装置与坡屋面一体化构造方案

3）刚柔并举的屋面：板厚不小于 200mm，C25 防水混凝土，上表面 3mm 厚益胶泥刮平压实，2mm 厚非流挂浅色聚氨酯防水涂膜，详见图 8-139 之 5 节点。

4）几点注释。

上述屋面斜板均应采用双模板（开窗）施工。

若建筑形式不设挑檐，可按图8-139之节点5设计。无论挑檐与否，檐部均应设计附加防水，目的是与檐沟形成构造防水。朝北坡屋面，宜同时采用全刚自防水斜板，面层可为块瓦，直接干挂，不设柔性防水。

采用图8-139之1、2、3节点中的导链式排水，适用于低檐、小型文化类建筑。

4. 美观问题

1）取消彩瓦，可能不被部分人接受。建筑美观，首先是主观心理问题，在关注节能者眼中，太阳能板，一眼望去，即生敬意，敬而生美。耐用、经济，也是一种内在美，习惯了，则可提高大众审美。

2）热水贮罐等辅助设备，可因地制宜设置，只要置于近脊高处即可。如图8-138之a、b。

3）若喜苗条造型，可设计窄长而高的贮罐，直接架在脊部短向模梁之上，另设金属护罩，管线等操作置于室内夹层之中，如图8-138之c。利用贮罐做造型，则选d、e。

4）采用内通风绝热系统时，图8-138之b、c、d、e均可兼作通风口。

8.17　结构加固　朝阳行业

沈最安

（广东最安建筑工程有限公司）

1. 行业愿景

纵观行业目前形势，结构加固行业是有着很大的发展空间，属于朝阳行业。从二十世纪五六十年代开始，国家建造了大批钢筋混凝土厂房和公建、桥梁、地铁等。这些建筑使用至今已有几十年的历史。但由于使用维修不当或者建造质量原因，许多房屋存在各种各样的问题，有些甚至已经严重到危及结构安全的地步。由于土建投资大，房屋往往不会因存在一些问题而拆除重建。此时若采用结构加固的办法，只需少量的投资来维修、加固就可以恢复其承载力，确保建筑物安全使用。

此外，建筑物若有新的使用要求，房屋要改变用途或进行加层等也需要对原结构进行结构鉴定或加固。由此可见今后的加固工程量是很大的，特别是一二线城市，在开发用地资源越来越少、成本越来越高的情况下，市场对加固单位的专业技术、创新能力、完成产值的能力的需求也随之上升，这对专业加固公司的综合实力无不是一种重大考验。面对此种考验，物探地勘、房屋检测鉴定、结构加固设计、第三方图审及结构加固、防水、静力无损低噪声切割施工这几部分皆需要齐头并进，以顺应市场发展的趋势，还业主最安全的建筑，从而达到更好地满足业主需求及经济有效的目标。

2. 既有建（构）筑物工程加固改造工艺流程

（1）物探（地下管线勘探）；

（2）地勘（或详勘）：现场勘察，查阅原整套图及结构图、基础图和改造后使用荷载要求；

（3）检测鉴定（简称“事前鉴定”），结构可靠性及抗震检测鉴定；

（4）结构加固设计；

（5）第三方图审；

（6）大型结构托换、纠偏顶升、平移、文物、基坑支护、地下室抗浮锚杆加固及堵漏防水等高危特种项目，还需邀请业内最少五位专家对施工方案进行专家会审，合格后方可施工；

（7）结构加固改造施工；

（8）检测鉴定（简称“事后鉴定”，验收咨询闭环相关手续），其他资料按常规实施、验收，具体项目要求按适合业主的使用需求决定实施细节。

物探是通过物理手段，利用物质的物理特性，如电性差异、密度差异、波的传递速度等来分析地下物质的特征，并达到勘察目的的勘察方法。如图 8-140 所示。

图 8-140　物探

地勘是通过观察、研究岩石成分结构，来判断地质现象和特点。如图 8-141 所示。

图 8-141　地勘

加固设计、建模，相关图片如图 8-142、图 8-143 所示。

施工图设计文件审查合格书

（表 3-1 房屋建筑工程）

项目编号：FJ-2019-2134-N288-02

工程名称	1#厂房二层加装设备钢平台	工程地址	江门
建设单位	江门市优美科长信新材料有限公司	负责人及电话	陈启斌 135 6028 2233
勘察单位	/	负责人及电话	/
设计单位	广州正泰建筑设计院有限公司	负责人及电话	沈晨安 13760700472

根据《房屋建筑和市政基础设施工程施工图设计文件审查管理办法》（住建部令第 13 号），本工程施工图设计文件经审查合格（符合绿色建筑设计评价标准 / 星要求）。

审查机构（盖章）：

技术负责人（签字）：

法定代表人（签字）：

审查日期：2019 年 12 月

工程概况				审查人员签字		
				审查专业	审查人员	签名
工程类型（打√）	□新建 ☑改建 □扩建 □住宅 □公建 □厂房 □装修 □其它					
工程规模（打√）	□大型 □中型 ☑小型					
抗震设防	6 度	结构	框架			
是否超限（打√）	□超限 ☑不超限					
总建筑面积	3800 ㎡					
	地上：3800 ㎡，地下：0 ㎡					
高度	6m	层数	地上：2 层 地下：0 层			
备案						

说明：1. 本合格书由审查机构对审查合格的建设工程施工图设计文件核发。2. 本合格书是基本建设程序的法定文书，不得涂改、伪造。3. 本合格书在工程竣工后作为工程档案归档。4. 本合格书一式四份，建设行政主管部门、建设单位、设计单位、施工图审查机构各一份。5. "审查专业"栏，[illegible]

图 8-142　厂房加固设计图通过第三方图审

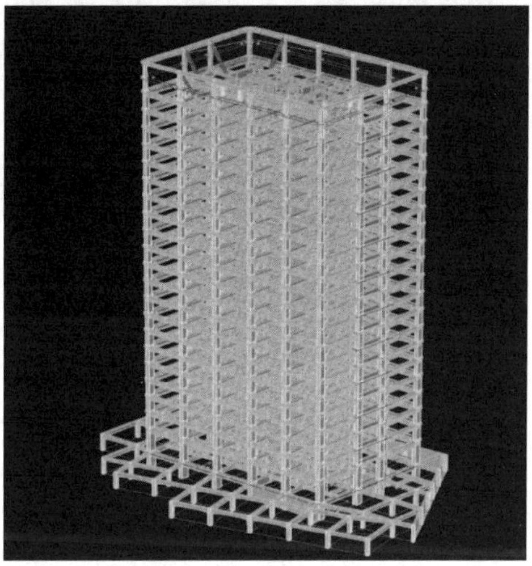

图 8-143　建模宅楼建模计算

3. 行业服务内容：全方位为客户排忧解难

超高层地下室加固改造托换工程包括并不限于如下内容：

（1）增层、结构加固；

（2）平移纠偏；

（3）基坑支护；

（4）置换工程；

（5）楼板切割（深水下等静力无损低噪声）；

（6）砖混结构改框架结构；

（7）基础加固；

（8）地下室锚索抗浮加固。

4. 经典案例

1）地下室结构改造、桩基托换加固工程（工程造价：6000 余万元）

本工程为业主收购的三层地下室烂尾工程，原设计为两边各一个塔楼、中间为一个裙楼，现改变其使用功能，重新设计将裙楼部分和两个塔楼连成一个整体合为一个塔楼，变为 25 层超高层建筑。业主委托我公司对整个地下室进行改造，本工程规模在目前同行属特大加固、改造、托换工程。

主要加固施工内容：

（1）基础采用新增墩式基础；

（2）对原有的水平结构及竖向结构采用钢管托换改造加固；

（3）对正负零楼板及楼梯采用增加叠合板和钢结构临时置换；

（4）该工程采用逆作法确保上部结构同时施工的安全及工期要求。

地下室结构改造、桩基托换加固工程，如图 8-144 所示。

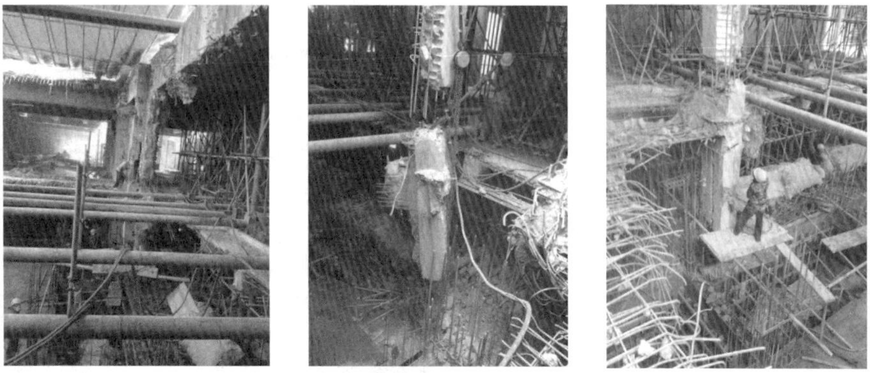

图 8-144　地下室结构改造、桩基托换加固工程

2）番禺大罗商业广场基础加固、加层工程（图 8-145）

图 8-145　番禺大罗商业广场基础加固、加层工程

3）广东某化工厂有限公司整体加固工程（图 8-146）

4）南沙丰田基础加固纠偏工程（工程结算总价：590 万元）（图 8-147）

该楼为单层（局部二层）框架结构建筑，基础为 ϕ400mm 预应力管桩。该楼建筑面积约 3000m^2，中间 3～4×B～D 区域天面下陷形成 20cm 深以上的锅底。该楼梁和柱出现了大量裂缝，主要集中在梁柱节点区域。柱身上主要是水平裂缝，梁上主要是垂直裂缝，也有少数斜裂缝。屋面板出现了多条很长的裂缝，主要出现在沉降差较大的柱之间。墙体出现了较多的裂缝。整体须顶升加固。

图 8-146　广东某化工厂有限公司整体加固工程

图 8-147　南沙丰田基础加固纠偏工程

南沙丰田基础加固纠偏工程（图 8-148）

图 8-148　南沙丰田基础加固纠偏工程

5）某八层厂房每层层高顶升 1.8m 加固顶升项目（图 8-149）

图 8-149　某八层厂房每层层高顶升 1.8m 加固顶升项目

6）惠州龙门县某制衣厂大门平移工程（图 8-150）

图 8-150　惠州龙门县某制衣厂大门平移工程

7）广州市白云区某基坑支护工程（图 8-151）

本工程位于白云区某基坑支护工程，两层地下室，周长 600 延米基坑开挖深度 9.50m，原总承包单位出具的方案是采用常规工程桩支护体系，报价为 1980 万元，业主考虑费用太高，最终找到我公司。通过勘察现场及分析地质报告，我公司采用格构式搅拌桩对其支护体系，在搅拌桩内插钢管，提高其抗剪能力（新工艺属广东省同行首次），最终包干总造价仅 980 万元，效果特别理想，得到监理、总承包单位、业主的高度评价和认可。

图 8-151 广州市白云区某基坑支护工程

8）海南海口某 17 层住宅第 6 层剪力墙、梁柱置换工程（图 8-152）

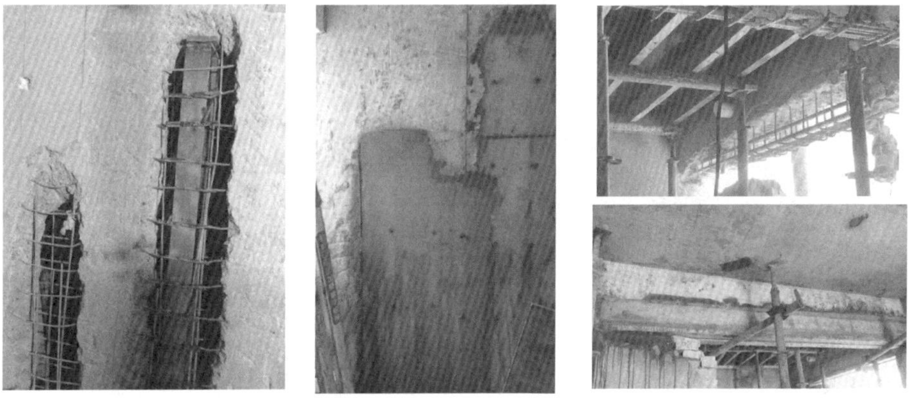

图 8-152 海南海口某 17 层住宅第 6 层剪力墙、梁柱置换工程

9）某高铁站框架梁顶升加固工程（图 8-153）

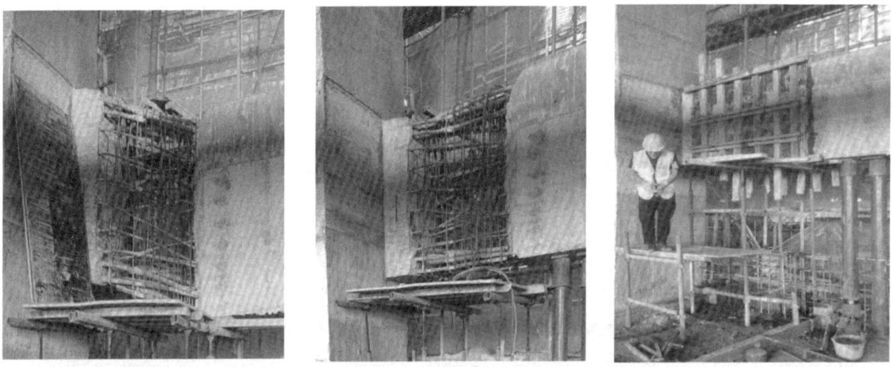

(a) 施工前　(b) 施工中　(c) 施工后

图 8-153 某高铁站框架梁顶升加固工程

10）楼板切割工程（图 8-154）

图 8-154　楼板切割工程

11）广州市第十甫路陶陶居加固工程（图 8-155、图 8-156）

图 8-155　施工前现场

图 8-156　施工中现场

12）广州伊士丹顿酒店（五星级）九层整体钢结构顶升工程（图 8-157）

图 8-157 广州伊士丹顿酒店（五星级）九层整体钢结构顶升工程

13）大沥镇城区小学加固工程（图 8-158）

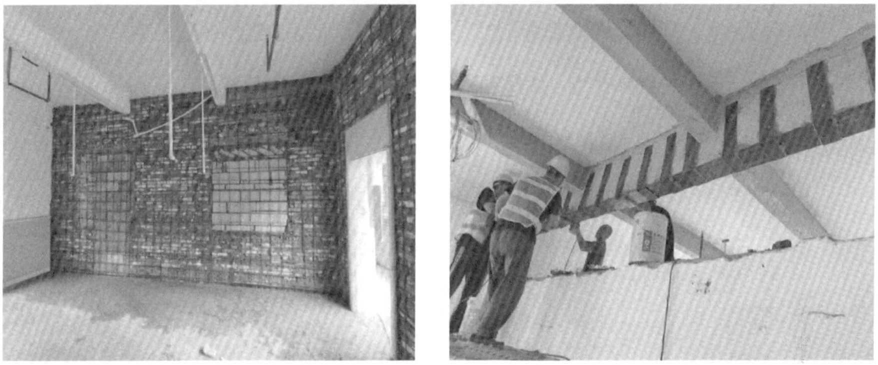

图 8-158 大沥镇城区小学加固工程

14）云浮某钢结构柱脚植筋及加大截面加固工程（图 8-159）

图 8-159 云浮某钢结构柱脚植筋及加大截面加固工程

15）某民国时期别墅地下室改造工程（图 8-160）

图 8-160　某民国时期别墅地下室改造工程

16）深圳某 KTV 钢结构加固改造项目（图 8-161）

图 8-161　深圳某 KTV 钢结构加固改造项目

17）广州知识产权法院国家级2号国徽置换（高32m）（图8-162）

图8-162 广州知识产权法院国家级2号国徽置换

18）长沙某酒吧结构托换拔柱26m跨（图8-163）

图8-163 长沙某酒吧结构托换拔柱26m跨

19）番禺明珠电气托换拔柱（大跨度25m托换，7根柱拔除4根）（图8-164）

图8-164 番禺明珠电气托换拔柱

20）地下室锚索抗浮加固（图 8-165）

图 8-165　地下室锚索抗浮加固

5. 本公司 25 年主要工程业绩汇总（表 8-22）

表 8-22　本公司 25 年主要工程业绩

序号	时间	工程名称	主要施工内容及工程造价
1	1997 年 8 月	珠海银华新村结构加固工程	主要是大面积施工叠合板（工程造价约 380.00 万元）
2	1998 年 2 月	中山坦洲十四村高层基础加固工程	采用静压混凝土方桩加固（工程费用约 198.00 万元）
3	1999 年	佛山祖庙旁丽园广场基坑支护工程	采用高压旋喷桩支护体系（合同造价 880.00 万元）
4	2000 年	地铁 2 号线越秀公园站基础加固托换工程	采用新加托换大梁结合钢管桩体系（合同造价 420.00 万元）
5	2001 年	奥林匹克中心风雨走廊基础加固工程	采用静压混凝土方桩对基础进行加固（工程造价 98.00 万元）
6	2002 年	顺德陈村景城花园地下室基础加固工程	采用静压混凝土方桩对基础进行加固及新增叠合板加固（工程造价 630.00 万元）
7	2002 年	荔湾区锦纶会馆（400 多年文物）顶升 850mm 及平移 120m 工程	工程难度高（合同造价 598.00 万元）
8	2003 年	地铁 3 号线番禺区明丽苑段基础加固托换工程	采用新加托换大梁结合钢管桩体系（合同造价 380.00 万元）
9	2004 年	佛山体育馆基坑支护工程	采用高压旋喷桩结合搅拌桩支护体系（合同造价 560.00 万元）
10	2005 年	山西太原太钢 25 层高层烂尾楼裂缝为麻面结构加固工程	采用灌改性环氧及超细水泥进行结构加固（合同造价 486.00 万元）
11	2006 年	珠海五洲花城加固及防水工程	地下室顶板加叠合板及防水工程（合同造价 986.00 万）

续表

序号	时间	工程名称	主要施工内容及工程造价
12	2006年	山东济宁贵和商场整体顶升184mm工程	顶升工程（工程造价495.00万元）
13	2007年	广西南宁盛世联邦广场基础基坑支护工程	采用底下地连墙支护结合锚杆支护体系（工程造价1830.00万元）
14	2008年	流花路73号基坑加固工程	基础基坑支护滑移采用对顶630钢管施用螺旋自锁电动千斤顶加力预顶（工程造价189.00万元）
15	2009年	惠州龙门制衣厂牌坊加固平移工程（旋转25°）	钢结构加固及新增基础实现平移（合同造价88.00万元）
16	2010—2011年	邦华地产白云区鹅掌坦项目基坑支护工程	采用重力式搅拌桩结合锚杆、土钉及喷锚支护体系（合同造价980.00万元）
17	2012—2014年	海联大厦加固工程（珠光集团）	特大特难加固改造工程基础、梁板、柱等结构托换（合同造价6850.00万元）
18	2014年	番禺明珠电气结构托换工程	原7根柱加固托换拔除4根仅留3根（合同造价286.00万元）
19	2015年	天河区正佳广场海洋馆加固改造工程	采用结构加固、粘钢及置换（合同造价2800.00万）
20	2016年	天河区黄村立交桥梁加固工程	合同造价1890.00万元
21	2017年	海南喜临门加固改造工程	合同造价1265.00万元
22	2018年	惠州博罗KTV、酒吧加固托换工程	托换拔柱钢结构等（合同造价386.00万元）
23	2019年	湖南长沙酒吧加固托换工程	托换拔柱钢结构等（合同造价286.00万元）
24	2019年	广州天河区伊斯丹顿酒店（五星级）室内钢结构泳池整体顶升850mm工程	加固顶升（合同造价220.00万元）
25	2020年	海南喜临门地产剪力墙加固置换工程	合同造价198.00万元
26	2020年	广州知识产权法院国家2号国徽置换及八条罗马柱顶部置换石材（32m高）	合同造价128.00万元
27	2021年	高明米高化工加固工程	合同造价268.00万元
28	2021年	陶陶居总店（广州上下九）设计及加固工程（文物）	合同造价580.00万元
29	2021年	新塘永旺基础加固工程	合同造价389.00万元
30	2021年	大沥城区小学加固工程	合同造价190.00万元
31	2022年	云浮某钢结构柱脚植筋及加大截面加固工程	合同造价108.00万元
32	2022年	佛山市南海区大沥镇盐步第二幼儿园加固工程	合同造价165.00万元
33	2022年	佛山市南海区大沥镇盐步第三幼儿园加固工程	合同造价258.00万元

续表

序号	时间	工程名称	主要施工内容及工程造价
34	2022年	深圳龙岗酒吧KTV加固及钢结构（含设计）	合同造价568.00万元
35	2022年	南充酒吧加固设计及施工	合同造价235.00万元
36	2022年	番禺电缆结构加固工程	合同造价168.00万元
37	2022年	金功夫珠宝大厦加固工程	合同造价98.00万元
38	2022年	深圳百伦血液透析有限公司结构加固工程	合同造价128.00万元
39	2022年	泸州酒吧KTV加固工程（加固施工及设计）	合同造价288.00万元
40	2022年	广州金茂大厦地下室抗浮加固工程（加固设计及施工）	合同造价498.00万元
41	2022年	惠州恒大地下室抗浮加固工程	合同造价938.00万元
42	2022年	广州松鹤养老院钢结构加固工程（含设计、图审及鉴定）	合同造价86.00万元
43	2022年	东山别墅加固改造工程（物探、地勘、设计、鉴定、图审及施工）全方位为客户服务	合同造价353.00万元

8.18 对建筑防水几个问题的探讨

张庆华[1]　易　乐[2]　陈宏喜[3]

（1. 广西象州天华科技防水材料公司；2. 湖南欣博建筑工程有限公司；
3. 湖南省建筑防水协会）

我们都是长期从业建筑防水保温防腐的技术人员，多年参与和指导建筑防水保温防腐工程的施工近1000项（栋），对防渗漏的设计、选材与施工有一些不同的理念和做法，现将几个主要问题提出来与同行商榷，盼予赐教。

1. 柔性防水层宜直接做在结构体表面

混凝土结构无论是地上工程还是地下工程，都存在着不同程度的裂缝、微孔、小洞。如果用水泥砂浆找平15～20mm厚，虽有一定的挡水、阻汽与找平作用，但基体的裂缝与孔洞渗水的风险依然存在，而且增加了基体与砂浆之间的渗水界面。如果没有砂浆找平层，对基体表面适当打磨平整并清理干净后，直接刷基层处理剂加柔性防水涂料或卷材，则处理剂与柔性防水材料可渗透或嵌填基体的缝隙与孔洞，促使基体密实，增强抗水阻汽功能。

尤其是屋面的风雨来自上、下与侧面三个方向，如图8-166所示，正置式与倒置式屋面的防水层置于“空中楼阁”，防水层以下部位受到侧面与下面双向水分威胁，自然会产生渗漏。这是屋面80%渗漏居高不下的根本原因。

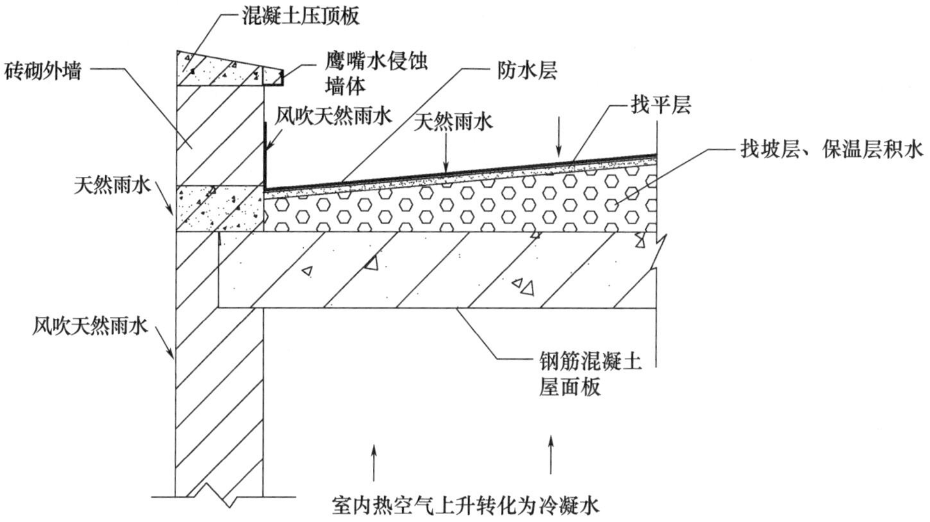

图8-166　屋面雨水来源示意图

基于上述理念，我们主张基体无须找平，局部凸出物打磨平整，把防水层直接做在基体表面，不但防水可靠，而且可节省防水工料及20元/m^2左右的造价。尤其是外墙与预制构件表面，本身比较平整，做一层砂浆找平有害无益。

不少地下室一见底板开裂与孔洞渗水，就在底板上浇捣60～100mm厚细石混凝土，地下水位高的工程，十有九漏，如图8-167所示。侧墙渗水1.5m高以上，甚至后浇混凝土局部凸起开裂，造成修缮困难。我们主张不加浇混凝土，而直接在底板上注浆与粉抹聚合物防水砂浆修补。我们在江西、湖南、湖北、广西及四川10多个地下室采用此工法修缮底板渗漏，效果显著，受到业主认可。

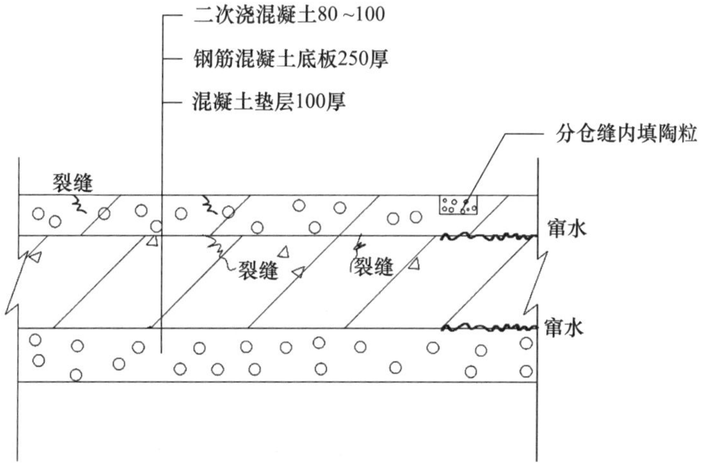

图8-167　株洲某地下室渗漏原因分析示意图（单位：mm）

2. 住宅屋面内保温好处多

夏热冬冷地区，住宅屋面用40mm厚CPS泡沫聚苯板进行外保温与内保温对比试验，炎热时段（35℃以上），外保温比内保温室内屋面板表面温度低4～5℃，即外保温隔热效果优于内保温。但每年炎热天气只有23～30d，其余多数时间内保温比外保温室内屋面板内表面的温度高1℃左右。寒冷天气（5℃以下）每年40d左右，人们需要温暖，外保温层在晴天因热阻效应室内升温缓慢，而内保温屋面在晴天室内升温较快，容易给住户带来温暖，故寒冷季节屋面内保温优于外保温。

外保温屋面构造复杂，至少需水泥砂浆找平后才能做防水层，不但一次投资较大，而且维修困难。内保温是利用室内吊顶空间填塞玻璃棉或矿棉等保温材料，施工与维修快捷方便。也可在屋面板内表面安装预制保温隔热板，施工与维修也十分方便。综合考虑内保温的工程造价低于外保温20%左右。

同样道理，住宅外墙外保温投资大，使用中安全风险大，特别是维修困难。内保温可分层粉抹保温砂浆，也可安装耐燃隔热保温预制板，两种工法维修非常方便。我们主张外墙采用内保温工法。

3. 细部节点宜用防水涂料做附加防水层

地下、地上各类建筑工程都存在穿板孔洞、排水口、模板拉筋头等节点细部，它们是工程防渗漏的重点难点。很多卷材防水工程标注加做一层卷材附加防水层，这是不慎重的考虑。众所周知，细部节点水泥砂浆普遍存在孔洞、裂纹、界面裂隙，表面加敷一层卷材是掩盖缺陷的“遮丑布”。笔者认为对节点要精心施工，首先要彻底清理干净，松散不牢的砂浆坚决剔除，用防水砂浆重新粉抹，干硬、干净后，涂刷弹性防水涂料，让涂料渗入孔洞、裂纹、裂隙，形成不渗水基体，然后扩大范围做2mm厚防水涂膜附加层，做大面防水时，涂膜或卷材应全覆盖附加层，立面应高出平面250mm。

湘潭某屋面有19个穿屋面管道，按原设计1～5项要求施工后，有18个管根严重渗漏。其后逐个挖开，管根剔凿20mm×20mm凹槽，清理干净，干燥后先用密封膏嵌填凹槽，其后用涂料夹铺玻纤布做附加层，附加层高、宽各250mm，处理后解决了渗水问题。以上做法如图8-168所示。

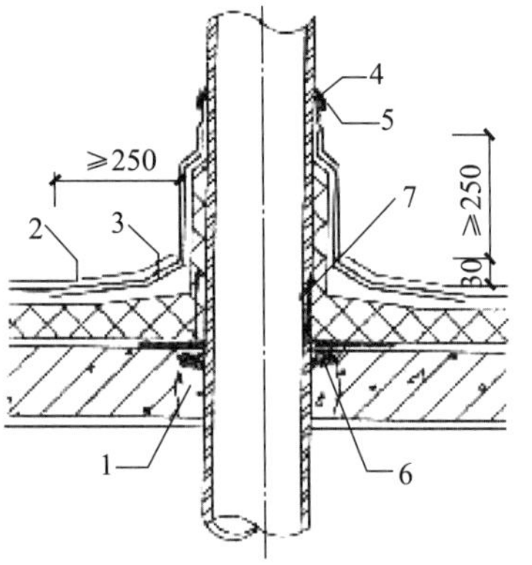

图8-168　伸出屋面管道渗漏修缮示意图

1—细石混凝土；2—卷材防水层；3—附加层；4—密封材料；5—金属箍；6—弹性密封膏嵌缝；7—涂料附加层

我们指导施工的屋面，首先用涂料重点处理好细部节点渗漏问题，再做大面积防水层，故能一次性验收合格。

施工缝、变形缝、天沟、后浇带、坑槽等细部，在大面防水施工前，都应精心嵌填密封膏与做涂料附加层。

同一个小区有五栋多层建筑屋顶，穿屋面管道先用塑料套管与屋面板同时浇筑（预埋套管），养护到期后无一渗漏。为规避以后下雨天的水从管隙中渗入，防水单位在做屋面大面防水层时，轻松地用密封膏嵌填管隙上口，该屋顶在其使用中无一渗水。

4. 种植屋面防水保温防腐问题的探讨

（1）平屋面应考虑结构放坡 3%，免做材料找坡层。坡屋面的坡度宜小于 25%，有利于屋面排水，又节省工料。结构基体宜现浇钢筋混凝土，也可采取预制大型屋面板拼装（如每室 1～3 块），但拼缝必须嵌填 20～30mm 厚弹性密封膏。

（2）取消隔热保温层，因种植土与植被本身是优良的隔热保温材料。实测种植屋面：炎夏时段屋面板的温度比空间温度低 8～12℃；寒冷时段屋面板的温度可高于环境气温 1～3℃。

（3）不必普遍设置耐根穿刺层：①因大部分花草、草毯、灌木的根系不长、不坚硬；②普遍使用的“化学阻根卷材”90%不合格、不达标；③40mm 厚 C30 钢筋混凝土有较强的阻根能力。这样做既符合实际，又可节省工料 60 元/m^2 以上。

种植高大乔木可局部设置 ϕ2.0m 种植池（图 8-169 所示），耐根穿刺层可采用铜箔、铝箔、金属胎卷材。

在参与或指导 18 个种植屋面的施工中未设置阻根层，只见一处根系穿破砖砌体导致渗漏与植被层破损。

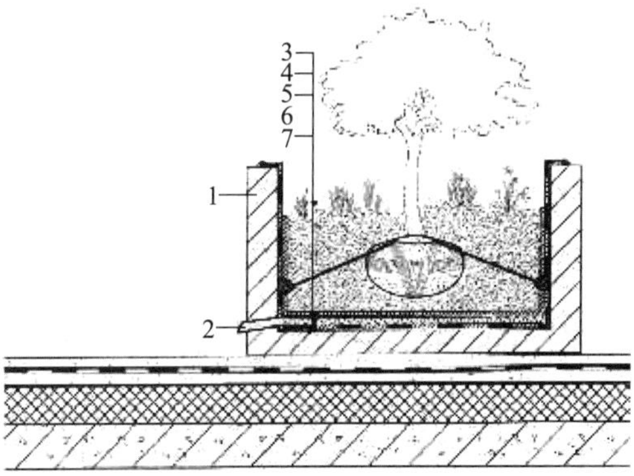

图 8-169　种植池

1—种植池；2—排水管（孔）；3—植被层；4—种植土层；5—过滤层；6—排（蓄）水层；7—耐根穿刺防水层

（4）防水层要有足够的厚度：改性沥青卷材防水应≥7mm，聚氨酯涂膜防水应≥3mm，高分子卷材防水应≥2mm。要求匠心施工，蓄水检查，真真实实不渗不漏，才能进行后续施工。

5. 结语

任何事情都在变化、发展，我们应从实际实效出发，不断破旧立新，才能有所发现、有所发明，行业才能发展与进步。盼有识之士用汗水与智慧，勇毅踏浪前行，为实现节能减排绿色环保的建筑防水做出新贡献。

8.19　水性非固化橡胶沥青防水涂料的研究小结

张　翔　艾九红

（株洲飞鹿高新材料技术股份有限公司）

1. 前言

非固化橡胶沥青防水涂料成膜后可保持一定的蠕变性，与混凝土基面形成皮肤式防水，既保证了防水涂料的高蠕变可修复性，在涂卷复合防水层中起着承上启下的作用，也保证了防水层的长期耐久性。但是，非固化防水涂料在实际施工过程中需要高温加热（加热温度一般为 180℃），且在施工过程中产生一定的有毒沥青烟雾，对环境和人体造成一定伤害。因此，开发水性非固化橡胶沥青防水涂料既能满足非固化涂料粘接性强、蠕变性好，又能满足材料的环保性。喷涂速凝型水性非固化橡胶沥青防水涂料既可保证涂料的性能及环保性，又能解决涂料成膜时间长、涂料施工效率低的问题，从而提高涂料施工效率，有利于缩短施工周期，提高施工效益。

2. 水性非固化橡胶沥青防水涂料发展现况

因目前暂无国家部门颁发的水性非固化橡胶沥青防水涂料的相关行业及国家标准，本文以达到目前非固化橡胶沥青防水涂料中的主要力学性能指标，对水性非固化涂料进行探索研究。本文研究的水性非固化防水涂料技术参数主要参考的标准：《非固化橡胶沥青防水涂料》（JC/T 2428—2017），《喷涂橡胶沥青防水涂料》（JC/T 2317—2015）。

3. 主要原材料及试验设备

1）主要原材料

70 号 A 级道路石油沥青（中石油佛山高富）、基础油（广东万泓）、改性剂 A、改性剂 B、改性剂 C、丁苯乳液（山东桥隆环保科技有限公司）、氯丁乳液（中国化工株洲橡胶研究院）、VAE 乳液（北京东方石油有机化工厂）、苯丙乳液、纯丙乳液、硅丙丙烯酸酯乳液（上海保立佳）、$CaCl_2$、滑石粉、绢云母粉，涂料助剂。

改性剂 A：高分子脂肪族烷烃。

改性剂 B：高分子共聚氧化聚烯烃。

改性剂 C：SBS1401。

2）主要试验设备

高速分散机、万用电炉、胶体磨等。

4. 试验部分

1）改性乳化沥青的制备和存储稳定性的研究

本节探索改性乳化沥青的制备，我们将石油沥青加入定量的沥青基础油，再添加改性剂制备成改性沥青：改性乳化沥青1添加2%的改性剂A，改性乳化沥青2添加2%的改性剂B，改性乳化沥青3添加2%的改性剂C。将上述制备的改性沥青用阴离子乳化剂进行乳化，控制改性乳化沥青的固含在60%左右。改性乳化沥青制备完成后进行存储稳定性试验，将上述3种改性乳化沥青在常温下放置12个月时间，定期监测改性乳化沥青的存储状态。经过长达12个月时间的测试，结果如表8-23所示。其中改性乳化沥青3的存储稳定性在3个月以内，改性乳化沥青2的存储稳定性在6个月以内，改性乳化沥青1的存储稳定性在12个月以上。从改性剂与沥青分子间的相容性分析出现此现象的原因：改性剂2、改性剂3与沥青分子之间的作用为溶胀，而改性剂1与沥青分子间的作用为溶解，当改性剂分子溶胀在沥青分子之间，在分子长期运动的环境下发生持续的分子间碰撞，同类分子聚集，最后导致分子聚凝、沉降、破乳而失稳；而改性剂1能与沥青分子融为一体，呈现出一种相对更均匀、更稳定的混合物体系，在长期存储过程中不易出现分子间聚集、沉降现象。为此，考虑到后期制备成涂料的长期稳定性，本文采用改性乳化沥青1作为后续的探究试验。

表8-23 改性乳化沥青稳定性研究

存储时间	品种		
	改性乳化沥青1	改性乳化沥青2	改性乳化沥青3
1个月	稳定、均匀乳液	稳定、均匀乳液	稳定、均匀乳液
3个月	稳定、均匀乳液	稳定、均匀乳液	底部聚沉
6个月	稳定、均匀乳液	底部聚沉	底部聚沉、破乳
12个月	稳定、均匀乳液	底部聚沉、破乳	底部聚沉、破乳

2）水性非固化橡胶沥青防水涂料制备的性能研究

（1）不同类型乳化沥青与不同类型乳液对涂料性能的影响

本节探究不同类型乳化沥青和不同类型的乳液对水性非固化橡胶沥青防水涂料的性能影响。乳液选取VAE乳液、丙烯酸酯乳液（包括苯丙乳液、纯丙乳液、硅丙乳液）、丁苯乳液、氯丁乳液，乳化沥青选取普通乳化沥青（70号A级道路石油沥青直接乳化）、改性乳化沥青1，将不同乳液与乳化沥青复配制备涂料并进行性能测试，乳液的添加量固定为乳化沥青或改性乳化沥青的10%（质量比），添加适量助剂制备成涂料。将涂料的性能进行测试，结果如图8-170、图8-171、表8-24所示。从图8-170中可以看出，使用普通乳化沥青与上述几种乳液复配制备的涂料无法满足涂料的性能要求；此外，还可看出丁苯乳液不能提高涂料的高温性能。对改性乳化沥青1与上述几种乳液复配制备的涂料：涂料的低温性能，掺加VAE乳液、苯丙乳液、硅丙乳液的涂料低温性能达不到−20℃无裂纹的要求；除丁苯乳液外，其他乳液都会大幅提高涂膜的内聚力，涂膜的应力松弛值不达标（要求≤35%）。从上述试验结果可以得出：只有使用改性乳化沥青1与丁苯乳液复配制备的涂料才符合水性非固化沥青防水涂料的性能要求。

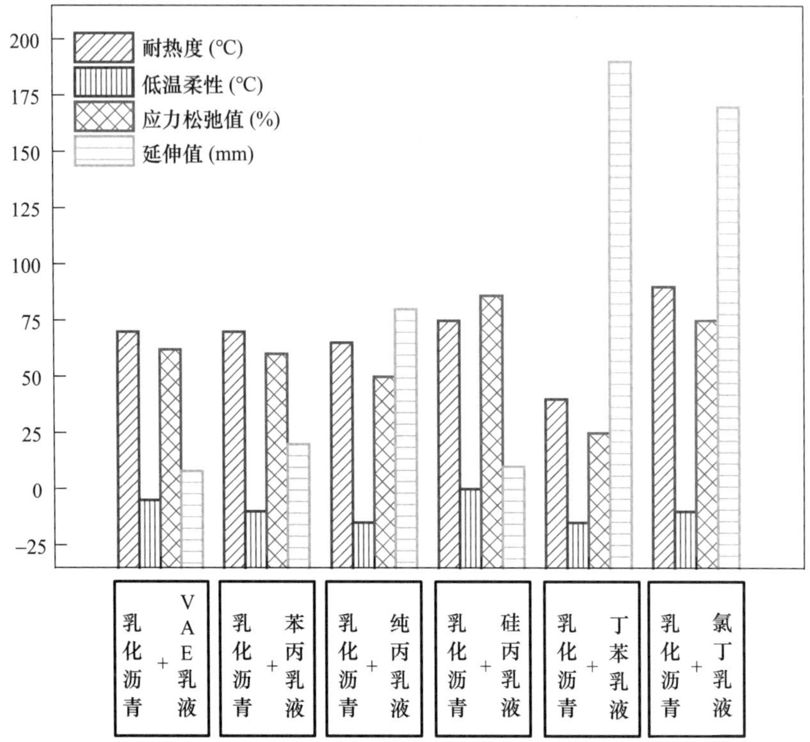

图 8-170　乳化沥青与不同乳液复配涂料的性能指标

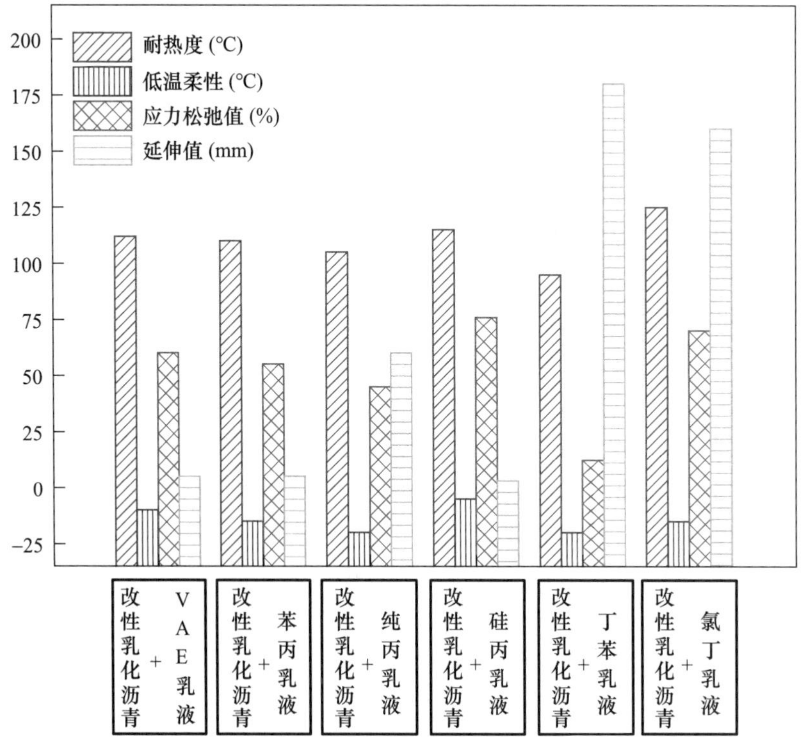

图 8-171　改性乳化沥青与不同乳液复配涂料的性能指标

表 8-24 乳化沥青、改性乳化沥青与丁苯乳液复配涂料的性能指标对比

性能	涂料	
	乳化沥青＋丁苯乳液	改性乳化沥青＋丁苯乳液
耐热度（℃，无滑动、滴落、流淌）	40	95
低温柔性（℃，无裂纹）	－15	－20
应力松弛（%，⩽35）	25	18
延伸值（mm，⩾15）	190	180

（2）改性乳化沥青与丁苯乳液制备水性非固化橡胶沥青防水涂料

本节通过改性乳化沥青与丁苯乳液在不同比例下复配，探究丁苯乳液对水性非固化橡胶沥青防水涂料的性能影响。丁苯乳液的含量分别占 0%、10%、20%、30%、40%、50%。测试涂料的性能，检测结果如图 8-172 所示。图 8-172 中可以看出，随着丁苯乳液在涂料中的比例逐渐增加，涂膜的延伸值逐渐增大，但添加量＞20%时，涂膜的延伸值逐渐变小；随着丁苯乳液在涂料中的比例逐渐增加，涂膜的内聚力也逐渐增大；涂膜的低温性能在丁苯乳液含量达到 10%时满足涂膜低温柔性的要求（－20℃无裂纹）。因此，丁苯乳液在涂料中所占的比例在 10%时为最佳，满足水性非固化橡胶沥青防水涂料的性能要求。

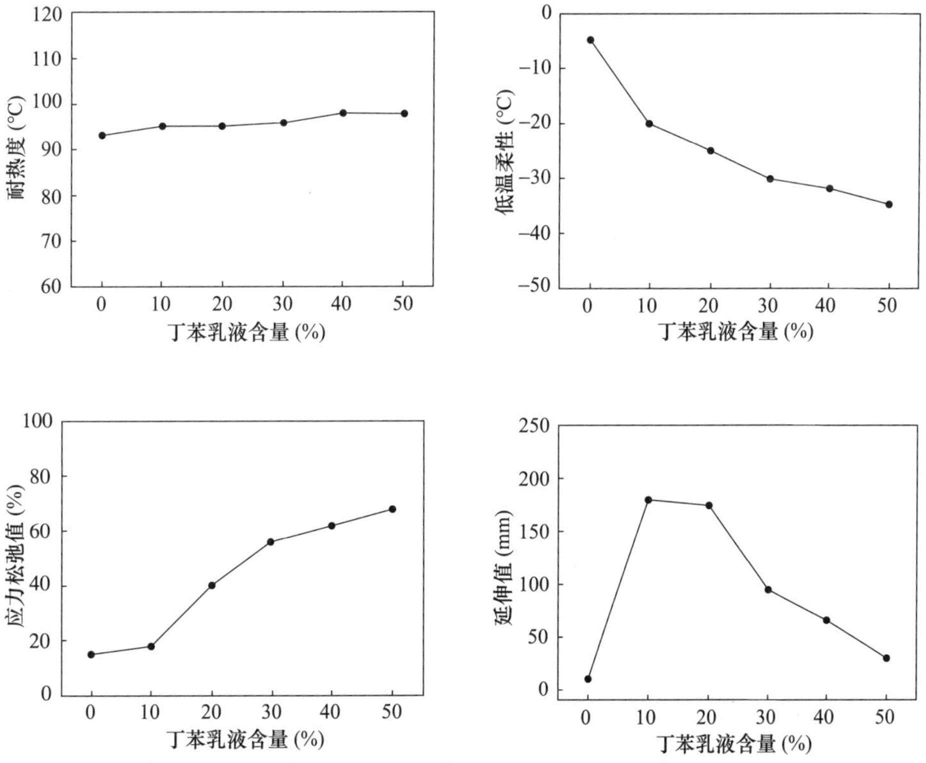

图 8-172 丁苯乳液含量对涂料的性能影响

（3）改性剂含量对水性非固化橡胶沥青防水涂料性能的影响

本节固定改性乳化沥青1（90%）与丁苯乳液（10%）的添加比例，探究改性剂含量对水性非固化橡胶沥青防水涂料的性能影响。改性剂的含量分别占70号A级道路石油沥青的0、1%、2%、4%、6%、8%（质量比）。测试涂料的性能，检测结果如图8-173所示。从图8-173可以看出，随着改性剂在石油沥青中的比例逐渐增加，涂膜的高温性能逐步改善，添加量在1%时耐热度为50℃、添加量在2%时耐热度为75℃、添加量在4%时耐热度为95℃，添加量在6%时耐热度为105℃，添加量在8%时耐热度为110℃；但是，改性剂对涂膜的低温性能和延伸值有不利的影响，比如在添加量为4%时，低温柔性和延伸值都能达标，添加量为6%时，低温柔性却不能达标、延伸值明显降低。因此，改性剂的添加比例占石油沥青的4%时为最佳，满足水性非固化橡胶沥青防水涂料的性能要求。

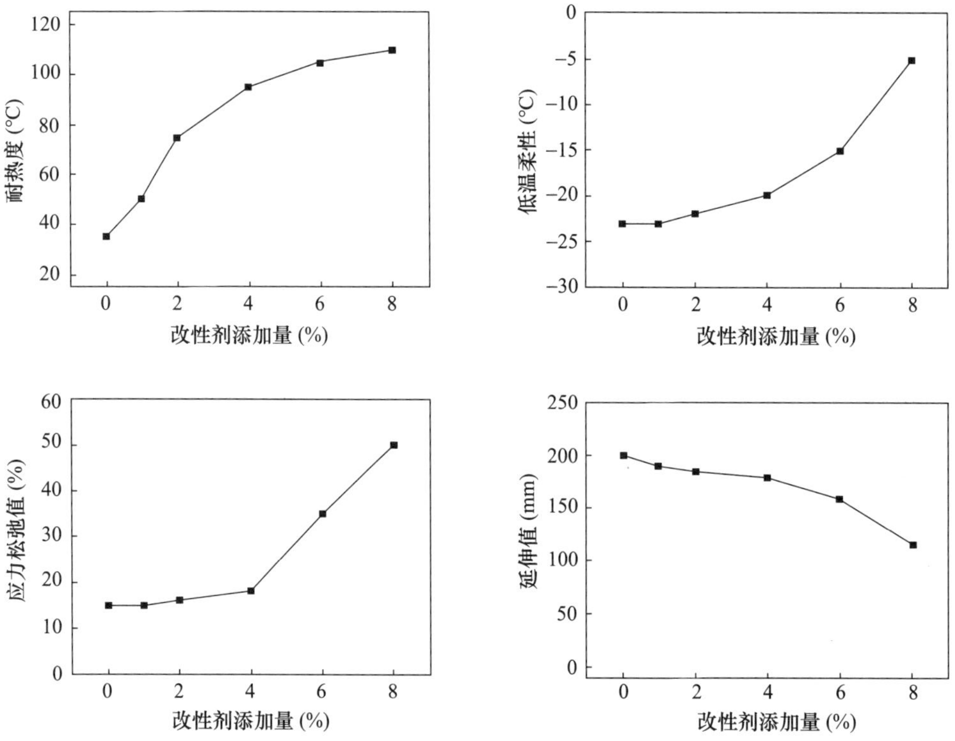

图8-173　改性剂添加量对涂料的性能影响

（4）喷涂速凝型水性非固化橡胶沥青防水涂料的制备

喷涂速凝型防水涂料主要利用涂料中的钙离子不稳定性，对涂料中的乳液快速破乳，使涂料快速成膜，大幅缩短涂料成膜时间，加快涂料施工效率。喷涂速凝型防水涂料由A、B组分组成，A组分为钙离子不稳定的水性涂料，B组分为破乳剂的溶液。本文研究的水性非固化橡胶沥青防水涂料通过选择钙离子不稳定的乳化剂来制备改性乳化沥青和丁苯乳液，将上述两种乳液复配后加入适量的涂料助剂形成喷涂速凝型水性非固化橡胶沥青防水涂料的A组分，B组分由10%的$CaCl_2$溶液组成。将A、B组分以1∶10的比例在双组分喷枪中进行喷涂，干燥成膜后进行性能测试，测试结果如表8-25

所示。测试涂料的凝胶时间为3s，符合喷涂速凝的涂料规定的凝胶时间≤5s的标准《喷涂橡胶沥青防水涂料》（JC/T 2317—2015）要求，涂料的其他性能符合相关标准要求。

表8-25　喷涂速凝型水性非固化橡胶沥青防水涂料性能表

序号	项目		技术指标	实测值
1	凝胶时间（s）		≤5	3
2	固含量（%）		≥55	58
3	粘接性能	干燥基面	100%内聚破坏	100%内聚破坏
		潮湿基面	100%内聚破坏	100%内聚破坏
4	延伸值（mm）		≥15	>100
5	低温柔性		−20℃无裂纹	无裂纹
6	耐热度		65℃，无滑动、流淌、滴落	无滑动、流淌、滴落
7	热老化（70℃，168h）	延伸值（mm）	≥15	>100
		低温柔性	−15℃无裂纹	无裂纹
8	耐酸性［2%H_2SO_4溶液］	外观	无变化	无变化
		延伸值（mm）	≥15	>100
		质量变化（%）	±2	−1.0
9	耐碱性［0.1%NaOH+饱和$Ca_2(OH)_2$溶液］	外观	无变化	无变化
		延伸值（mm）	≥15	>100
		质量变化（%）	±2	0.8
10	耐盐性（3%NaCl溶液）	外观	无变化	无变化
		延伸值（mm）	≥15	>100
		质量变化（%）	±2	0.6
11	自愈性		无渗水	无渗水
12	吸水率（24h,%）		≤2	1.0
13	应力松弛值（%）	无处理	≤35	18
		热老化（70℃，168h）	≤35	23
14	抗窜水性（0.6MPa）		无窜水	无窜水

5. 结语

本文研究的水性非固化橡胶沥青防水涂料与传统非固化橡胶沥青防水涂料相比，既能保证涂料的性能，又解决了传统非固化橡胶沥青防水涂料在使用过程中的高温安全隐患和材料的环保性问题。在防水施工中，建议使用水性非固化橡胶沥青防水涂料+防水卷材的涂卷复合防水层的设计，保证防水层的效果和使用年限。使用喷涂速凝型水性非固化橡胶沥青防水涂料还可解决涂料干燥成膜时间长的问题，从而大幅提高施工工效，保证防水施工工期。

8.20 广场平口变形缝渗水治理工法

崔大华
（湖南荆湘化学灌浆有限公司）

1. 前言

湖南郴州紫辰澜居民小区傍山修建了南山广场，广场平面面积超 1100m^2，设 4 条平口变形缝，总长超 1500m，面层铺设了 300mm×500mm 的紫红色大理石地板，并稀疏设一些花坛与种植池，还架立了一些圆形石桌与条形金木座椅。早晚与节假日游人乐享南山风光，来往人群络绎不绝。

广场下建有两层建（构）筑物，负一层是百货商场，负二层为停车场，居民来此休闲观光与购物非常方便。

这个广场非一般地面广场，而是建在两层房屋上的屋顶花园式广场，开园后不到一年，遇到雨天，商场渗水滴水，给顾客带来非常大的不便。有些用水泥砂浆封堵，有些用泥浆堵塞，也有压注发泡材料止水，但事过 1～2 个月，依然渗漏如故。于是居委会找到我公司请求帮忙治理。我公司立即派技术人员与防水工班长赴现场查看。经仔细勘察，发现广场变形缝及节点处理不当，是漏水之源。

2. 变形缝原有做法

变形缝原有做法如图 8-174 所示。

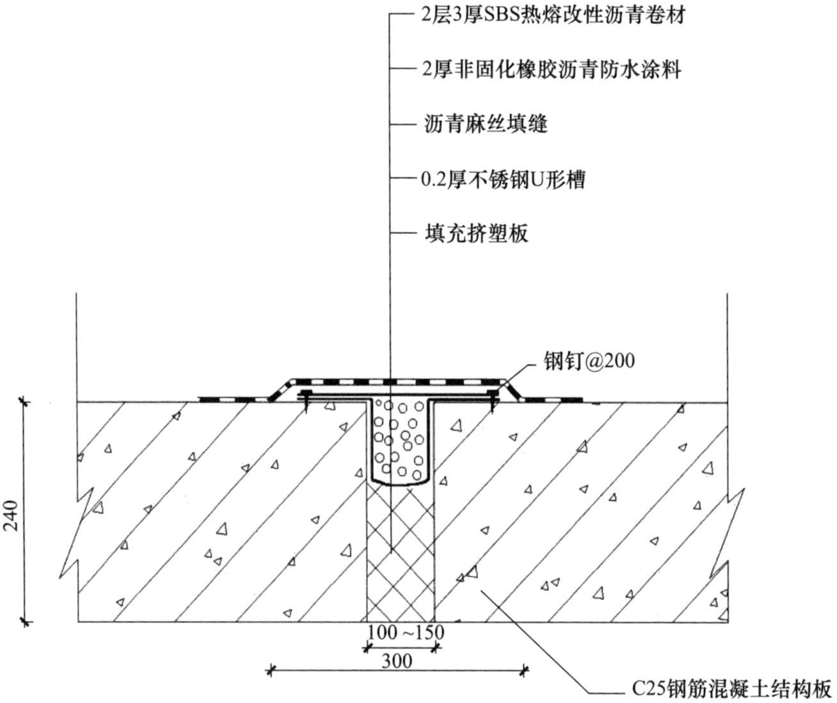

图 8-174 变形缝原有做法示意图（单位：mm）

3. 广场渗漏原因分析

该广场主要是变形缝渗水与穿结构板部分节点渗漏，其具体原因如下：

（1）迭层SBS卷材两侧端部与混凝土结构板粘结不牢，加上未封口，外界雨水能透入U形不锈钢板上下界面缝隙。

（2）U形不锈钢的上口两侧直接与混凝土板相连，此界面存在透水通道。连续下大暴雨时，雨水沿缝隙渗入室内。

（3）湿度较大的闷热时段或梅雨季节，室内热空气上升，一遇冷面形成冷凝水滴落在室内地面。

（4）广场人员较多或广场周围人车振动时，引起变形缝出现水平裂缝与上下剪切变形裂缝，形成新的透水通道。

（5）炎热时段与寒冬时段，出现热胀冷缩，导致防水层拉扯裂缝或与结构基面剥离，也会形成透水通道。

（6）穿顶板管道根部周围密封不严，存在微孔小洞或裂缝，导致节点渗漏。

（7）广场周边与周边建构物墙根密封不严，亦造成外界雨水掉入室内。

4. 变形缝渗漏治理方案

（1）切割剔除变形缝两侧各150mm宽的地面大理石板与石板粘结砂浆，深至混凝土结构板面，打磨平整，清理干净。

（2）挖掉变形缝内的沥青麻丝、U形槽钢、挤塑板等杂物，并清理干净。

（3）制作4mm厚10∟100形钢板，用环氧树脂粘钢胶粘贴。

（4）刮涂2mm厚CPM可湿面粘结的沥青橡胶节点密封膏。

（5）安装橡胶止水带。

（6）安装4mm厚平面钢板，压住止水带，并用10cm长螺栓固定。

（7）环氧砂浆找平。

（8）刮涂2mm厚非固化橡胶沥青涂料，其上粘贴双层CPM层压交叉PE膜反应粘高分子自粘卷材。

以上做法如图8-175所示。

5. 施工工法与注意事项

1）挑选有经验的职业防水工为班（组）长，领导与组织全部施工任务。

2）剔除大理石装饰板，先用手提切割机切缝，深至结构板表面，用铁橇逐块启动堆码于变形缝两侧500mm之外，尽量不破损板材。

3）用专用铁铲与平嘴钢錾相结合，剔除原有粘结砂浆，然后用角磨机与手携电动砂轮打磨，露出原有结构表面。清除杂物、砂浆碎屑及油渍，并用压力水冲洗浮尘。

4）拆除缝上原有防水层、缝内原有沥青麻绒、不锈钢U形槽及挤塑板，并装袋堆码于缝两侧500mm以外，然后运至指定的垃圾池。

5）用铲刀与钢錾相结合，剔除缝槽内两侧凸出砂浆，清除油渍，用钢刷与竹刷刷除杂物、砂浆及浮渣浮尘，并用压力水冲刷干净。

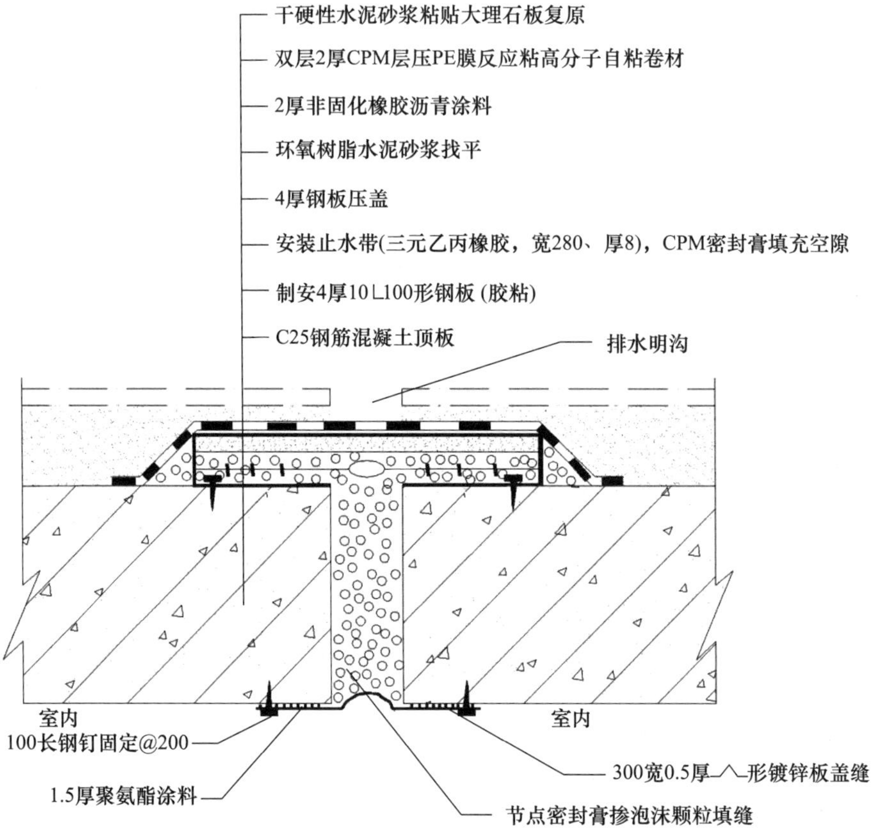

图 8-175　修缮方案（单位：mm）

6）对缝槽内两侧基面适当喷清洁水润湿，稍干后刷涂乳化沥青（掺 20%普通硅酸盐水泥拌匀）处理基面，变换方向涂刷两遍，使其堵塞两侧微孔、小洞与裂纹，并增强与缝内密封膏的黏合力。

7）在背水面缝槽口两侧各 150mm 范围内，先涂刷 1.5mm 厚聚氨酯防水涂料，然后骑缝安装 300mm 宽形镀锌盖缝板，并在两侧以 200mm 间距呈梅花状打钢钉固定。

8）对缝槽嵌填水性 CPM 节点密封膏（内掺 10%聚苯泡沫颗粒拌匀）与上口平齐。

9）粘钢胶（JGN 型结构胶）的配制：由环氧树脂、固化剂、稀释剂及多种助剂配制成多组分材料。有市售商品与自配产品。我们将买来的商品在现场混合后使用，常温混合工艺如下：将拌和均匀的填料与助剂摊放在铁板上，然后将加工好的浆液立即倒入，用铲子拌和至色泽均匀为止即可使用。注意每次拌和的环氧树脂用量不得超过 5kg。

10）粘钢方法：先对 L 形钢板进行除锈、去油处理，并做好防锈防腐层涂敷。对 L 形钢板的粘贴面与槽口两侧涂刷粘胶，晾干 10min 左右，将 L 形角钢与结构体基面黏合，并适当压实，排除界面空气，让其自然干固 10h 以上。

11）安装止水带：先刮涂 CPM 节点密封膏，将止水带置于密封膏上，调整止水带中部与缝槽中心对齐，手压止水带使之黏合紧密，并排除界面空气，然后用4mm厚平面钢板压盖其上。

12）环氧砂浆找平：常温下止水带安装10h后，分层抹压环氧砂浆抹平。

（1）环氧砂浆配合比：①E-44环氧树脂100；②间苯二胺16；③丙酮20；④二丁酯20；⑤P·O 42.5普通硅酸盐水泥150；⑥中净砂350；⑦清洁水适量。

（2）配制方法：①在铁板上将水泥、中砂混合干拌均匀；②将环氧树脂、二胺、丙酮、二丁酯混合拌匀用勺子将混合液撒入①上，边撒边拌和；③视干硬程度对混合物洒水，边洒水边拌和，干硬合适，色泽均匀，静置3min后即可使用。

（3）抹压砂浆：分层用木抹子抹压，直至表面出浆。每层约6mm厚，上下层抹压方向垂直。用2m长木枋赶压平整，直至表面溢浆，用铁抹子修浆抹平，自然养护7d（炎热时段喷水降温，5℃以下防冻）。

（4）做面层防水：

① 环氧砂浆干硬8～9d后，对面层涂刷乳化沥青两遍作为基层处理剂，2h后涂刷非固化橡胶沥青防水涂料；

② 采用冷施工非固化沥青涂料，三遍成活，上下遍涂布方向相互垂直，形成2mm厚蠕变型涂膜层；

③ 在涂层上铺贴两层2mm厚反应粘高分子防水卷材，第一层宽500mm，双面粘材料，撕掉底层离型膜，直接骑缝铺贴于非固化涂层，相互黏合，要求纵向不宜拉得太紧，自然松弛与非固涂料黏合，用小木辊顺纵向辊压平整，并排除黏合面残存空气，纵向平接；二层卷材（单面粘）铺贴在一层卷材上，揭去一层上表面离型膜与二层卷材下表面离型膜，沿定位线滚铺（也可拉铺），随即用小木辊辊压密实平整。短边搭接为100～150mm；

④ 纵向两侧与短边搭接缝口，采用自动爬行热风焊接机加热（40～45℃）滚压平整即可。

6. 穿结构板管根渗漏修补做法

（1）沿管根周围切割30mm宽的饰面石材与顶板混凝土，剔除槽内碎块、杂物，彻底清理干净；

（2）在顶板底部沿管道外缘安装50mm×50mm角钢，用钢钉@150mm锚固，并做好防锈防腐处理；

（3）对管道与角钢连接处，嵌填3cm厚环形聚氨酯/聚硫弹性密封胶，1h后灌注CPM节点密封膏（内掺20%水泥拌匀）至槽口下2cm处，1h后灌注聚氨酯/聚硫密封胶；

（4）1h后对管道与顶板连接处涂刷2mm厚冷用非固化橡胶沥青涂料，三遍成活，表面撒细砂覆盖。以上做法如图8-176所示。

7. 粘贴大理石饰面板

用干硬性砂浆粘贴大理石饰面板，工法与普通粘贴石板相同，恢复原貌。要求饰面板上表面高出变形缝面层卷材20～30mm，形成排水明沟。

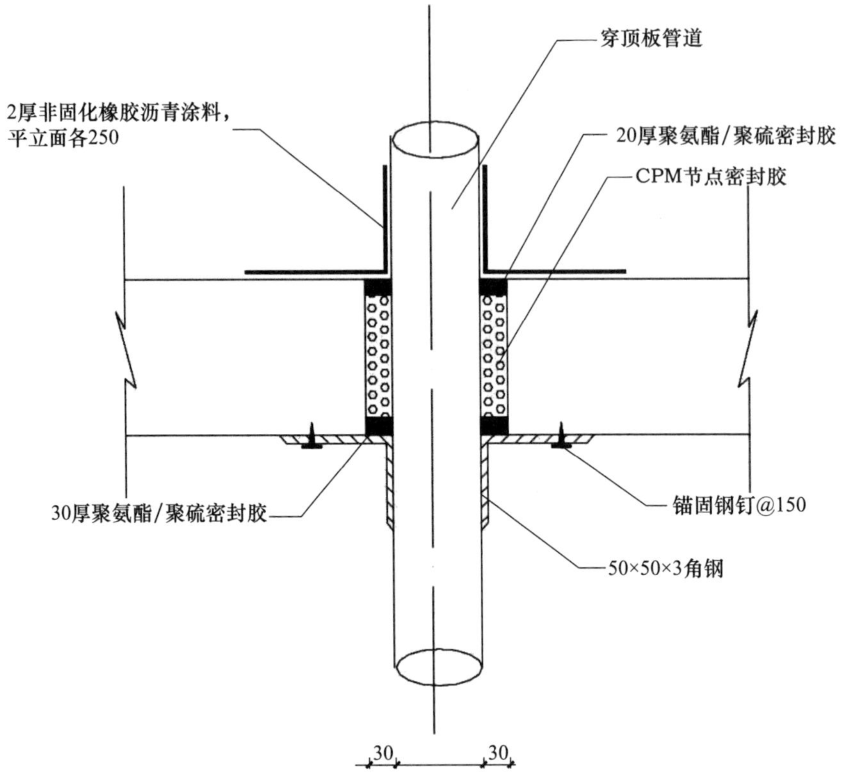

图 8-176　管根渗漏修补示意图（单位：mm）

8. 结语

多方协商形成广场平口缝与节点细部渗漏修缮方案，组织人工精心施工操作，严格质控，多方一次性验收合格。历经三年自然风雨考验，至今不渗不漏，外观精美如初。

附 录

附录1 绿色建筑和绿色建材政府采购需求标准

（主编单位：中国建筑标准设计研究院，2022年10月）

标准共6章与附录A、B，其中“4.2 围护结构材料”中4.2.3条对保温隔热材料与4.2.4～4.2.8对防水材料的规定如下。

4.2.3 保温隔热材料

（1）主要材料（系统）：岩棉制品。

材料性能要求见表19：

表19

绿色要求	品质属性要求
导热系数（平均温度25℃）： 外墙板≤0.040W/（m·K） 幕墙、钢结构、内保温用≤0.038W/（m·K） 岩棉条≤0.048W/（m·K）	1. 外墙板垂直于表面抗拉强度≥10kPa 2. 外墙板垂直于表面抗拉强度保留率≥40% 3. 密度均匀性≤13%

注：依据T/CECS 10032。

（2）主要材料（系统）：挤塑聚苯乙烯泡沫塑料制品（XPS）。

材料性能要求见表20：

表20

绿色要求	品质属性要求
1. 带表皮：导热系数（平均温度25℃）≤0.025W/（m·K） 2. 不带表皮：导热系数（平均温度25℃）≤0.030W/（m·K） 3. 不得检出六溴环十二烷[a]	1. 带表皮：吸水率（浸水96h）≤1.0%，水蒸气透过系数（23℃±1℃，相对湿度50%±5%）≤2.5 ng/m·s·Pa 2. 不带表皮：吸水率（浸水96h）≤1.5%，水蒸气透过系数（23℃±1℃，相对湿度50%±5%）≤3.0ng/m·s·Pa

注：依据T/CECS 10032；

a 以自我声明的方式提供证实性资料。

（3）主要材料（系统）：模塑聚苯乙烯泡沫塑料制品（EPS）。

材料性能要求见表21：

表21

绿色要求	品质属性要求
1. 导热系数（平均温度25℃）≤0.035W/（m·K） 2. 不得检出六溴环十二烷[a]	1. 弯曲断裂荷载≥20N 2. 弯曲变形≥20mm 3. 燃烧性能等级达到B1级，烟毒性达到tl级

注：依据T/CECS 10032；

a 以自我声明的方式提供证实性资料。

（4）主要材料（系统）：玻璃棉。

材料性能要求见表22：

表22

绿色要求	品质属性要求
1. 甲醛释放量≤0.5mg/L 2. 导热系数（平均温度25℃）（毡，密度48kg/m³）≤0.033W/（m·K） 3. 导热系数（平均温度25℃）（毡，密度24kg/m³）≤0.040W/（m·K） 4. 导热系数（平均温度25℃）（毡，密度16kg/m³）≤0.042W/（m·K） 5. 导热系数（平均温度25℃）（板，密度48kg/m³）≤0.039W/（m·K） 6. 导热系数（平均温度25℃）（条，密度48kg/m³）≤0.049W/（m·K）	1. 标称密度（毡）≥16kg/m³ 2. 标称密度（板）≥32kg/m³ 3. 标称密度（条）≥48kg/m³ 4. 纤维平均直径（毡）≤6.0μm

注：依据T/CECS 10032。

（5）主要材料（系统）：保温一体化装饰板。

材料性能要求见表23：

表23

绿色要求	品质属性要求
耐久性（装饰性漆膜综合等级）： 耐老化1500h，不低于1级	1. 单位产品质量：Ⅰ型＜20kg/m²；Ⅱ型≤30kg/m²且≥20kg/m² 2. 拉伸粘结强度：Ⅰ型≥0.12MPa；Ⅱ型≥0.17MPa 3. 保温材料导热系数（平均温度25℃）：B1级≤0.040W/（m·K）；A级≤0.060W/（m·K） 4. 燃烧性能：不低于B1级

注：依据JG/T 287。

4.2.4 防水卷材

(1) 主要材料（系统）：改性沥青防水卷材。

材料性能要求见表24：

表 24

绿色要求	品质属性要求
1. 弹性体改性沥青卷材沥青软化点[a]≤130℃ 2. 塑性体改性沥青卷材沥青软化点[a]≤145℃ 3. 不得添加列入附录B的有害物质[b]	耐水性能： 浸泡时间168h，拉伸强度保持率≥80%

注：依据 T/CECS 10038；

a 道桥等特殊用途不适用；

b 以自我声明的方式提供证实性资料。

(2) 主要材料（系统）：高分子防水卷材。

材料性能要求见表25：

表 25

绿色要求	品质属性要求
不得添加列入附录B的有害物质[a]	1. 近红外反射比[b]≥80% 2. 太阳光反射比[b]≥65%

注：依据 T/CECS 10038；

a 以自我声明的方式提供证实性资料；

b 适用于具有反射隔热功能的产品。

4.2.5 防水涂料

(1) 主要材料（系统）：水性防水涂料。

材料性能要求见表26：

表 26

绿色要求
1. 挥发性有机物（VOC）≤50g/L（仅针对液料，结果按液体组分计算） 2. 游离甲醛≤75mg/kg；氨≤500mg/kg；苯≤20mg/kg（仅针对液料，结果按液体组分计算） 3. 苯、甲苯、乙苯、二甲苯含量总和≤300mg/kg（仅针对液料，结果按液体组分计算） 4. 铅≤30mg/kg；镉≤30mg/kg；铬≤40mg/kg；汞≤10mg/kg（仅针对粉料组合） 5. 不得添加列入附录B的有害物质[a]

注：依据 T/CECS 10040；

a 以自我声明的方式提供证实性资料。

(2) 主要材料（系统）：高固含量型防水涂料。

材料性能要求见表27：

表 27

绿色要求	品质属性要求
1. 挥发性有机物（VOC）：单组分≤100g/L；多组分≤50g/L 2. 苯≤100mg/kg；甲苯、乙苯、二甲苯含量总和≤1000mg/kg 3. 苯酚≤100mg/kg；蒽≤10mg/kg；萘＜200mg/kg；游离甲苯二异氰酸酯（TDI）≤3mg/kg；（仅适用于聚氨酯类防水涂料） 4. 铅≤30mg/kg；镉≤30mg/kg；铬≤40mg/kg；汞≤10mg/kg	固体含量： 单组分≥85%；多组分≥90%

注：依据 T/CECS 100400。

4.2.6 刚性防水材料

主要材料（系统）：刚性防水材料。

材料性能要求见表 28：

表 28

绿色要求	品质属性要求
1. 放射性[a]：内照射指数≥0.6；外照射指数≤0.6 2. 氨≤0.1mg/m³；甲醛≤0.08mg/m³；苯≤0.02mg/m³；总挥发性有机化合物（TVOC）≤0.1mg/m³	1. 拉伸粘结强度实测值与设计值的比值[b]≥1.05 2. 抗压强度实测值与设计值的比值[b]≥1.05 且≤2 3. 抗渗压力实测值与设计值的比值≥1.1

注：依据 GB 18445、GB 23440、GB 6566、JC/T 984、HJ/T 412；

a 不适用于渗透结晶型防水剂；

b 此处设计值对应产品标准中该指标限值；当适用的产品标准未规定相关指标时，该产品不参评此指标。

4.2.7 硅酮密封胶

（1）主要材料（系统）：建筑用硅酮结构密封胶。

材料性能要求见表 29：

表 29

绿色要求	品质属性要求
1. 单位产品总挥发性有机物（TVOC）含量[a]≤80g/kg 2. 烷烃增塑剂（红外光谱）不得检出	1. 23℃拉伸粘结强度标准值≥0.6MPa 2. 粘接破坏面积≤5%

注：依据 T/CECS 10029；

a 单双组分密封胶均需测试，当测试双组分密封胶时，应将 A 组分和 B 组分密封胶按配比混合后立即进行测试。

（2）主要材料（系统）：建筑用硅酮密封胶。

材料性能要求见表 30：

表 30

绿色要求	品质属性要求
1. 单位产品总挥发性有机物（TVOC）含量≤80g/kg 2. 烷烃增塑剂（红外光谱）不得检出	密封胶分级达到 20HM、25HM、20LM

注：依据 T/CECS 10029。

（3）主要材料（系统）：中空玻璃用硅酮密封胶。

材料性能要求见表 31：

表 31

绿色要求	品质属性要求
1. 单位产品总挥发性有机物（TVOC）含量[a]≤80g/kg 2. 烷烃增塑剂（红外光谱）不得检出	1. 拉伸粘结强度标准值≥0.6MPa 2. 粘结破坏面积≤10%

注：依据 T/CECS 10029；

a 单双组分密封胶均需测试，当测试双组分密封胶时，应将 A 组分和 B 组分密封胶按配比混合后立即进行测试。

（4）主要材料（系统）：中空玻璃用硅酮结构密封胶。

材料性能要求见表 32：

表 32

绿色要求	品质属性要求
单位产品总挥发性有机物（TVOC）含量[a]≤80g/kg	1. 拉伸粘结强度标准值≥0.6MPa 2. 粘结破坏面积≤5%

注：依据 T/CECS 10029；

a 单双组分密封胶均需测试，当测试双组分密封胶时，应将 A 组分和 B 组分密封胶按配比混合后立即进行测试。

4.2.8　其他密封胶

（1）主要材料（系统）：中空玻璃用丁基热熔密封胶。

材料性能要求见表 33：

表 33

绿色要求	品质属性要求
新鲜水消耗量[a]≤0.7t/t	1. 剪切强度（标准试验条件）≥0.15MPa 2. 紫外线处理 168h 后剪切强度变化率≤20% 3. 水蒸气透过率≤0.8g/m²·d

注：依据 T/CECS 10029；

a 以自我声明的方式提供证实性资料。

（2）主要材料（系统）：建筑用聚氨酯密封胶。

材料性能要求见表 34：

表 34

绿色要求	品质属性要求
1. 单位产品总挥发性有机物（TVOC）含量≤50g/kg 2. 苯≤lg/kg 3. 甲苯≤lg/kg 4. 甲苯二异氰酸酯≤6g/kg	1. 密封胶分级达到 20LM 2. 质量损失率≤5% 3. 弹性恢复率≥80%

注：依据 T/CECS 10029。

（3）主要材料（系统）：建筑用聚硫密封胶。

材料性能要求见表 35：

表 35

绿色要求	品质属性要求
单位产品总挥发性有机物（TVOC）含量≤50g/kg	1. 密封胶分级达到 20LM 2. 质量损失率≤4% 3. 弹性恢复率≥80%

注：依据 T/CECS 10029。

（4）主要材料（系统）：建筑用硅烷封端聚醚密封胶。

材料性能要求见表 36：

表 36

绿色要求	品质属性要求
单位产品总挥发性有机物（TVOC）含量≤50g/kg	1. 密封胶分级达为 25HM、20LM 2. 质量损失率≤3% 3. 弹性恢复率≥70%

注；依据 T/CECS 10029。

附录2　绿色建筑和绿色建材政府采购需求标准要求防水材料中不得添加的有害物质

序号	类别	品种说明
1	苯	—
2	乙二醇醚及其酯类	乙二醇甲醚、乙二醇甲醚乙酸酯、乙二醇乙醚、乙二醇乙醚乙酸酯、二乙二醇丁醚乙酸酯
3	二元胺	乙二胺、丙二胺、丁二胺、己二胺
4	有机溶剂	二氯甲烷、二氯乙烷、三氯甲烷、三氯乙烷、三氯丙烷、三氯乙烯、四氯化碳、正己烷、溴丙烷、溴丁烷
5	酮类	3,5,5-三甲基-2-环己烯基-1-酮（异佛尔酮）
6	持续性有机污染物	多溴联苯（PBB）、多溴联苯醚（PBDE）
7	消耗臭氧层物质	《中国受控消耗臭氧层物质清单》（环保部公告 2010 年第 72 号）列举的消耗臭氧层物质
8	邻苯二甲酸（酯）类	邻苯二甲酸二（2-乙基己）酯（DEHP）、邻苯二甲酸二正丁酯（DBP）、邻苯二甲酸丁苄酯（BBP）、邻苯二甲酸二异辛酯（DIOP）、邻苯二甲酸二正辛酯（DNOP）
9	表面活性剂	烷基酚聚氧乙烯醚（APEO）、支链十二烷基苯磺酸钠（ABS）、壬基酚、壬基酚聚氧乙烯醚（NPEO）、辛基酚、辛基酚聚氧乙烯醚（OPEO）
10	多氯萘	是指一类基于萘环上的氢原子被氯原子所取代的化合物的总称，共有 75 种同类物
11	多氯联苯	三氯联苯（PBC3）、四氯联苯（PBC4）、五氯联苯（PBC5）、六氯联苯（PBC6）、七氯联苯（PBC7）、八氯联苯（PBC8）、九氯联苯（PBC9）、十氯联苯（PBC10）
12	全氟烷基化合物	全氟己酸、全氟辛酸、全氟壬酸、全氟癸酸、全氟十一酸

附录3 关于完善建设工程价款结算有关办法的通知

2022年6月，财政部发布的《关于完善建设工程价款结算有关办法的通知》（财建〔2022〕183号）规定：政府机关、事业单位、国有企业建设工程进度款支付应不低于已完成工程价款的80%。此规定自2022年8月1日起施行。

参考文献

[1] 叶琳昌.防水工手册[M].北京:中国建筑工业出版社,1998.

[2] 鞠建英.实用地下工程防水手册[M].北京:中国计划出版社,2002.

[3] 羡永彪.防水技术考察团访欧成果分享[J].中国建筑防水,2016(5):42-48.

[4] 中华人民共和国住房和城乡建设部.房屋渗漏修缮技术规程:JGJ/T 53—2011[S].北京:中国建筑工业出版社,2011.

[5] 中华人民共和国住房和城市建设部.地下工程渗漏治理技术规程:JGJ/T 212—2010[S].北京:中国建筑工业出版社,2011.

[6] 陈宏喜.建筑防水新技术应用与实践[M].北京:中国建材工业出版社,2017.

[7] 中华人民共和国住房和城乡建设部.地下工程防水技术规范:GB 50108—2008[S].北京:中国计划出版社,2008.

[8] 中华人民共和国住房和城乡建设部.屋面工程技术规范:GB 50345—2012[S].北京:中国建筑工业出版社,2012.

[9] 中华人民共和国国家质量监督检验检疫总局,中国国家标准化管理委员会.无机防水堵漏材料:GB 23440—2009[S].北京:中国标准出版社,2010.

[10] 中华人民共和国工业和信息化部.聚合物水泥防水砂浆:JC/T 984—2011[S].北京:中国建材工业出版社,2012.

[11] 中华人民共和国住房和城乡建设部.聚羧酸系高性能减水剂:JG/T 223—2017[S].北京:中国标准出版社,2017.

[12] 沈春林,苏立荣,李芳,等.刚性防水及堵漏材料[M].北京:化学工业出版社,2004.

[13] 叶林标,曹征富.建筑防水工程施工新技术手册[M].北京:中国建筑工业出版社,2018.

[14] 中华人民共和国住房和城市建设部.水泥基灌浆材料应用技术规范:GB/T 50448—2015[S].北京:中国建筑工业出版社,2015.

[15] 中华人民共和国住房和城市建设部.建筑工程水泥-水玻璃双液注浆技术规程:JGJ/T 211—2010[S].北京:中国建筑工业出版社,2010.

[16] 秦道川.油溶性聚氨酯灌浆材料的研究综述[J].中国建筑防水,2018(1):1-5,29.

[17] 杨元龙,杨绪港,曾娟娟,等.水性聚氨酯-环氧互穿网络超细水泥复合灌浆材料在裂缝处理中的应用研究[J].中国建筑防水,2018(16):28-31.

[18] 侯笑星,杜博,赵泉.丙烯酸盐灌浆树脂在底板裂缝渗漏水修缮中的应用[Z].

[19] 湖南宏禹水利水电岩土工程有限公司.地基基础处理技术研究与实践[M].广州:新世纪出版社,2011.

[20] 中华人民共和国住房和城市建设部.地下铁道工程施工及验收标准:GB/T 50299—2018[S].北京:中国建筑工业出版社,2018.

[21] 中华人民共和国住房和城乡建设部.建筑工程裂缝防治技术规程:JGJ/T 317—2014[S].北京:中国建筑工业出版社,2014.

后　记

建筑防水以往主要是指房屋建筑或与房屋建筑有关的附设的一些建（构）筑物的防水堵漏措施。中华人民共和国成立后 70 多年来，防水人在建筑防水实践中积累了不少经验，也得到一些教训。前辈中的学者、专家与教授撰写了大量有益的专业论文、技术总结，也出版了一些防水专业著作，助推了我国防水事业的发展与进步。

随着社会发展与技术进步，与防水有关的工程项目日益扩展，内容不断更新，要求也越来越高。高速公路、高速轨道交通、农田水渠水库、军用设施、核物理研究地下实验室、水中平台、深层采矿等新兴项目不断增多，对防水堵漏、防腐防护行业是一个挑战。针对这方面的理论知识与技术探索有了一定的积累，但行业专业著作稀缺。陈宏喜、邹常进、邓泽高等技术人员将他们几十年的学习笔记与实践经验整理成文，并邀请行业专家与一线工程技术人员撰写经典案例，汇集成《建筑工程防水堵漏技术及经典案例》一书。感谢他们的大胆尝试和对行业的奉献。

建设工程防水堵漏施工技术内容丰富，涉及物理、化学、生物知识与工程建设工艺工法，更需新型材料支撑。我们防水人在党的二十大精神的领航下，不断有所发现、有所发明，在优质、高效、绿色、环保的道路上踔厉前行，必将为我国建筑防水防护事业做出更多的新贡献。

中国建筑业学会防水专委会　曹征富

2023 年 1 月